国家科学技术学术著作出版基金资助出版

信息科学技术学术著作丛书

对象代理数据库系统原理

彭智勇　王黎维　著

科学出版社

北　京

内 容 简 介

对象代理数据库系统既具有关系数据库的灵活性,又具有面向对象数据库表现复杂语义的能力,非常适合管理结构复杂、语义丰富的数据。本书根据作者提出的对象代理模型,给出对象代理代数,描述对象代理数据库语言,并围绕对象代理数据库的存储管理、查询处理、事务管理和安全机制等实现技术进行深入介绍,使读者能够全面掌握对象代理数据库系统原理。

本书既可供计算机专业高年级本科和研究生学习,也可作为数据库专业技术人员的参考书籍。

图书在版编目(CIP)数据

对象代理数据库系统原理 / 彭智勇,王黎维著. —北京:科学出版社,2024.3

(信息科学技术学术著作丛书)

ISBN 978-7-03-077945-8

Ⅰ. ①对… Ⅱ. ①彭…②王… Ⅲ. ①数据库系统 Ⅳ. ①TP311.13

中国国家版本馆 CIP 数据核字(2024)第 031360 号

责任编辑:孙伯元 / 责任校对:崔向琳
责任印制:师艳茹 / 封面设计:陈 敬

科学出版社 出版
北京东黄城根北街 16 号
邮政编码:100717
http://www.sciencep.com

北京中科印刷有限公司印刷
科学出版社发行 各地新华书店经销

*

2024 年 3 月第 一 版 开本:720×1000 1/16
2024 年 3 月第一次印刷 印张:20 1/2
字数:409 500

定价:175.00 元
(如有印装质量问题,我社负责调换)

"信息科学技术学术著作丛书"序

21 世纪是信息科学技术发生深刻变革的时代，一场以网络科学、高性能计算和仿真、智能科学、计算思维为特征的信息科学革命正在兴起。信息科学技术正在逐步融入各个应用领域并与生物、纳米、认知等交织在一起，悄然改变着我们的生活方式。信息科学技术已经成为人类社会进步过程中发展最快、交叉渗透性最强、应用面最广的关键技术。

如何进一步推动我国信息科学技术的研究与发展；如何将信息技术发展的新理论、新方法与研究成果转化为社会发展的推动力；如何抓住信息技术深刻发展变革的机遇，提升我国自主创新和可持续发展的能力？这些问题的解答都离不开我国科技工作者和工程技术人员的求索和艰辛付出。为这些科技工作者和工程技术人员提供一个良好的出版环境和平台，将这些科技成就迅速转化为智力成果，将对我国信息科学技术的发展起到重要的推动作用。

"信息科学技术学术著作丛书"是科学出版社在广泛征求专家意见的基础上，经过长期考察、反复论证之后组织出版的。这套丛书旨在传播网络科学和未来网络技术，微电子、光电子和量子信息技术、超级计算机、软件和信息存储技术、数据知识化和基于知识处理的未来信息服务业、低成本信息化和用信息技术提升传统产业，智能与认知科学、生物信息学、社会信息学等前沿交叉科学，信息科学基础理论，信息安全等几个未来信息科学技术重点发展领域的优秀科研成果。丛书力争起点高、内容新、导向性强，具有一定的原创性，体现出科学出版社"高层次、高水平、高质量"的特色和"严肃、严密、严格"的优良作风。

希望这套丛书的出版，能为我国信息科学技术的发展、创新和突破带来一些启迪和帮助。同时，欢迎广大读者提出好的建议，以促进和完善丛书的出版工作。

中国工程院院士

原中国科学院计算技术研究所所长

前　　言

随着计算机和互联网的高速发展，云计算得以兴起，大数据成为人类社会赖以生存和发展的重要资源，并驱动着人工智能给我们的生活带来极大的变化。随之而来的是需要更加先进的数据库管理系统对结构复杂、语义丰富的海量数据进行有效管理与深度分析。

数据库技术自诞生至今，经历了层次、网络、关系、对象等发展阶段，不仅形成了坚实的理论基础，还诞生了一大批优秀的数据库产品，形成巨大的数据库产业。目前人们广泛使用的还是关系数据库。关系数据库主要用来管理简单的结构化数据。然而，大数据中 80% 以上是非结构化数据。图灵奖获得者 Stonebraker 率先提出对象关系数据模型，并研制出对象关系数据库系统 PostgreSQL，开创了数据库开源的先河。对象关系数据库的核心仍然是关系数据库技术，主要通过引入自定义数据类型、自定义操作函数，以及继承等机制支持面向对象数据库技术。

我们采用完全不同的学术思想，提出对象代理模型，将其发表在数据库顶级国际学术会议和权威期刊上，得到数据库学术界的认可。它将现实世界中的客观实体表示成对象，通过定义代理对象表现对象的虚拟性、多样性和动态性。既具有关系数据模型的柔软性，又具有面向对象数据模型表现复杂语义的能力，能满足结构复杂语义丰富的数据建模需求。在国家 863 计划"数据库管理系统及其应用"重大专项课题支持下，基于对象代理模型，我们研制了对象代理数据库系统 TOTEM。该系统拥有自主知识产权，能够提供对象视图、动态分类、跨类查询等先进功能，可以有效支持个性化数据空间、社区协同工作和多模态数据管理等新兴数据库应用。

本书通过回顾数据库发展历史，围绕对象代理模型、对象代理代数、对象代理数据库语言、存储管理、查询处理、事务管理和数据安全机制方面的基本原理进行全面深入的介绍。希望本书能够展示数据库理论的最新发展，以及前沿技术，激发读者对数据库系统的研究兴趣。

武汉大学珞珈图腾数据库实验室的彭煜玮、王黎维、庄继锋、彭峰云、翟博譞、张广舟、肖静静、施源、牛虎、韩南、邹现军、罗敏、刘君强等参与了对象代理数据库系统的研制工作。在本书的撰写过程中，王梁、张平、吴瑕、史玉玲、徐鹏飞、张俊涛、王淞、江欢、赖思超、李岩、王飞、申远、杨文哲等参与了相关章节的资料收集和内容撰写。在此一并表示诚挚的谢意。

限于作者水平，书中难免存在不妥之处，恳请读者指正。

目　　录

第 1 章　数据库发展历史

数据库的诞生推动了信息管理技术的发展。20 世纪 60 年代以来，国内外学者在数据库管理系统领域做了大量的科学研究，构建了坚实的数据库理论，开发了许多成熟的商业数据库。数据库管理系统已经成为当今社会各行各业生产和工作的基础设施，与每个人的生活、工作息息相关。随着当今社会数据体量的规模越来越大，应用场景越来越复杂，数据库领域的研究内容不断拓宽和深化。未来数据库的研究仍是一个充满活力和创新精神的领域。

1.1　数据库简介

人类历史上有很长一段时间使用文字和图画来记录信息。此后，世界上出现了各种各样的文字，但信息一直是使用手工的方式进行保存。19 世纪初期，欧洲出现使用打孔卡片记录织物图案的提花织机，被认为是第一次实际意义上的自动信息处理。机械数据处理之父赫尔曼·霍尔瑞斯在 1890 年的美国人口普查中，使用打孔卡制表机记录每个家庭的信息，将往常需要花费 8 年的工作在 1 年内完成。打孔卡片每一列表示一位数字，每两列表示一个字母。国际商业机器公司 (International Business Machines Corporation，IBM)发明的 80 列矩形打孔卡成为当时打孔卡片的标准，并广泛应用于政府文书和商业活动记录中。到 20 世纪中期，许多大型公司使用整个楼层保存这些卡片。这会耗费大量的空间，企业很快意识到自动化处理和保存记录的重要性。计算机作为先进的计算机器开始出现。早期的计算机使用磁带存储数据。磁带可以保存上万张打孔卡片记录的数据，而且更加安全高效，但是数据访问被限制为对记录的顺序扫描。对于应用程序来说，想要处理以这种方式存储在多个文件中的数据，必须确保数据文件在实际处理开始前按特定的字段排序。这样做可以使从一个文件中读取的记录与从其他文件中读取的记录相结合。这种数据读取方式决定了系统必须以批处理的方式处理任务，将需要执行的计算任务成批收集起来处理。这种方式可以提高计算机的效率，但是存在相应的缺点，即事务不能得到立即响应，如果事务出错，必须等到隔天检查才能发现。这种处理方式在当时比较活跃的股票交易市场和旅行预订等应用场景中无法满足需求。随着存储技术的进步和磁盘的发明，出现了更为复杂的数据访问方法。与简单的顺序访问不同，索引顺序访问方法(index sequential access method，ISAM)在 20 世纪 60 年代崭露头角。IBM 将 ISAM 及其后续的虚拟存储访问方法(virtual storage access method，VSAM)开发为面向文件的技术，允许对大型机系统直接访问。这些系统与面向商业的通用语言(common business-oriented language，COBOL)和第一代编程语言(programming language one，PL/1)之类的编程语言一起使用。

最初对于文件的定义是有特定目的的数据有组织的集合。后来人们将有一定表示的数据集合和处理这些数据的程序称为广义的文件。文件根据数据逻辑记录的安排形式产生不同的组织方式。顺序文件的逻辑顺序同存放在存储设备上的物理顺序一致，方便顺序存取和批量处理。链接文件的逻辑顺序与物理顺序不一致，通过在前一记录中保存后一个记录的地址，将文件串联起来。索引文件通过带有地址索引的记录实现随机查找文件内记录，提高查找速度。直接存取文件通过对记录的关键字计算，产生该记录的存储地址。

文件系统是将用户的数据和程序按一定的物理结构组织成相互独立的文件，允许用户根据文件名进行访问，提供对文件的增、删、改、查，底层按照记录进行存取的数据管理软件。用户不需要了解存储设备的特性和数据组织方式，只需要通过文件命令实现按照文件名访问数据，可以简化使用方式。文件系统还可以授权给特定用户，保证安全性的同时实现文件共享。文件系统可以实现记录内的结构性，不能反映文件之间的关联性，缺乏整体数据的结构性，能共享文件却不能共享数据，导致数据的独立性低、冗余度高，维护和管理文件系统的开销很大。当数据量增大时，文件系统无法有效管理数据。

现实世界中的数据是经常改变的，数据之间存在多种多样的关联关系。为了管理数据和数据间的联系，提升数据查询能力，满足应用发展带来的更多需求，数据库系统在 20 世纪 60 年代中期逐步产生。数据库是一个能够持久保存的大量数据的集合。其内部结构和组织方式由数据模型定义，以便高效检索和修改。它允许很多用户同时访问而不产生冲突。当系统发生故障时能够迅速恢复，而不会丢失数据。

从不同角度观察数据库，可以将数据库分为不同层级[1]，即物理数据层以内模式为框架，概念数据层以概念模式为框架，用户数据层以外模式为框架。

(1) 物理数据层。作为数据库的最内层，物理数据层表示存储设备上所有原始数据的集合。这些数据可以被用户操作加工，包括由内部模式描述的指令操作处理的位串、字符和字。

(2) 概念数据层。这一层处于数据库的中间层，表示数据库整体逻辑。概念数据层作为存储记录的集合表示每个数据的逻辑定义和数据间的逻辑联系。这一层不表示数据库物理状况，只涉及对象间的逻辑关系。

(3) 用户数据层。这一层是用户看到和使用的数据层，代表用户使用的数据集合。

数据库管理系统是以软件为基础的系统，以受控和管理的方式提供对数据的应用访问。通过对数据结构进行单独定义，数据库管理系统可以将应用程序从处理和提供数据的烦琐细节中解放出来。

数据库管理系统的基本特点是注重对数据的单独管理，以降低成本、提高功能。数据库管理系统的关键是创建有关应用程序如何与数据分离的高级抽象。当今的数据库管理系统主要基于关系数据模型。通过关系模型，数据建模方式被表示为数据定义语言(data definition language，DDL)。DDL 定义了数据的模式，其中的数据以表和行形式排列。在 DDL 抽象之上，应用程序可以操作数据；在 DDL 抽象之下，数据库管理系统可以处理高性能读写和许多其他服务。DDL 抽象层的存在是数据库管理系统的本质。数据与应用程序分离的高层抽象拥有诸多优点。随着模式的存在，应用程序可以根据模式本身进行演化。在大多数现代数据库管理系统中，模式本身可以在保持对现有应用持续支持的同时进行改进。此外，应用程序看到的模式通常与定义存储的实际布局及其关联索引的物理模式分离。利用模式提供的分离，多个应用程序共享相同的数据，因此可以基于相同的共享数据建立新的应用程序。

数据库的发展历经了三代。第一代是网状数据库、层次数据库。第二代是关系数据库。第三代是引入对象概念的数据库。

作为第一代格式化数据模型，网状数据库、层次数据库都诞生于 20 世纪 60 年代，具有诸多共同特征。在体系结构、存储管理、事务处理和数据库语言方面，它们具有相似性，可以说层级模型是网状模型的特例。

关系数据库以关系数据模型为基础。关系模型使用二维表表示实体及实体间联系。以关系代数和关系数据理论作为基础，数据独立性优于网状和层次数据库，数据库语言具有非过程化的特点，易于用户使用。关系数据模型可以描述现实世界常见的结构化数据，但是无法很好地表达数据之间的语义关系。

第三代数据库的特征是通过引入对象的概念，借助面向对象程序设计语言机制，使数据模型的语义表达更加丰富，数据管理功能更为强大，支持传统数据库难以支持的复杂数据管理的应用需求。面向对象数据库针对不同的应用，对传统的数据库进行不同层次上的扩充，丰富和发展了数据库的概念、功能和技术，同时针对新兴应用需求和工作场景，探索新的数据库技术。

1.2　层次数据库

1.2.1　研制背景

IBM 在 1968 年发布的信息管理系统(information management system，IMS)[2]

是一个典型的层次数据库。虽然其底层的数据存储是通过指针绑定在一起的，但是所有的数据关系都可以用层次结构来构建。层次模型反映现实世界中实体间的层次关系，但它在应用时存在以下问题。

(1) 层次结构限制严格。当处理低层次对象时，插入、删除和更新操作效率低下，操作复杂。

(2) 层次数据库语言是一种过程式语言。当用户使用数据操作命令时，需要了解数据的物理存储结构，并给出显式存储路径。

(3) 数据独立性较差，难以再组织。模拟多对多联系时可能导致物理存储上的冗余。

1.2.2 层次数据库的特点

层次模型将数据组织为记录的树状结构。数据处理本身是分层的，从记录树的根开始，按照深度优先、从左到右遍历顺序解析相关的记录，用指针建立记录与记录之间的联系，表示各类实体及其联系的数据库逻辑模型。它主要用来描述客观世界概念间的层次关系。

层次模型用树结点表示实体集，用树结点间的线表示实体集的关系。在层次模型中，结点间的关系必须是一对多的，即一个父结点可以有多个子结点，但一个子结点只能有一个父结点。

当表示现实世界中具有一对多的层级关系时，层次模型简洁明了，但是在现实世界中有很多非层次性的联系，如多对多的联系，一个结点具有多个父结点等。层次模型表示这类联系的方法能力有限，对于插入和删除操作的限制较多，查询子结点必须经过父结点，层次命令趋于程序化。

层次数据库语言是用于定义层次数据库的逻辑数据结构和物理存储结构，并对层次数据库进行操纵的一种语言。它包括模式 DDL、外模式 DDL 和数据操纵语言(data manipulation language，DML)。模式 DDL 是数据库管理员用来定义数据库全局逻辑数据结构的描述语言。外模式 DDL 是描述层次数据库的外模式，其中外模式用来描述用户所需数据的逻辑数据结构。DML 是层次数据库管理系统用来对数据库中的数据进行存储、查询和修改的语言。它是一种过程式语言，要求用户熟悉层次数据库的结构。用户需要用宿主语言编写应用程序来调用 DML，实现对数据库的访问。

1.2.3 层次数据库的实例

典型的层次数据库管理系统是 IBM 于 1966～1968 年为美国国家航空航天局(National Aeronautics and Space Administration，NASA)的阿波罗登月计划专门开发的 IMS，也是目前世界上最广泛使用的层次数据库管理系统。1966 年，IBM 团队开始设计和开发信息控制系统(information control system，ICS)和数据语言/接口(data language/interface，DL/I)系统，1967 年完成并发布 ICS 的第一个版本。1968 年 4 月，ICS 被部署到 IBM 推出的首个指令集可兼容计算机 System/360 上，如图 1-1 所示。

图 1-1　System/360

层次型数据库使用树形逻辑拓扑结构组织数据存储结构，对于现实世界中多层级逻辑结构应用场景比较适用，例如银行账户、子账户，以及账户中的明细记录可以组成多层记录。层次数据库在此类工作场景中可以提供较高的性能、存储效率和查询效率，因此在银行、保险等行业得到广泛应用。

IMS 分为 IMS 数据库管理(IMS database manager，IMS DM)和 IMS 事务管理(IMS transaction manager，IMS TM)两个主要组件。IMS DM 负责数据存储管理。IMS TM 负责交易事务管理。

IMS DM 中最基本的数据结构是段。每个段中的具体属性由用户定义，同时可以定义属性是否定长。其具体结构可以分为两部分，前缀部分包含段类型等元信息，之后是数据部分。前缀部分和数据部分连续存储。段通常用于表示数据库中的实体，其中的字段表示这些实体的属性值。例如，在表示汽车时，字段可以表示汽车的产地、模型和年份。IMS DM 允许按照段中的某一个属性值排列段的顺序，作为这个段的键值。一个段的连接键是给定段与其前段键值的连接，即从给定段到根段路径上的键值。连接键用于唯一地标识数据库记录中的段。多个段组成一个单根的树结构，这个树结构称为记录，而一组相同类型的记录称为一个物理数据库。在定义数据库时，通过声明数据库名，以及段名称、属性名称、属性类型等信息来完成。

IMS TM 处理用户输入的请求，首先检查输入记录的格式和数据是否存在错误，以及可能涉及的数据库中的数据。这些数据记录将被写入顺序文件，以便后续处理，有错误的记录会直接返回给用户进行更正。程序从一个或多个数据库中检索关于这些实体的数据，并将这些数据合并后返回给用户终端。

现实世界中按照层次结构组织起来的数据可以直接映射层次型数据库，例如学校学生记录，每个班级都包含几十位同学的信息，把这些信息存储在二维关系表中，每位学生记录都会包含同样的学校、班级和教师等信息，而在层次型数据库中，可以将学校班级信息存储为根段，学生等信息存储为子段。子段中的学生信息不用保存父结点信息的内容，能够节省大量的冗余空间。

以图 1-2 为例，根结点记录学校的名字和编号，两个子结点分别是部门和管理员办公室，部门的下一级结点是教研室和班级，教研室拥有教师团队子结点，包含教师姓名、编号和研究方向等信息，班级拥有学生子结点，包含学生姓名、学号和性别等信息。

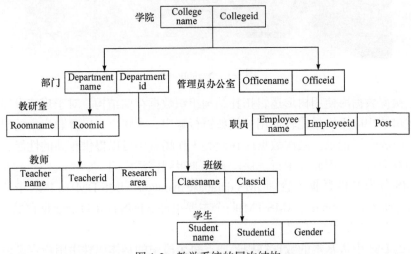

图 1-2　教学系统的层次结构

根据层次数据库自身特点，使用者通过关键字从根段定位到子段进行快速查询。一个 IMS 记录是由这种根片段型及与之有直接或间接连接的各记录组成。存储管理使用四种存取方式，即层次顺序存取方式(hierarchical sequential access method，HSAM)、层次索引顺序存取方式(hierarchical indexed sequential access method，HISAM)、层次直接存取方式(hierarchical direct access method，HDAM)、层次索引直接存取方式(hiehrarcical indexed direct access method，HIDAM)。

每种访问方法都有不同的存储方式和性能特征，因此用户能够选择与所实现的特定数据库的需求紧密匹配的方法。在 HSAM 中，物理数据库被实现为具有固定长度的顺序存放的数据集。每个数据库记录的片段以层次化的顺序存储在一个或多个连续的数据集记录中。每个数据集记录保存于整数数目的段中，一个数据库记录的最后一个段紧接下一个数据库记录的根段。在创建数据库时，数据库记录按照用户程序显示的顺序存储,如果根段有键,那么必须以升序键值存储记录。数据库记录在 HISAM 中是一个物理上连续的段序列。该序列按照层次结构的顺序进行,序列被划分为一个或多个子序列,每个子序列由定长的段组成。第一个子序列放置在根记录中,其余子序列放置在一个或多个记录中。前一个子序列保存指向后一个子序列存储位置的指针。在 HIDAM 中,每个数据集保存一组给定段,保存在根段的数据集称为主数据集,其余称为辅助数据集。与 HSAM 和 HISAM 相比,HIDAM 数据库记录的段可以存储在任意位置,记录结构通过段前缀中包含的物理指针保存。HDAM 与 HIDAM 类似,其中段存储在一个主数据集和一个或多个辅助数据集中,记录的段通过物理指针互相连接。与 HIDAM 不同,HDAM 数据库没有关联的主索引数据库。

　　IMS 中的事务包括数据通信事务和快速路径事务两类。数据通信事务由数据通信功能内的设施处理,可以由用户或者应用程序生成。快速路径事务只能由用户发起。这两种事务可以在执行中并发处理。数据通信事务特性提供程序隔离功能,允许多个事务处理程序并发地访问相同的数据库且不会相互干扰,也不会影响数据的完整性。程序隔离提供对数据资源的三种级别访问,即只读(级别 1)、单次更新(级别 2)和排他(级别 3)。一个单次更新用户可以和任意数目的只读用户共存,但同一时间只允许一个单次更新用户。排他用户独占整个数据资源,不与只读用户和单次更新用户共存。当一个程序请求一个资源时,将其请求的访问级别添加到当前持有该资源程序的最大访问级别上。如果级别总和小于 4,程序将获取访问该资源的权限,反之,程序保持等待。当一个程序释放一个资源时,扫描等待的程序,以确定是否可以授予程序请求的访问权限。程序隔离提供的隐式保护满足大多数数据共享需求。IMS 还允许应用程序显式地获取和释放数据资源。此外,一个数据库或一个数据库中的一个或多个段,可以被一个程序获得排他级别的权限。快速路径事务和其他事务间的差异源于快速路径中为减少共享数据资源并发运行的程序之间的争用而做出的特殊规定。通过减少资源竞争,快速路径事务可以减少事务在等待另一个事务所持有的资源时引起的延迟,通过将程序请求的数据库更新保存在存储设施中,只有当程序到达下一个同步点时才将这些更改应用到数据库,从而减少竞争。

　　IMS 的批处理功能允许用户使用 COBOL、PL/1 或 System/360 汇编语言编写应用程序,为系统定义这些程序并通过系统的批量执行来完成。应用程序可以向系统发出调用来检索、修改、添加和删除数据库数据,提供系统日志和检查点恢复程序,方便数据库崩溃后恢复。日志对于维护数据库中数据的一致性非常重要。为了保护数据库中的数据不受程序出错或者系统崩溃影响,IMS 在系统日志中反向搜索属于崩溃程序更新的数据库条目,并使用每个对应条目的日志数据替换数据库中相应的数据。为了防止系统出现故障时重新运行整个作业,IMS 采用检查点的方式,允许程序定期复制选定的程序和系统变量,并在系统崩溃时从这些检查点重新启动。程序检查点由指定要保存的程序变量的检查点调用和引用检查点的标识获取。IMS 提供两类不同的数据结构,即数据管理员(data administrator,DA)可见的结构和应用程序员(application programmer, AP)可见的结构。AP 数据结构类是 DA 类的一个子集,其中 AP 记录在结构上是相互独立的,而 DA 记录可以通过逻辑关系相互连接。AP 类中的结构类型通常具有与 DA 类中同名结构类型相同的属性和组成规则。AP 数据库是虚拟的,因为它们物理地存在于辅助存储中。IMS 是最早提供层次数据结构的通用数据库管理系统之一。其他的早期层次数据库管理系统还有霍尼韦尔 H800 和通用信息系统。

1.3　网状数据库

1.3.1　研制背景

20 世纪 60 年代后期兴起的另一种数据模型是网状数据模型。它不仅可以在严格的层次结构中表示数据,还可以在具有相互引用的实体的复杂网络中表示数据。该模型成功的一个实现是始于 1964 年的集成数据系统(integration data system,IDS)[3]。IDS 的设计很大程度上影响了网络模型数据系统语言委员会标准。

1.3.2　网状数据库的特点

相比于层次模型,网状模型结构更具有普适性。网状模型允许一个结点具有多个父结点,同时允许两个结点之间有多种关系,其对现实世界的表达能力优于层级模型。在网状模型中,记录用结点表示,一个记录包含多个字段,同时用连线表示结点间的关系,可以说层次模型是网状模型的特例。

网状模型是以有向图的网络结构表示各类实体及其联系的数据库逻辑模型。通过使用数据库连接指令显式确定数据间的连接关系,将数据以多对多的方式组织起来。网状数据结构中的数据冗余小,能明确方便地表示数据间的复杂关系。由于网状结构更复杂,会增加用户查询和定位的困难,而且需要存储数据间联系的指针。

层次数据库以有根的定向有序树作为其数据模型。网状数据库以有向图作为其数据模型。可以说,层次数据库和网状数据库是数据库发展的基础,它们具有如下共同点。

(1) 支持外模式、模式和内模式。通过外模式与模式、模式与内模式之间的映像,可以保证数据库系统具有数据与程序的物理独立性和一定的逻辑独立性。

(2) 数据库不但存储数据,而且还用存取路径来表示数据之间的联系。这一特点将网状数据库和层次数据库同文件系统区别开来。

(3) 有独立的 DDL。由于模式一经定义，就很难修改，因此在修改模式时必须首先把数据全部导出，重新定义数据库模式信息，然后重新编写程序，按新模式的定义将原有的数据导入新数据库中。在实际应用中，数据库系统不能轻易更改，数据库模式也不能轻易重构，因此在构建数据库系统时，需要充分考虑当前应用需求，以及后续可能存在的变化，根据应用场景设计数据库模式信息。

(4) 导航式的 DML。导航式查询语言和数据操作语言需要用户清楚数据在存储设备上的存储结构，给出查询和操作路径，是一种过程化语言。这类语言通常被嵌入某一种高级语言，如 COBOL、公式翻译器(formula translator, FORTRAN)、PL/1。

相比于层次数据库，网状数据库管理系统由于其更能模拟现实世界事物间的联系，在关系数据库系统出现前得到更为广泛的应用，在数据库发展的历史上也占有更为重要的地位。

网状数据库语言提供网状数据库逻辑数据结构的定义和网状数据库的设计、存取、控制和保护功能的数据库语言。它主要有模式 DDL、外模式 DDL、物理 DDL 和 DML。其中，模式 DDL、外模式 DDL、DML 与层次数据库语言包含的定义相同，区别在于网状数据库语言还包括物理 DDL。物理 DDL 是用来定义数据的物理存储方式的语言，由 DA 使用，用户一般不接触它。物理 DDL 是内部的描述，即描述数据在存储介质上的安排和存放，如怎么建立索引和数据，如何压缩和分页等。

1.3.3　网状数据库的实例

IDS 是美国通用电气公司的查尔斯·巴赫曼等在 1964 年开发成功的。其早期运行在通用电气设计的 GE 235 大型机上。GE 235 计算机支持磁带、卡片存储，读写速度为 400card/min，如图 1-3 所示。

图 1-3　GE 235 计算机

IDS 系统是由模式、子模式和存储模式组成的三层模式系统结构。记录是数据组织的基本单元，包括数据域和链域。每个记录的开头都有三个结构，即记录所在的数据块号、块内记录号、记录类型，记录的长度。数据域可以根据系统设计者的需求定义为逻辑型、数值型、字符型数据。通常平均一个记录有两个链，对于某些重要的记录可以有 6 个，在理论上，一个记录可以有无限多个链域指向其他记录。IDS 中的记录只存储一次，此举带来三个优势，即减少数据冗余度；维持数据代价降低，更新数据只需要更新一个，当数据发生错误时可以被立即更正；数据一致性总能得到保证。多个相互关联的记录串联在一起组成一个封闭的链。每个链有一个主记录。主记录的数据类型在创建数据时定义。当用 PUT 命令保存主记录时，会创建一个链，但是其中没有数据信息。主记录中的链域指向下一个记录的数据块号和块内记录号。如果这个链没有内容，只有一个主记录，那它指向自己，最终形成一个封闭的链。以图 1-4 为例，订单包含商家信息<姓名，住址，商家代码>、订单信息<订单号，订单日期，交易方式，价格>、商品信息<商品识别号，商品说明，数量，价格>。

商家记录会成为一个订单链中的主记录。订单记录会成为一个货物链中的主记录。

IDS 的数据和程序语言可以让用户预先定义自己的记录、链域和数据域，使用四个命令来访问数据。

PUT 命令。<PUT vendor RECORD>，根据已有商家记录的模式创建一个新的记录，此时它没有任何内容信息。

GET 命令。<GET NEXT order RECORD OF order chain, OR IF vendor RECORD GO TO locatin~a>，获取订单链的下一个记录，如果获得的记录是一个订单记录，则返回成功；如果下一个记录是商家记录，则转向 a。这样做的目的是让读完此

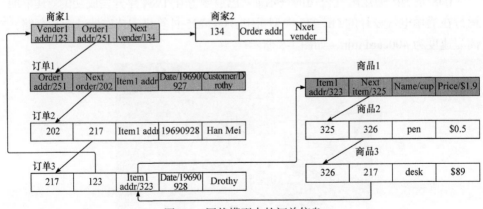

图 1-4　网状模型中的订单信息

订单记录后可以继续读入上层商家记录。

MODIFTY 命令。<MODIFY CURRENT item RECORD，REPLACE quantity FIELD>，修改当前记录数据域中的值。

DELETE 命令。<DELETE vendor RECORD，IF ERROR GO TO error-a>，获取相应的商家记录并删除之前确认其下没有订单链，如果有就删除。相应的，如果订单记录下有商品链也要先删除，最终删除商家链。

1.4 关系数据库

1.4.1 研制背景

网状数据库和层次数据库解决了数据共享的问题，但是也存在缺陷。例如，网状建模和层次建模是从如何互连多个复杂实体的观点出发的，模式设计完成之后难以改进，数据间的独立性较差。查询时，需要用户清楚数据在存储设备上的存储结构，并给出查询和操作路径。IBM 的埃德加·弗兰克·科德在 1970 年发表论文"大型共享数据库数据的关系模型"，为关系数据库奠定了理论基础，开启了关系数据库方法和理论的研究。关系理论不通过物理指针形成刚性预定关系。基于可靠的数学理论，它可以提供一种将数据组织到具有行和列的方法。表之间的关系由外键定义，其中一个表中的列包含对另一个表中主键值的引用。关系型数据模型的简单性得到集合理论形式基础的补充，可以为查询关系型数据提供强大的代数和基于计算的技术。

20 世纪 70 年代是关系数据库理论研究和原型开发的时代。IBM 首先建立 System R 项目，致力于关系数据库管理系统的研究。关系软件有限公司在 1979 年借鉴 IBM 对 System R 的研究，创建了商用关系数据库管理系统 Oracle。加州大学伯克利分校的迈克尔·斯通布雷克曾基于 System R 项目，进行交互式图形和检索系统(interactive graphics and retrieval system，Ingres)的研发。Ingres 在 20 世纪 80 年代是甲骨文最大的竞争对手，对整个数据库行业有巨大的影响。许多早期为其工作的程序员随后都为其他数据库管理系统做出了贡献。大量关系模型的研究和开发推动了关系数据库语言的发展，包括关系代数、关系演算、结构化查询语言(structured query language，SQL)，以及通过例子进行查询(query by example，QBE)等，实现了现代数据库系统的查询优化、并发控制、故障恢复等关键技术。

1.4.2 关系数据库的特点

关系数据模型用关系表表示现实世界的实体，以及实体间的联系。关系操作将操作对象和数据结构作为一个集合进行操作。相比层次数据库和网状数据库一次一个记录的操作方式，集合操作更为高效。关系数据模型具有以下优点。

(1) 关系数据模型与层次和网状数据模型不同，建立在严格的数学概念基础之上。

(2) 关系数据模型的数据结构单一，实体、实体之间的联系和对数据的检索结果都用关系表来表示，其数据结构便于用户理解。

(3) 关系数据模型的存取路径对用户不可见，可以简化用户开发和使用数据库的工作，同时数据有更高的独立性和保密性。

当然，关系数据模型也有缺点，其面向实现的数据表达形式不能根据应用的要求灵活变通，不能方便地表达应用领域的事物及其之间的复杂联系。

关系数据库语言诞生于 1974 年，当时 IBM 的雷·博伊斯和唐·张伯伦将关系数据库 12 条准则的数学定义以简单的关键字语法表现出来，里程碑式地提出SQL。SQL 的功能包括查询、操纵、定义和控制，是一个通用的非过程化关系数据库语言。SQL 标准的每一次变更都影响着关系数据库产品的发展。

1.4.3　关系数据库的实例

IBM 研制的 System R 由关系存储系统(relational storage system，RSS)和关系数据系统(relational data system，RDS)两个模块组成[4]。它支持高级关系数据库语言，提供便于用户使用的接口，将用户和内部存储机构分离，可以保证数据的独立性，同时支持完整性检查、授权检查、定义触发器等操作，使用锁机制提供并发控制，提供死锁识别和死锁解除方法和日志功能。

RSS 将数据库在逻辑上划分为许多段，段上可以包含若干个表的逻辑地址，表不允许跨段存在。段上存储用户数据、系统目录、访问路径、RDS 的中间结果。设置日志段存储日志。段的最大空间可以在用户初始化数据库时设定。

关系是 RSS 的主要数据对象，包含多个属性的表，可以在任意时刻定义一个新的关系，也可以在表被创建后，再追加其他属性。表支持定长和不定长两种类型的字段。当往一个已存在的表上添加字段时，默认其类型未定义，当往里面添加值时确定类型。

针对表可以进行以下操作。

OPEN-SCAN，打开表，按照某个访问路径扫描各个元组。

CLOSE-SCAN，关闭结束扫描。

NEXT，读取当前扫描位置的直接后继。

FETCH，读取一个特定键值的元组的某个属性。

INSERT，为指定段的指定表添加一个元组。

DELETE，为指定段的指定表内存一个元组，由唯一标识符或者键值标识。

UPDATE，修改指定段的指定表中的一个元组，由唯一标识符或者键值标识。

RSS 提供两类访问路径，即索引和双向链表。主要采用二叉树来索引表上的某个属性。双向链表记录两个元组间的访问路径，由链接和解除链接命令指明。一个元组可以存在于多个链上。

在 RDS 中，数据操作机制提供元组插入、删除、更新的功能，可以同时对一个元组或多个元组进行操作。数据定义机制用 CREATE TABLE 命令创建新表，DROP TABLE 命令删除旧表。数据控制机制包括事务、授权、完整性断言和触发器。

事务由用户定义，事务开始和事务结束之间的结构化英文查询语言(structured english query language，SEQUEL)作为一个整体被处理。事务边界的所有完整性约束都要满足，可以通过 SAVE 语句设立检查点，通过恢复语句恢复到事务开始或某个检查点的状态。

授权通过视图机制赋予读授权。例如，如果只想让用户读取雇员信息，而不看到雇员工资，雇员信息部分可以由表生成视图并授权给用户。

断言通过断言语句完成，创建断言时需要检查断言是否为真。如果真，断言直到删除断言语句前一直生效。任何用户的数据操作都不能违反断言。断言可以用于元组，也可以用于元组集合。断言可以描述允许的数据库状态或允许的事务，使用旧的和新的描述修改前后的数据状态。除非特别说明，完整性断言在事务结束时进行检查。检查事务开始和结束的状态，如果某些断言不能被满足，事务退回开始执行的点。在事务执行过程中，中间状态有可能违反断言，如果使用 IMMEDIATE 修饰断言，事务会在每次修改时检查断言。ENFORCE INTEGRITY 能够创建完整性检查点，防止一个长事务在结束时因违背断言返回开始的点。

当满足触发条件时，触发器会触发一系列预先设定好的 SEQUEL 语句。触发事件主要包括检索、插入、删除、更新表或者视图。

根据 SEQUEL 语句，可以找到一个代价最低的执行计划，即找到从外存中读入页数最少的计划。考虑以读取的磁盘页数为计算代价的基础，数据库中的数据在存储上的物理聚簇很重要。首先，将语句分类根据系统目录查找与给定语句相关的视图和链接。然后，找到若干个可能的执行计划，估算哪一个执行计划代价最低并选择。

并发控制采用封锁技术实现。事务只能处理已经加锁的数据。一个事务对同一对象加锁不能重复；加锁解锁过程严格分离；事务结束时，释放锁。为了提高并行度，采用两项措施。一项措施是加锁分级。读锁分三级，一级读锁最低，不排斥其他事务，读到的数据有可能是脏的，不保证可重复读，系统中所有完整性条件都不能得到保证；二级读锁保证用户读取的数据都是干净的，不能保证可重复读；三级读锁时，用户在逻辑上把系统视为单用户系统，保证可重复读。另一项措施是允许在不同粒度上加锁，包括元组级、表级、段级、数据库级。针对死锁问题，允许死锁发生，提供死锁分析方法，选择代价最小的事务，撤销该事务以解除死锁。

1.5　面向对象数据库

1.5.1　研制背景

关系数据建模概念被用于面向商用业务的应用程序，其中表为数据组织提供自然的结构。用户开始尝试在新的应用领域使用关系数据库概念，如工程设计和地理信息系统。然而，这些新的应用程序领域需要使用关系模型并不支持的复杂数据类型。此外，数据库设计人员发现，将数据规范化为表形式的过程会影响检索大型、复杂和分层结构数据的性能，需要大量连接条件才能从多个表检索数据。大约在同一时间，面向对象程序设计语言(object-oriented programming language，OOPL)也开始发展。它定义了类的概念，使用实例字段、方法和信息隐藏的封装。

面向对象数据库是以对象为构建块，OOPL 为数据库语言的数据库。该数据库系统支持对象的持久性，以及并发和恢复控制的特性，提供高效的访问和特殊查询语言。定义对象结构和对象行为的 OOPL 方法在 20 世纪 80 年代中期为面向对象数据库的开发提供了基础。面向对象数据库为数据建模提供了一个革命性的概念，将数据对象组织为用户定义类的实例。类被组织成类层次结构，支持属性和行为的继承。面向对象数据库与关系技术的不同之处在于，它使用内部对象标识符(object identifier，OID)而不是外键作为定义类之间关系的方法。此外，它还提供数据库和编程语言技术间更加无缝的集成，可以解决关系数据库系统存在的阻抗不匹配问题。阻抗不匹配问题指的是在面向集合的关系数据库访问和迭代式的一次一记录的宿主语言访问方式之间存在的差异。在面向对象数据库范例中，OOPL 提供统一的、面向对象的数据视图，使用单一语言访问数据库和实现数据库应用程序。

对象是面向对象数据模型最基本的概念之一，其中对象表示特定应用程序中感兴趣的实体。对象具有状态，用于描述对象的特定结构属性。对象还具有行为，它定义了用于操作对象的方法。每个方法的定义包括方法名，以及方法参数和类型。对象的状态和行为通过对象类型定义来表示，对象类型定义为对象提供接口。相同接口的对象被收集到一个类中，其中每个对象被视为类的实例。类定义支持封装的概念，可以将类的定义接口与其方法的实现分离开。因此，方法的实现可以在不影响类的定义接口的情况下进行更改。

当类的对象被实例化时，对象被分配一个 OID。另外，对象的状态是可变的，这意味着对象属性的值可以更改。在面向对象数据模型中，OID 用作定义类之间关联的基础，而不是像关系模型那样使用外键值。因此，对象属性的值可以自由更改，不会影响对象之间存在的关联。

面向对象数据模型中的类可以组织成类的层次结构，定义类之间的父类和子类关系。类层次结构提供类的状态和行为的继承，允许子类继承父类的属性和方法，同时使用特定于子类的附加属性或行为扩展子类。继承层次结构通过提供一种强大的机制来表示类之间的泛化/特化关系，从而简化对象模式的规范和对模式的查询。

1.5.2　面向对象数据库的特点

随着计算机性能和容量的不断提高，可处理数据的复杂度在迅速增长。关系数据模型并不能很好地表示复杂的数据类型，因此人们提出面向对象数据模型。面向对象数据模型既能表示复杂的数据类型，又能实现数据处理的高效性。人们曾期望面向对象数据库能取代关系数据库，并成为新的主流数据库。

对象数据管理组织(Object Data Management Group，ODMG)是著名的对象管理组织(Object Management Group，OMG)成员之一，它成立于 1991 年，并于 1993 年发布第一版数据对象标准。1999 年发布的第三版数据对象标准已经被广泛认为是一个比较成熟的关于面向对象数据库的标准。它主要规范和引导面向对象数据库市场，解决缺少标准造成的各种面向对象数据库产品间缺乏可移植性的问题，保护用户和厂商双方利益。

面向对象数据模型主要借鉴面向对象程序设计语言和抽象数据类型(abstract data type，ADT)的思想，用来表达面向对象数据库管理系统中的各种语义。这些语义明确了对象的特征，如对象的命名、标识、关联。它具有很强的可扩充性，是具有丰富语义的数据模型。ODMG 提出的面向对象数据模型规定了一个面向对象数据库管理系统支持的基本概念。

(1) 基本建模单位是对象和文字。对象具有唯一的标识符，文字没有标识符。

(2) 每个对象都能划分到一个类。某个类的所有实例都具有相同的状态和行为。

(3) 一个对象的状态由一组特征来描述。特征可分为对象本身的属性，以及一个或多个其他对象之间的联系。

(4) 一个对象的行为由一组操作来描述。操作应该具有输入输出参数，且能返回特定类型的结果。

(5) 通过对象定义语言定义面向对象数据库管理系统的模式。存储的对象为该模式定义的类型实例。

面向对象数据模型确定了对象、文字、类、操作、特征等含义。这些结构用来定义具体应用的一些特定的类型及其操作和特征。这就是面向对象数据库的逻辑模式。关联和操作可以使面向对象数据模型表达出比关系模型丰富得多的语义。

目前最有名的面向对象数据库语言是 ODMG 于 1997 年制定的对象描述语言(object specification language，OSL)和对象查询语言(object query language，OQL)的简称。它们是以面向对象程序设计语言 OOPL 为基础并实现持久性扩充而形成的面向对象数据库语言，既在形式上类似 SQL，又具有面向对象的特征与风格。其最大特色是与 OOPL 一起构成一个面向对象统一环境，同时将对象分成临时性对象与持久性对象两种，并由 OOPL 处理临时性对象，OQL 处理持久性对象。这两种语言的区别在于，OOPL 是过程性语言，OQL 是非过程说明性语言。

1.5.3　面向对象数据库的实例

经过二十多年的研究发展，现在已经有许多面向对象数据库原型系统和商业系统，如 Gemstone、ObjectStore、O2[5]、Ontos 和 openODB 等。下面以 O2 系统为例介绍面向对象数据库。

O2 系统源于一个研究与开发面向对象数据库的软件工程项目 Altair。该项目由法国国立自动化和计算机科学研究院、法国国家研究中心、法国第十一大学、西门子公司等共同出资参与，并于 1991 年推向国际市场。在数据库研发过程中，研究人员在数据库顶级会议上发表了许多高质量论文，推动了面向对象数据库理论和技术的发展。O2 系统的应用范围包括 20 世纪 90 年代一些最新应用，如计算机辅助设计、地理及城市系统、编辑资讯系统及办公室自动化等领域，设计时主要以提高这些新应用的开发效率、改善最终应用程序的质量(外观、性能、可维护性和可定制性)为目标。为了实现这些目标，O2 从用户界面、编程语言与数据库技术相结合，以及面向对象技术等方面对数据库改进。系统的核心是 O2 引擎，可以存储结构化和多媒体对象，磁盘管理(包括缓冲、索引、集群、输入/输出(input/output，I/O))、分布、事务管理、并发、恢复、安全和数据管理，支持 C、C++两种类型语言接口。

为 O2 编程需要两个步骤，首先需要进行模式定义，通过 O2 的 DDL 创建模式信息，包括类的信息、类中对象结构、方法等。多个类可以形成继承关系。然后，使用 O2 语言实现类中的方法。O2 中的数据被组织成封装数据和方法的对象。对象的操作通过附加到对象的过程完成。O2 允许用户定义对象和复杂对象，例如

```
i0 tuple(name:"Eiffel tower",
    address:i5,
    description:"A famous paris monument",
```

```
        closing_days:list("Christmas","Easter","August 15th"),
        admission_fee:25)

i1 tuple(name:"Paris, "
        map:i2,
        hotels:set(i3, i4))

i5 tuple(city:i1,
        street:"Champ de Mars",
        number:1)
```

对象是标识符和数值组成的结构。例如,上述第一个对象由标识符 i0 和值构成,值可以是原子的、结构化的,或者由其他对象的标识符组成。因此,一个对象是封装好的,必须通过特定的方法操作。

在 O2 中,用户可以选择类和类型这两种数据组织方式。类由封装了数据和方法的对象实例构成,而类型的实例是数值。其结构由用户定义和操作。每个类都有一个类型用于描述类中的实例。类由用户创建,可以通过继承产生。类型通常是类的一部分,由 O2 系统基本的数据类型递归组合而成。类型的格式如下。

```
tuple(name:string,
      map:Bitmap,
      hotels:set(Hotel))
```

此类型描述城市,其中的 hotels 属性拥有一个集合结构的值,是类 Hotel 的集合。模式是一组通过继承链接和/或组合链接关联的类,描述一组对象的结构和行为。类的结构包括定义的类型和方法。模式的定义如下。

```
add class City
    type tuple(name:string,
        map: Bitmap,
        hotels:set(Hotel))
add class Monument
    type tuple(name:string,
        address:Address,
        description:string,
        closing_days:list(string),
        admission_fee:integer)
```

```
add class Address
    type tuple(street:string,
        city:City)
add class Hotel
    type tuple(name:string,
        address:Address,
        facilities:list(string),
        stars:integer,
        rate:float)
add class Restaurant
    type tuple(name:string,
        address:Address,
        menus:set(tuple(name:string,
            rate:float)))
```

在面向对象环境中，与系统交互的方式是使用封装性的数据库编程语言对信息进行检索。O2 为用户提供图形界面，或者通过 O2 查询语言与系统进行交互。O2 查询语言是一种双模式语言，不仅可以在程序中用于编写应用程序，还可以交互式地用于特殊的查询。在第一种模式中，编程模式不能违反封装且不能访问一个对象的值，除非通过公共方法。在第二种模式中，查询语言可能违反封装，直接访问对象的值。查询返回一个对象或一个值，返回的对象是数据库中已经存在的对象。查询可以生成新值。

如图 1-5 所示，O2 系统主要由查询解释器(query interpreter，QI)、模式管理器(schema manager，SM)、对象管理器(object manager，OM)和磁盘管理器(disk manager，DM)组成。除此之外，还有 LOOKS 图形界面等组件。在数据库环境中，用户界面构造的特殊性在于需要对大型、多媒体、复杂的对象进行显示、编辑和浏览，对象显示在屏幕上需要进行大量编程。LOOKS 图形界面支持在屏幕上显示和操作大型、复杂的多媒体对象，允许程序员通过屏幕上的对象表示快速创建简单但高质量的图形用户界面，并通过简单的原语调用显示大型复杂的对象。

系统的上层是 SM，负责监视类、方法，全局名称的创建、检索、更新、删除，以及执行继承的语义和检查模式的一致性。OM 作为中间层，提供管理复杂对象、消算传递、回收未引用对象、基于复杂对象和继承实现索引和集群策略等功能，并提供数据持久性保护和并发控制。最内层是 DM，负责磁盘管理，记录结构化的顺序文件、非结构化文件和长数据项，并为这些数据提供磁盘上的索引。

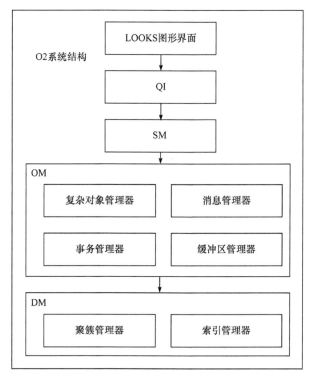

图 1-5　O2 系统主要结构

　　SM 接收到上层编译器传递的查询命令，执行类、类型、值、方法的创建和删除，并将查询结果返回给 LOOKS 图形界面。类在创建时可以暂时不完全指定其属性和方法，并将其视为继承层次结构的一个虚拟的叶子结点。例如，一个类 C 可以用一个没有完全定义的类 C' 属性来定义，并作为类 C' 的子结点。当需要完全创建类 C 时，必须查看类 C' 的类、方法和属性是否已经完全创建，并检查它们的一致性。多个数据库可以使用同一个模式，数据可以物理地存储在不同的磁盘卷上。此外，可以从另一个模式导入类和类的方法，这样导入的方法可以返回其他数据库的对象。这些对象可以被本地数据库的对象引用。

　　OM 主要由复杂 OM、消息管理器、事务管理器和缓冲区管理器组成。消息管理器侦听来自工作站的请求，并将它们分派到相应的模块。复杂 OM 支持集合、列表和元组结构对象，执行对象的创建和删除，以及通过名称检索对象。复杂 OM 使用持久化的元组标识符表示一个对象，对象在底层存储位置的移动和数据更新不会影响元组标识符；使用元组表示页面的一个记录，当一个元组超过一个页面，使用长数据项的存储格式。列表也可以解释为可插入阵列，是类似于 B 树的序列化结构。集合是一组通过特定聚簇方式组织在一起的对象。O2 使用哈希索引和 B 树索引加速集合内对象的查询。事务管理器可以自主设定是否启用数据保护机制，设定检查点的设置规则权衡事务处理性能和数据安全性。事务运行时，可以按照需求将对象读入内存进行处理，也可以启动全内存模式，将所有对象读入内存做统一处理。复杂 OM 使用两阶段锁策略实现页面级别的并发控制。更新文件前，它需要获得文件的写锁。缓冲区管理器负责将 OID 转换为内存地址，并管理主存中对象所占的空间。

DM 根据数据库给出的放置树描述信息存放对象数据。放置树是把具有相关关系的类对象按照树结构组织起来的聚簇方法。一个类中的数据会同其父类中的数据组织成一个聚簇，并将强相关的类放置在一个树中。数据库按照树中标识的类信息存储类中的对象。这些对象经常被同时访问，所以在磁盘上将这些对象组织到一起可以提高检索效率。索引管理器考虑 O2 数据模型的特性，特别是继承层次结构和复合层次结构，直接构建在支持索引的存储层上。一个 O2 系统实例如图 1-6 所示。

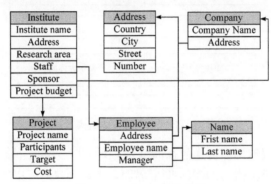

图 1-6 一个 O2 系统实例

1.6 对象关系数据库

1.6.1 研制背景

纵观面向对象数据库发展历程，始终没有完整的数据建模理论，不能很好地支持数据库系统设计和实现。20 世纪 90 年代初期，面向对象数据库曾一度挑战关系数据库，但由于柔软性差、复杂难用、成熟度低，尽管开发出许多商用化面向对象数据库产品，但是并没有被市场广泛接受。国际著名数据库专家 Stonebraker 在 20 世纪 90 年代提出对象关系数据库，即关系数据库和对象数据库的结合。

对象关系数据库是指通过扩展关系数据模型来支持用户定义的类型和其他对象特性发展起来的关系数据库。除了引入类型化表的概念，对象关系数据库还支持传统的关系表。类型表是基于用户定义类型(user defined types，UDT)创建的。

它提供了一种定义复杂类型并支持封装的方法。UDT 及其对应的类型化表可以形成具有状态和行为继承的类层次结构。类型化表的行(或实例)具有作为对象引用的 OID。对象引用可用于定义基于对象标识的表之间的关系。目前，市场上有几种对象关系数据库产品，大多数关系数据库产品都支持某种形式的对象关系数据库。

1.6.2　对象关系数据库的特点

对象关系数据模型是以关系数据库和 SQL 为基础的扩展关系模型，同时具有面向对象特性，支持通用性强的 SQL3 标准。对象关系数据库既满足传统关系型数据库用户的要求，又适应复杂数据管理的应用需要。不同于关系数据库对结构化数据的存取和查询，对象关系数据库能对复杂数据查询。对象关系数据库模型除具有关系数据库的各种优点，还有以下特点。

1) 扩充数据类型

目前的商品化关系数据库系统支持的类型集是固定的，无法扩展其类型集满足某些应用所需的特定数据类型。对象关系数据库系统允许用户扩充数据类型。用户可以定义数据类型，如数组、向量、矩阵、集合。同时，还能定义这些数据类型上的操作和函数，定义成功后，将新的数据类型、函数和操作符存放在系统表中。

2) 支持复杂对象

对象关系数据库支持由多种基本数据类型和自定义数据类型公共组成的复杂对象。传统的关系数据库对现实的描述有很大的局限性，例如数据库单个表设计复杂，需要经常设计多个表并确定其连接关系；掌握关系数据库的规范化设计理论不太容易；由于表的连接，不可避免的会影响效率。引入复杂对象可以改善数据库的表达能力，同时提高系统的性能。

3) 支持继承概念

面向对象方法的重要特征之一就是支持继承。对象关系数据库支持子类对父类各种特性的继承，允许用户定义新的数据类型来模拟实际问题中常见的继承关系。继承分为数据继承和函数继承。数据继承只适用于组合类型数据，并使一组组合类型构成继承的层次结构。一个优秀的对象关系数据库系统可以支持多重继承，即一个子类可以从多个父类继承数据元素，而且子类也可以被继承。同时，子类可以继承父类定义的函数。

4) 提供通用的规则系统

对象关系数据库通过提供强大而通用的规则系统来保证数据的完整性。规则系统可以提供给用户在指定事件发生前后执行特定动作的能力。它在数据库管理系统及其应用中是十分重要的。规则系统的一种实现形式是利用触发器保证数据库数据的完整性。在对象关系数据库系统中，规则系统将更加通用。这些规则实施后，数据库中存储的数据将更加灵活，并具有自己的行为。这就大大增加了对象关系数据库系统的功能，使之具有主动数据库和知识库的特征。

1.6.3　对象关系数据库的实例

第一个商用的对象关系数据库管理系统出现在 20 世纪 90 年代后期。在此之前，很多对象关系数据库的原型已经被开发出来。例如，惠普公司的 Iris 数据库，伯克利大学的 Postgres[6]和 IBM 的 Starburst 数据库等。

以 PostgreSQL 数据库为例，PostgreSQL 最初被称为 Postgres，是 Stonebraker 在伯克利大学领导下研制的。Postgres 将关系数据模型和面向对象程序设计语言相结合，可以实现将数据和程序封装到对象、多重继承、自定义数据类型、嵌套对象、对象标识等多个概念。其设计目标是在关系数据模型的基础上进行扩展，为复杂数据对象提供更好的支持，为用户提供更加便利的数据定义和数据访问方式。PostgreSQL 主要由系统表、连接管理系统、存储管理系统、编译执行系统和事务管理系统构成。

系统表用于记录数据库结构的元数据信息，可以提供数据字典的功能，存储各种对象和对象间关系的描述信息，是数据库管理控制的核心。主要的系统表包括类表，用于存储表和类似表的数据结构，包括索引、视图、序列等，记录其名字、表中行的数目、是否有子类等信息。属性表记录所有表中的属性信息，包括属性所属的表名、属性名、数据类型等信息。锁表记录数据库服务器中正在进行的事务持有的锁的信息，对每个活跃的可锁定对象、请求的锁模式和相关的事务保存在一行。如果多个事务持有或者等待对同一个对象的锁，那么同一个可锁定的对象在锁表中可能出现多次。

连接管理器接受外部操作对系统的请求，对操作请求进行预处理和分发，具有系统逻辑控制作用。编译执行系统收到查询请求后，由查询分析模块进行语法和语义分析，根据语句类型选择不同的模块进行处理。对于一些非计划命令，如创建表和创建用户等，交由功能性命令处理模块，对于计划命令，如插入、更新、选择、删除等命令，需要构建查询树并进行查询重写，选择最优执行计划交给查询执行器执行，并最终返回给用户。

PostgreSQL 存储管理中的数据库集群指的是由单个 PostgreSQL 服务器实例管理的数据库集合。数据库的文件默认保存在数据库初始化时创建的数据目录下。在创建数据库时，数据库文件、参数、控制文件会添加到数据目录中。数据库运行时产生的运行日志和预写式日志也会保存在对应的目录中。数据库的所有对象都拥有一个 OID，一般使用无符号 4 位整数表示。OID 之间的关系存放在不同的系统目录中进行对象内部管理。表空间作为数据库与底层表之间的逻辑层，是 PostgreSQL 中最大的逻辑存储单位，存储数据库中创建的所有对象。表空间定义数据物理存放的位置。数据表在表空间中创建。PostgreSQL 使用数据库管理空间策略管理表空间，由数据库管理系统控制存储。表空间作为一种特殊的文件系统实现。表空间中最小的读写单位是页面。页面按照实际用途可以分为数据页面和控制页面，使用数据页面保存用户数据，同时使用控制页面对数据页面进行管理。将若干个(默认是 8 个)连续的页面组织成一个区，作为数据库文件分配和释放空间的基本单位。数据库中的索引、对象、表都是由若干区组成的。空闲空间控制页面用于空间管理、增量备份、判断可见性等。空间管理控制页面记录文件中所有页面的使用状态，包括未分配使用、数据页面和控制页面三种状态。全局分配控制页面记录文件分区的分配情况，页面中的每一位对应一个分区是否被分配。差异变更页面记录文件中的哪一个区在最新一次数据库备份后被修改过，在增量备份时只对已发生数据变更的分区进行增量备份即可。大容量更改映射表(bulk changed map，BCM)跟踪自上次执行数据库备份后，被大容量日志记录操作修改的区，并且只有数据库使用大容量日志记录恢复模式时，才会与 BCM 页有关。

　　PostgreSQL 并发控制使用多版本并发控制和两阶段封锁协议两种方式。使用多版本并发控制的目的是让读操作与写操作并行执行，增加数据库并行处理事务的能力。读操作可以读取记录的最新版本。写操作可以将记录更新到一个新创建的副本文件，只有当两个写操作同时更新同一记录时会发生事务冲突。这种方式可以减少数据库中锁竞争出现的情况，减少事务等待时间，提高数据库事务性能。PostgreSQL 同样提供了多种锁模式控制数据库中数据的并发控制。当数据库执行命令时，数据库对请求的对象自动加锁。事务一旦得到某个模式的锁，该锁在事务结束以后才会被释放。两个不同的事务不能在同一个表上同时拥有这两种模式冲突的锁。此外，还有行级锁，其锁模式分为互斥锁和共享锁。事务在更新或者删除数据行时，需要获得这个数据行上的互斥行级锁，并在事务提交或回滚后释放锁。行级锁由于不与读共享锁冲突，不会影响查询。数据库在数据页级别也有共享锁和互斥锁，用来防止事务对表中同一个数据页的访问冲突。与行级锁一样，它们由数据库自动请求与释放。当数据库中事务竞争比较激烈时，使用锁来协调多个事务并发访问容易产生死锁问题，即多个并发事务都拥有其他事务需要的锁资源，导致所有的事务不能执行并释放锁，进入无限期等待状态。为了解决死锁问题，系统会检测数据库中是否存在死锁。如果存在，数据库会回滚一个造成死锁的事务，让其他因死锁而等待的事务继续执行。

　　PostgreSQL 可以采用以下方式实现数据继承。假设音乐数据库中的歌曲可以是古典或中文，要为每个类定义不同的属性。每个类包括 music 属性和特定于该类的属性，可以通过继承 music 来定义。可用于共享属性定义的关系和继承层次结构如下。

```
CREATE music (Name = char[25], Time = date)
CREATE classic (genre = char[25], Status = int2)
INHERITS (music)

CREATE chinese (singer = char[12],
Status = int2)
INHERITS (music)
```

新创建的 classic 和 chinese 两个类可以继承 music 类中的 Name 和 Time 属性。

PostgreSQL 也可以实现多重继承，子类可以从多个不同的父类中继承属性。chineseclassic 表示中国古典歌曲类，可以从 chinese 和 classic 中继承属性。

```
CREATE chineseclassic (album = char[12])
INHERITS (classic, chinese)
```

PostgreSQL 可以实现对历史数据的查询，保留已经被删除或者修改的数据，允许用户对过去任意时间点的数据进行查询，例如查询 1960 年在上海居住过的作曲者。

```
RETRIEVE(S.name)
FROM S in singer["1960"]
WHERE S.city = "Shanghai"
```

此外，也可以查询所有曾经居住在上海的作曲者和在某个时间段曾经居住在上海的作曲者。

```
RETRIEVE (S.name)
FROM S in singer[]
WHERE S.city = "Shanghai"

RETRIEVE (S.name)
FROM S in singer["1960", "1980"]
WHERE S.city = "Shanghai"
```

PostgreSQL 采用多版本管理，可以在类上创建版本，对创建好的版本进行更新和查询，对版本的更新不会影响类，但是对类的更新会迁移到版本。例如，在 classic 上创建一个版本。

```
CREATE VERSION newclassic FROM classic
```

对 classic 类的更新会导致对 newclassic 类的更新，反之则不会传播更新。我们可以使用 MERGE 命令将对版本的更新写回类中。

```
MERGE newclassic INTO classic
```

PostgreSQL 提供预定义的数据类型，包括 int2、int4、float4、float8、bool、char 和 date。同时，用户可以添加新的数据类型，将系统所有原子数据类型定义作为 ADT。ADT 被定义为指定类型名称，内部表示字节的长度。ADT 包括内部长度、外部数据类型转内部数据类型方式、内部数据类型转外部数据类型方式和默认值。

```
DEFINE int4 is (InternalLength = 4,
InputProc = CharToInt4,
OutputProc = Int4ToChar, Default = "0")
```

PostgreSQL 支持事务。事务将多个步骤组成单一的"全有或全无"操作。如果在事务中失败，该事务将回滚。事务支持创建保存点，并在需要时回滚到该保存点。PostgreSQL 使用预写式日志进行数据库的崩溃恢复和时间点恢复。

1.7 对象代理数据库

1.7.1 研制背景

对象关系数据库以关系数据模型为基础，把面向对象技术加入关系数据库中，但其核心仍然是关系数据库技术。虽然关系数据库技术已经非常成熟和完善，并得到广泛的应用，但是为了适应多媒体数据、可扩展标记语言(extendsible markup language，XML)半结构化数据、地理数据等新的应用需要，在其核心周围又加入多种不同类型对象管理模块，使目前对象关系数据库产品变得非常臃肿和庞大。由于各种管理机制缺乏统一的理论基础，各种功能难以保持协调。这将直接影响对象关系数据库功能和性能的进一步增强和提高。

分析关系数据模型，我们发现关系数据模型之所以非常柔软，是因为它将数据表示成简单的关系表。关系表可以通过关系代数分割和重组，变换其表现形式来满足不同数据库应用的需要。面向对象数据模型之所以缺乏柔软性，是因为对象封装了数据和操作，很难进行分割和组合。

在现实世界中，人很难进行分割和组合，但是代理人可以帮助人进行分身和重组。如果在数据库中把人定义为对象，代理人就需要用代理对象定义，因此有必要把代理对象引入数据库。代理对象除了继承对象的属性和方法，还有自己独特的属性和方法。一个对象可以有多个代理对象,多个对象可以共有一个代理对象。也就是说,对象虽然难以直接分割和重组,但是通过其代理对象可以间接地进行。基于这一思想,我们提出对象代理数据模型。

对象代理数据模型将现实世界的客观实体表示成对象,通过定义代理对象表现对象多方面本质和动态变化特性。它既具有关系数据模型的柔软性,又具有面向对象数据模型表现复杂信息的能力,因此能满足复杂数据管理的建模需求。基于对象代理数据模型,采用先进的数据库实现技术,我们开发了对象代理数据库管理系统,并将其命名为 TOTEM[7]。该系统可以实现对象视图、角色多样性及对象移动,能够有效地支持个性化信息服务、复杂对象的多表现、对象动态分类。它具有跨类查询新机制,针对某个类的对象,通过对象与代理对象间的双向指针可以找到其他类定义的信息,实现目前正在兴起的跨媒体应用。

1.7.2　对象代理数据库的特点

对象代理数据模型同传统面向对象数据库模型一样,将客观实体描述成对象。对象包括属性和方法。具有相同属性和方法的对象可以用类来描述。

在对象代理数据模型中,我们使用对象代理代数导出代理类,包括以下操作。

(1) 选择操作。根据选择谓词选取源类的对象,创建其代理对象作为导出代理类的实例。

(2) 扩充操作。导出代理类,其实例为源类实例的代理对象,可以扩充新的属性和方法。

(3) 投影操作。导出代理类,其实例为源类实例的代理对象,部分继承源类的属性和方法。

(4) 合并操作。将多个源类实例的代理对象联合起来,作为导出单个代理类的实例。

(5) 组合操作。根据组合谓词,将多个源类的实例组合成单个代理对象,作为导出单个代理类的实例。

(6) 集合操作。根据分组谓词,将源类的实例分成不同集合,为每个集合创建代理对象,作为导出代理类的实例。

对象代理数据库语言(object deputy SQL,OD-SQL)分为定义语言和操作语言。定义语言用来定义新的源类和代理类。操作语言使用户能自由操作这些类及其对象。

TOTEM 以对象代理数据模型为基础,通过定义代理对象和代理类模拟现实客观实体的多个侧面和动态特性,因此能满足许多复杂、高性能数据管理的需求。TOTEM 数据库具有以下特点。系统基于对象代理数据模型,既具有关系数据模型的柔软性,又具有面向对象数据模型表现复杂信息的能力,能够统一实现对象视图、角色多样性和对象移动等功能。系统采用多进程、多线程实现方式，可以支持多用户的连接，提高后台进程的使用率，从而增强系统的性能。系统基于对象代理代数操作扩展 SQL，能够按照 SQL 风格创建类和代理类，定义对象之间的各种复杂语义关系。系统支持对象更新迁移，代理对象的操作可切换到源对象。对象的增加、删除、修改将引起代理对象的变化，实现对象的动态分类。系统实现了对象和代理对象的双向指针，通过双向指针实现跨类查询，可以有效地支持跨媒体应用功能。

1.7.3　对象代理数据库的实例

与传统数据库管理系统一样，TOTEM 主要由存储管理、查询处理、事务管理等几个部分组成。各部分通过系统表联系成一个整体。

对象代理数据库的存储策略与面向对象数据库和对象关系数据库有很大的区别。首先，代理对象的属性值经常源于相关对象，因此需要通过指针找到这些对象，并通过切换操作计算代理对象的属性值。然后，对象之间具有语义联系，因此访问一个对象可能需要访问与其相关的其他对象，而这些对象可能聚簇在不同的页面，需要访问不同的页面缓冲区。传统的定长页面缓冲区可能使系统性能低下，并造成很大的内存浪费。最后，对象代理数据库存在虚属性和实属性之分，在实属性上建立索引与面向对象数据库和关系数据库基本相同，而在虚属性上建立索引时，由于该属性只有模式没有真实的值，与传统建立索引的方法有很大的区别。

在 TOTEM 系统中，代理类可以像普通类一样出现在 SQL 查询语句中。在用户看来，对代理类的查询与基本类没有区别，可以对代理类作投影、连接操作，或与其他类(代理类或基本类)进行连接，但在查询处理过程中，需要对代理类做特殊处理，尤其是根据代理类的类型正确处理切换表达式和路径表达式。TOTEM处理代理类虚属性的查询时，建立了一套完善的查询机制，使代理类的查询能采用与一般查询一致的形式描述和实现。

事务管理模块采用适合对象代理数据库的并发控制算法，即基于原子分段的多版本并发控制算法，将整个更新操作分为多个原子段。每一段涉及的对象必须同时加锁才能进行实际的修改。这种算法对于大对象和长事务的实现有很好的参考价值。

对象代理数据库能够有效地管理复杂数据，提供个性化服务、动态分类、跨类查询等先进功能，在多媒体、地理信息、生物信息等复杂数据管理领域有非常广泛的应用。下面通过一个基于 TOTEM 开发的个性化跨媒体网络信息服务系统描述这些先进数据库的功能。

　　个性化的跨媒体网络信息服务系统可以存储各种媒体数据，如歌、歌词、歌手和 MTV(music television)。事实上，这些媒体数据之间有各种各样的语义关系。如果一个数据库可以有效地存储和管理语义关系，支持跨媒体查询，则可以称它为跨媒体数据库。在 TOTEM 中，可以通过不同的代理类来定义各种语义关系。不同代理类源自不同的对象代理代数操作。基于语义关系、跨类查询机制，允许用户从一种媒体到另一种媒体的查询，这通常被称为跨媒体查询。因此，TOTEM可以作为跨媒体数据库实现的一个有效的基础。

　　用户可以定义自己的个性化数据空间，即用户感兴趣的媒体数据可以被推荐到其个性化数据空间。网络用户可以创建自己的代理类来收集他们感兴趣的媒体数据。所有这些代理类形成的数据空间称为个性化数据空间。根据网络用户的兴趣，各种媒体数据可以由搜索引擎检索并存储在 TOTEM 中。他们可以通过TOTEM 的更新迁移机制进行自动分类，并推荐到 web 用户的个性化数据空间。基于各种代理类定义的语义关系，TOTEM 数据库很容易支持跨媒体查询。

　　为了实现上述数据库功能，下面介绍跨媒体数据库的基本模式。如图 1-7 所示，该系统中有六个基类，即 ChineseSong、ForeignSong、Lyrics、Picture、Singer、MTV。由于在大多数情况下用户查询中文歌曲，因此我们创建一个类 ChineseSong。同时，为了获得所有歌曲，ChineseSong 类和 ForeignSong 类合并在一起泛化为Song 类；Song 和 Lyrics 的聚合关系通过加入 SongLyr 代理类来定义；Album 代理类用来定义通过每首歌曲的歌手名来分组歌手的歌曲，代表分组的关系；SingerAndPic 代理类用来定义 Singer 和 SingerPic 的组合；Singer_song 代理类用来定义 Singer 和 Song 的组合。

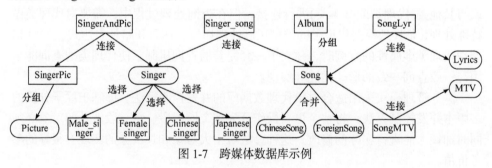

图 1-7　跨媒体数据库示例

1.8　小　　结

　　数据库在过去几十年得到飞速发展，在未来会变得更加重要[8]。展望未来数据库发展的方向，可以与数据湖等多个领域进行深入集成。

　　工业领域通常需要来自各种数据源的数据，并能进行快速转换和分析。数据湖是一种灵活的存储方式，可以用于存储各类数据对象。数据湖按照数据的原始格式存储数据，不需要进行格式化处理。数据来源包括数据库、数据流、各种格式的文件等。数据格式包含结构化数据、半结构化数据、非结构化数据和二进制数据等。如何充分利用数据湖中的海量数据，为数据湖研究带来众多挑战。首先是数据集成带来的问题，如何快速找到与任务相关的其他数据集。然后是数据治理问题，如何自动提取元数据信息并进行标签与分类，建立数据目录，跟踪数据动态变化，对数据进行回溯和分析。最后是数据质量问题，关注对收集到的数据质量进行管控，以及数据完整性分析的功能。此外，数据概要分析和数据安全性是研究数据湖需要解决的问题，概要分析需要为大量的异构数据以较低延迟提供统计摘要信息，而将所有类型数据放置于数据湖，一个存储库的安全性出现漏洞会导致所有数据受到影响。

　　在分布式数据库中，分布式事务很难在不放弃一些传统事务保证的情况下，以高吞吐量、高可用性和低延迟进行大规模处理。一致性和隔离保证会以增加开发人员的复杂性为代价而降低。故障场景的复杂性和可变性，以及分布式架构中通信延迟和性能可变性，导致在一致性、隔离级别、可用性、延迟、竞争下的吞吐量、弹性和可伸缩性之间进行广泛的权衡。物联网导致与云连接的计算设备数量激增。这些设备计算能力有限，其连接性特征和数据配置导致分布式数据处理和分析面临新的优化挑战。此外，还有数据分片方式和数据分布问题等。

参 考 文 献

[1] Fry J P, Sibley E H. Evolution of data-base management systems. ACM Computing Surveys, 1976, 8(1): 7-42.

[2] McGee W C. The information management system IMS/VS. IBM Systems Journal, 1977, 16(2): 84-168.

[3] Charles W, Bachman. The programmer as navigator. CACM, 1976, 16(11): 635-658.

[4] Traiger I L. System R: A relational approach to data base management. ACM Transactions on Database Systems, 1976, 1(2): 97-137.

[5] Deux O. The story of O2. IEEE Transactions on Knowledge & Data Engineering, 1990, 2(1): 91-108.

[6] Stonebraker M, Kemnitz G. The Postgres next generation database management system. Communications of the ACM, 1991, 34(10): 78-92.

[7] Peng Z, Kambayashi Y. Deputy mechanisms for object-oriented databases//The 11th International Conference on Data Engineering, Taipei, 1995:333-340.

[8] Abadi D, Ailamaki A, Andersen D, et al. The seattle report on database research. ACM SIGMOD Record, 2020, 48(4): 44-53.

第 2 章　对象代理模型

在客观世界中，实体很难进行分割和组合，但是通过实体的代理能够赋予该实体多种角色，从而实现实体的分割和组合。基于实体的代理思想，本章对面向对象数据模型的对象和类进行扩充，提出代理对象和代理类的概念，形成对象代理数据模型。该模型具有处理复杂数据的能力，满足对复杂数据建模的需求。

2.1　数据模型简介

数据是对客观世界中事物的性质、状态及其关系等进行记录的物理符号或组合。模型是对客观世界中对象与事件及其联系的描述与表示。数据模型是用于描述和操作数据、数据之间的关系和对组织中数据约束概念的集成集合。数据模型定义了数据之间的关系，从抽象层次上描述数据库系统的静态特征、动态行为和约束条件，为数据库系统的信息表示与操作提供抽象的框架，使数据库设计人员与用户能准确地理解数据的组织与交互。数据模型包含三个要素。

(1) 数据结构。描述数据库组成对象的类型、内容、性质和数据之间的联系等，是系统的基础和静态性描述。

(2) 数据操作。定义数据库中对象允许执行的操作集合，包括操作和规则，是系统的动态特征。

(3) 数据完整性约束。它是一组完整性规则，描述数据结构内数据之间的语法、词义联系，以及之间的制约和依存关系、数据动态变化的规则，以保证数据正确、有效、相容。

数据模型的三个要素可以完成对客观世界的抽象化描述，同时说明要素之间的关系与约束。自数据模型被提出以来，经过数十年的发展，许多类型的数据模型已经被提出，如层次数据模型、网状数据模型、关系数据模型、面向对象数据模型、对象关系数据模型、对象代理数据模型等。

2.1.1　层次数据模型

层次数据模型是数据库系统中最早出现的模型。它是以树型结构表示各类实体之间联系的数据库逻辑模型，用来描述客观世界概念之间的层次关系。模型中数据的逻辑结构按照层次划分，通过指针建立记录与记录之间的联系。层次数据库 IMS 采用层次数据模型作为数据组织方式。其每条记录都具有分层顺序键 (hierarchical sequence key，HSK)。HSK 是连接祖先记录的键，然后添加当前记录的键来派生。HSK 还定义 IMS 中所有记录的自然顺序，如深度优先、从左到右[1]。事实上，客观世界中有很多实体之间的关系表现出明显的层次关系，如行政机构等。

在层次数据模型中，只有根结点没有父结点，其他结点只能拥有一个父结点。每个父结点可以拥有多个子结点，具有同一父结点的子结点称为兄弟结点。没有子结点的结点称为叶结点。父结点与子结点之间是一对多的关系，这种关系被称为父子关系。层次数据模型的数据结构需满足以下两个条件。

(1) 有且只有一个结点没有父结点，这个结点称为根结点。

(2) 根以外的其他结点有且只有一个父结点。

层次数据模型的数据操作顺序是自顶向下，包括查询、插入、删除等。当对层次数据库管理系统进行数据操作时，必须满足数据完整性约束。

(1) 当进行插入操作时，若没有相应的父结点值就不能插入它的子结点值。

(2) 当进行删除操作时，若删除父结点值，则相应的子结点值也被同时删除。

(3) 当进行更新操作时，更新所有相应记录，以保证数据的一致性。

2.1.2 网状数据模型

网状数据模型是以网络结构表示各类实体及其联系的数据库逻辑模型。网状数据模型将记录类型集合组织成网状结构，而不是树型结构[1]，可以克服层次数据模型的不足，允许一个以上的结点没有父结点，而一个结点可以拥有多个父结点，还允许结点之间存在多对多的联系。这能更普遍、灵活地描述客观世界中实体及实体之间的联系。与层次数据模型相比，网状数据模型比层次数据模型更加灵活，但是网状数据模型的加载和恢复比层次数据模型更复杂[1]。网状数据模型的数据结构需满足以下两个条件。

(1) 允许一个以上的结点没有父结点。

(2) 允许一个结点拥有多个的父结点。

网状数据模型的数据操作包括查询、插入、删除、更新等。当对数据进行操作时，需要满足以下数据完整性约束。

(1) 进行插入操作时，允许插入尚未确定父结点值的子结点值。

(2) 进行删除操作时，允许只删除父结点。例如，删除某个商店，而该商店所有的商品信息和相关订单信息仍会保存在数据库中。

(3) 修改数据时，可直接表示非树状结构，而无须像层次数据模型那样增加冗余结点，因此进行更新操作时仅指定更新记录即可。

2.1.3　关系数据模型

关系数据模型是用二维表结构表示各类实体及实体之间联系的数据库逻辑模型。关系数据模型于 20 世纪 70 年代被埃德加·弗兰克·科德首次提出。该模型是基于集合论中的关系概念发展而来的，将客观世界中的实体及其之间的各种联系通过关系表中的属性和关系表示。此外，埃德加·弗兰克·科德关注提供更好的数据独立，并给出三个建议：将数据存储在一个简单的数据结构，即关系表中；通过集合运算进行数据操作；不需要物理存储方案[1]。关系数据模型强调数据独立性，即数据组织结构改变不会影响应用。在 20 世纪 70 年代末，基于关系数据模型理论和方法的研究，IBM 和加州大学伯克利分校分别研制了数据库系统 System R 和 Ingres。

关系数据模型的数据库示例如图 2-1 所示。以关系表 Branch 和 Staff 为例，其中 branchNo、street、city 和 postcode 是它的属性，选择 street、city 和 postcode

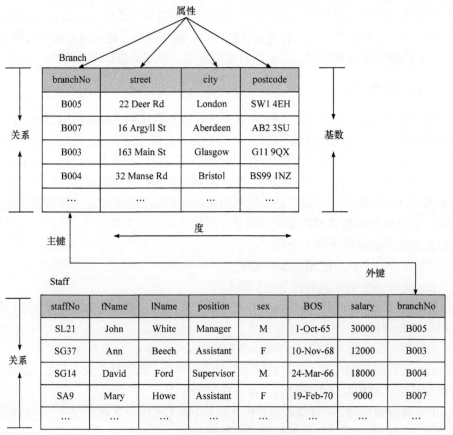

图 2-1　关系数据模型的数据库示例

表示关系的度；每行表示关系表中的一个元组，多个元组形成关系的基数，元组中的一个属性值称为分量；在关系表 Branch 中，branchNo 作为主键存在，而在关系表 Staff 中则是外键，主键是 staffNo。

关系数据模型的数据操作包括选择、投影、连接、除、并、交、差，以及插入、删除、查询、修改等两大部分。查询是其中最重要的部分。关系数据模型允许定义三类完整性约束，即实体完整性、参照完整性和用户定义的完整性，其中实体完整性和参照完整性是适用于数据库的所有实例的约束或限制，也是关系数据模型必须满足的完整性约束条件。

2.1.4　面向对象数据模型

面向对象数据模型是将面向对象程序设计方法与数据库相结合构成的数据模型。它把客观世界看作由各个相互作用的，称为对象的单元组成的复杂系统。其中，对象由描述其自身状态的一组"属性"和响应它所获得的消息的一组"方法"构成；系统中所有对象的状态共同构成系统的状态；对象状态从一个初始状态出发，在相互作用过程中不断改变；对象间的相互作用通过对象之间相互传递的消息来实现。面向对象数据库是数据库技术和面向对象技术相结合的产物，通过面向对象数据模型将对象的集合、行为、状态和联系进行定义。面向对象的方法把数据作为一种对象，将内部结构封闭起来，提供把数据作为一个整体加以描述的能力；通过对数据建模，使对数据的描述从面向机器的记录层次提高到面向对象实体的语言层次。面向对象数据模型的数据结构如下。

(1) 对象。对象是对客观世界中实体的抽象建模和包含描述客观世界对象状态的属性及其关联的操作。

(2) 类。类是具有相同属性和方法的对象集。在类中，对象称为实例。

(3) OID。每个对象在创建时都被分配一个对象标识符。OID 是对象唯一的标记，在其生命周期中不会被改变，是独立于属性的值。

(4) 属性。属性是对象固有静态特性的描述。

(5) 方法。方法描述对象能够进行的操作，由两个组件组成。一个组件是方法定义，指定方法名、参数的名称和类型，以及结果的类型。另一个组件是方法实现，用某种编程语言实现。

(6) 消息。消息是对象之间的通信，由三部分组成，接收者表示消息所施加作用的对象，操作要求表示消息对对象的操作要求，操作参数表示消息行操作时所需要的外部数据。消息有三种作用，一是请求对象为其服务，二是向对象传递消息并调用对象的方法，三是反馈服务结果。

面向对象数据模型通过继承、封装、组合、聚合等操作建立类间的联系，形成以类为结点，继承、组合为弧线的层次结构。同时，面向对象数据模型通过对象的完整性约束、对象概括关联的完整性约束、对象聚集关联的完整性约束、关联的完整性约束等数据完整性约束确保将客观世界中的对象如实地反映出来，确保对象的唯一性和对象与类的隶属关系。

2.1.5　对象关系模型

对象关系模型是将关系数据模型和面向对象数据模型相结合组成的一种逻辑数据模型。它既能像关系数据模型一样支持关系、元组、属性等数据结构，又能像面向对象数据模型一样支持对象、类、继承等数据结构。对象关系数据模型以关系数据库和 SQL 为基础扩展关系数据模型，具有扩展复杂数据类型和允许用户自定义函数功能，同时具有面向对象特性，支持 SQL3 标准。对象关系数据库既能保持关系数据库的非过程化数据存取方式和数据独立性，继承关系数据库已有的技术，又能支持面向对象数据建模及程序设计方法。对象关系数据库既满足关系数据库用户的要求，又具有强大的查询能力，能够满足复杂数据管理需求，受到诸多数据库厂商支持，如甲骨文、微软等公司已经将它们的数据库扩展成对象关系数据库管理系统。

PostgreSQL 作为最先进的对象关系数据库管理系统，具有 ADT 能力。其基本数据结构是关系表，在关系表之间具有面向对象数据模型的继承、组合、引用等关联，并构成复杂的数据结构。PostgreSQL 既可以增加、查询、删除、修改等，又拥有关系数据模型的选择、投影、连接等数据操作，以及面向对象数据模型的继承、封装、多态等数据操作。此外，对象关系数据库通过提供强大而通用的规则系统保证数据库的数据完整性。规则系统提供给用户在指定事件发生前后执行特定动作的能力。这在数据库管理系统及其应用中是十分重要的。规则系统的一种实现形式是利用触发器，保证数据库数据的完整性。在对象关系数据库系统中，规则系统将更加通用。这些规则被数据库系统实施后，数据库中存储的数据将更加灵活，并具有自己的操作方法。

2.1.6　对象代理模型

对象代理模型[2]引入代理对象和代理类对面向对象数据模型进行扩充，通过代理对象和代理类建模客观世界中实体多面性和动态性。代理对象是对象的扩充和变换，具有相同特性的代理对象用代理类表示。代理对象除了继承对象的属性和方法，还可以拥有自己的属性和方法。对象代理模型将客观世界中的客观实体表示成对象，通过代理对象表现对象的多面性和动态性，既具有关系数据模型的柔软性，又具有面向对象数据模型表现复杂信息的能力，能满足复杂数据管理的建模需求。对象代理模型数据结构的独特之处是，在面向对象数据模型基础上添加代理对象和代理类的概念。

(1) 源对象。它由属性和方法构成，用来描述客观世界的实体，与面向对象数据模型的对象是一致的。

(2) 源类。属于源对象的模式，是具有相同属性和方法的源对象的集合构成的源类。

(3) 代理对象。继承自源对象，既可以继承源对象的方法和属性，也可以定义自己的方法和属性。代理对象具有唯一的标识符。

(4) 代理类。代理类属于代理对象的模式，所有继承自同一个源类的具有相同属性和方法的代理对象的集合构成代理类。

(5) 虚属性。代理对象继承自源对象的属性。在对象代理模型中，代理对象继承的属性和方法并不实际存储其值，具体的数据依然存储在源对象的属性和方法中。

(6) 实属性。代理对象根据实际情况定义属于自己的属性。

(7) 双向指针。建立代理对象与源对象之间的关联关系。

对象代理模型除了拥有面向对象数据模型的数据操作，还拥有选择、投影、分组、连接、合并和扩展等操作。

(1) 选择。利用选择谓词限定源类中的某些满足谓词条件的对象，可以派生为代理类中的代理对象实例。

(2) 投影。限定源类被代理类继承的属性，屏蔽源类中的部分属性，未屏蔽的则在代理类中有对应的虚属性。

(3) 分组。使用分组谓词对源对象进行分组操作，将一组满足条件的源对象进行聚集运算后派生出一个代理对象。

(4) 连接。使用连接谓词将多个源类组合，从而将多个源对象中的属性和方法派生为一个代理对象。

(5) 合并。使用合并操作将多个源类合并构成一个新的代理类。

(6) 扩展。派生代理类时，除了从源类继承属性，还可以使用扩展操作增加额外的属性和方法。

对象代理数据模型的对象及其代理对象之间存在完整性约束，如存在依赖约束、关键等价和间接相关性。存在依赖约束要求代理对象必须存在源对象，只有源对象满足某些特殊条件时，代理对象才能存在。关键等价要求代理对象必须从它们的源对象继承一些属性/方法。间接相关性表示相同对象的代理对象之间可能存在语义上的约束。

2.2 对象和类

客观世界中的事物由多种多样的实体组成，同种类型的实体聚集在一起形成实体集合。实体集内部的关系和实体集之间的关系形成客观世界各类事务之间的复杂联系。面向对象方法通过将客观世界中实体和实体形成的集合用对象和类抽象化表示，能够简单直观地表达客观世界中实体和实体间的联系。它从客观世界中实体的本质及联系出发抽象客观世界，使用"对象"对实体进行抽象化表示，并将其作为构造客观世界的基本单位，而"类"表示对象抽象化实体形成的集合。面向对象数据模型是通过将面向对象方法和数据库相结合形成的数据模型。它用对象和类表示客观世界中的实体。对象通过设定属性和方法表示实体的性质和操作。类是拥有相同属性和方法的对象集合。我们通过对对象代理数据模型和面向对象数据模型[3]中的形式化定义和示例等相关内容的介绍来描述对象和类。

我们知道，OID 反映对象的唯一性，属性反映对象固有的状态和特性，方法反映对象固有的动态特性。对象作为客观世界中实体的抽象化，需要通过符号化进行描述与定义才能更简单、直观地认识和理解客观世界。因此，我们给定对象的形式化定义，即

$$o = <o, \{T_a: a\}, \{M\}>$$

(1) 对象 o 的 OID 直接用符号 o 表示，OID 是对象的唯一标识。

(2) $\{T_a: a\}$ 表示对象 o 的属性集合，其中 a 和 T_a 分别表示一个属性的名字和类型。对象 o 的属性 a 的值表示为 $o.a$。对于每个属性 $T_a: a$，有两个基本方法，read(o, a) 用于读取 $o.a$；write(o, a, v) 用于将 $o.a$ 替换成新值 v。它们可表示为

$$\text{read}(o, a) => \uparrow o.a$$

$$\text{write}(o, a, v) => o.a := v$$

(3) $\{M\}$ 表示对象 o 拥有的方法集合，m 和 $\{T_p: p\}$ 分别表示方法名和该方法的参数集，p 和 T_p 分别表示参数名和类型。方法应用可表示为

$$\text{apply}(o, m, \{p\})$$

OID 独立于对象的属性，即 OID 并不代表对象的属性值。例如，两个生产日期和型号一样的相同品牌手机具有不同的序列号，尽管属性生产日期和型号的值是相同的，但二者是不同的对象，因为这两个手机拥有各自唯一的手机序列号。对象的静态特性是对象的属性描述，表示对象所拥有的基本信息和特性。例如，一个手机对象拥有生产日期、型号、价格等属性。对象的属性值既可以是单值的，也可以是多值的。例如，一个学生的姓名、学号、年龄等属性是单值，而学生学习的课程则是多值。对象的动态特性是表示对对象进行操作的方法，称为方法或行为。每个对象可以具有多个方法。例如，手机的一个实例对象就可以同时具有修改手机价格或查询生产地的方法。此外，我们可以通过对象的封装将对象的属性与方法封装在一起，因此对象的属性和方法结合在一起，形成相互依存、不可

分割的整体，组成对象内部静态和动态的有机统一实体。对象通过封装与外界隔绝，这反映了客观世界中实体的相对独立性。

根据对象的形式化定义，我们通过一个示例进一步介绍。若一个具体的对象示例表示为$o=(i, v)$，其中i表示 OID，v表示对象的值，包括属性值和方法。当$o=(i, v)$表示一个对象时，可以使用 ident(o)表示对象的对象标识i，value(o)表示对象的值v。我们根据 O2 模型有关定义和示例介绍图形表示对象及其之间的联系，如果θ表示多个对象的集合，则图形 graph(θ)定义如下。

(1) 如果o是θ的一个基本对象，该图包含一个顶点且没有输出边，则顶点标为o的值。

(2) 如果o是一个元组结构对象，表示为$(i, <a_1:i_1, a_2:i_2, \cdots, a_p:i_p>)$，$o$包含一个顶点$v$，用圆点·表示并标记为$i$；从$v$标记为$a_1$，$\cdots$，$a_p$的$p$条输出边缘分别指向与对象$o_1$，$\cdots$，$o_p$对应的顶点，其中$o_k$是由$i_k$(如果存在此类对象)标识的对象。

(3) 如果o是一个集合结构对象，表示为$(i, \{i_1, \cdots, i_q\})$，$o$包含一个顶点$v$，用*表示并标记为$i$；从$v$未标记的$q$条$(i_1, \cdots, i_q)$输出弧分别指向对象$o_1$，$\cdots$，$o_q$对应的顶点，其中$o_k$是由$i_k$标识的对象(如果存在此类对象)。

令θ包含以下对象$o_0=(i_0, <\text{spouse}:i_1, \text{name}:i_3, \text{children}:i_2>)$、$o_1=(i_1, <\text{spouse}:i_0, \text{name}:i_4, \text{children}:i_2>)$、$o_2=(i_2, \{i_5, i_6\})$、$o_3=(i_3, \text{"Fred"})$、$o_4=(i_4, \text{"Mary"})$、$o_5=(i_5, \text{"John"})$、$o_6=(i_6, \text{"Paul"})$，则$\theta$表示的图形如图 2-2 所示。$o_0$和$o_1$表示元组结构对象，在$o_0$和$o_1$中包含它们的对象标识符$i_0$和$i_1$及其属性信息，如配偶、姓名、孩子的 OID。$o_2$是集合结构对象，表示元组结构对象$o_0$和$o_1$的孩子信息。$o_2$既拥有自己的 OID i_2，也包括o_0和o_1两个孩子的 OID i_5和i_6。基本对象o_3和o_4描述元组结构对象o_0和o_1的名字信息。基本对象o_5和o_6描述元组结构对象o_0和o_1孩子的名字信息。因此，如图 2-2 所示，我们能够清晰地理解图中对象的属性信息和对象之间的联系。

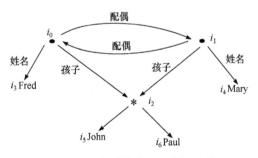

图 2-2　对象及其关系形成的图形

通过图 2-2 能够清晰地表达出对象的属性信息和对象与对象之间形成的关系，充分描述实体之间的关系。需要注意的是，对于图形的定义，我们无法建立任何对象集合的图形表示。例如，如果标识符 i 出现在值中，则必须有一个由它标识的对象。直观地说，标识符是对象上的指针，在我们的对象集中一定不能有悬挂的指针。这需要引入一组对象的一致性概念，即一组 θ 个对象当且仅当满足以下条件是一致的，即 θ 是有限的；ident 函数在 θ 上是内射的(没有一对具有相同标识符的对象)；对所有 $o \in \theta$，$\text{ref}(o) \subseteq \text{ident}(\theta)$，即每个引用的标识符对应一个 θ 的对象。

事实上，客观世界中能够抽象为对象的实体太多，不利于面向对象方法在实际中的研究与应用，我们还需要对对象进一步总结和归纳。因此，我们将具有相同属性和方法的对象形成的集合称为类，将类中的对象称为类的实例。为简单地描述类与对象的关系，假设类 C 是对象 o 的集合，类的形式化定义为

$$C = \langle \{o_i\}, \ \{T_i : a_i\}, \ \{M_i\} \rangle$$

(1) $\{o_i\}$ 是对象的集合，称为类 C 的外延。

(2) $\{T_i : a_i\}$ 是类 C 中对象的属性集。

(3) $\{M_i\}$ 是类 C 中对象的方法集。

类通过抽象化描述对象集合具有的共同性质，简化了人们对客观世界的认识和理解。例如，无论是汽车、卡车、摩托车，根据它们的共同的属性和方法都可以归纳为汽车类、卡车类、摩托车类。这些类还能够进一步抽象化为车类。实际上，车类和汽车类、卡车类与摩托车类的关系是父类和子类的关系。子类可以继承父类所有的属性和方法，并扩展属于自己的特定属性和方法，例如汽车类必须继承车类中轮子这个属性，可以扩展轮子尺寸和材料等属性。从父类到子类是一个特殊化、具体化的过程，称为特殊化关系。从子类到父类则是一个抽象化、普遍化的过程，称为泛化关系。我们将在 2.4 节介绍这两种关系模式。下面通过两个例子介绍类间的继承和组合这两个重要关系，揭示客观世界中事物构造及其之间的联系。

下面通过数据库中数据模型的示例，介绍面向对象数据模型中类与类之间的继承关系。如图 2-3 所示，假设图中的长方形表示类、类与类之间的联系用实线表示，则类间的继承关系一目了然。在这个例子中，类作为基本元素，数据模型是其他所有模型的父类，它们之间构成类间继承层次结构。继承关系反映类间一般和特殊关系，具有一般性质的是父类，而具有特殊性质的是子类。父类拥有所有子类的共同属性和方法，而子类拥有父类所有的属性和方法。根据 2.1 节数据模型的介绍，数据模型拥有数据结构、数据操作和数据约束三个一般化属性和方法。关系数据模型、面向对象数据模型和对象代理数据模型继承了数据模型的基本属性和方法后，通过关系表、对象与类、代理对象和代理类等特殊属性扩展属于自己的特殊属性和方法。继承可以分为单继承、多继承、完全继承和选择继承。

例如，关系数据模型、面向对象数据模型这两个子类和数据模型这个父类之间的
继承关系属于单继承；对象关系数据模型这个子类和关系数据模型、面向对象数
据模型这两个父类的继承关系则是多继承。对象代理数据模型这个子类与其父类
面向对象数据模型之间的继承关系是单继承，因为它继承了父类中面向对象思想
的属性和方法，并进行了新的扩展。类间继承关系表达客观世界中事物的延续性
和关联性，具有传递性、单向性、可重用性、包含性等特性。例如，继承的可重
用性表示子类可以重用父类所有的属性和方法，同时继承传递性还可以重用父类
的属性和方法。

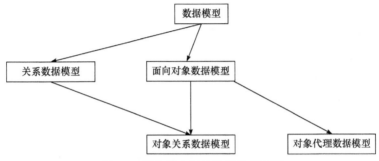

图 2-3　类与类之间的继承关系示例

　　下面通过计算机系统的组成元素关系示例，介绍面向对象数据模型中类间整
体与部分的组合关系。如图 2-4 所示，计算机系统由硬件系统和软件系统两个类
组合而成。硬件系统和软件系统作为计算机系统属性的值域表示。硬件系统这个
类是由中央处理器(central processing unit，CPU)、内存、主板、硬盘等类组成。软
件系统这个类由操作系统、数据库系统、编译系统、网络系统等类组成。类间的
组合关系通过类间的整体与部分的关系，以类为结点、组合关系为连线构成一种
图形结构。此外，类间组合关系中的类与类还可以通过嵌套性和引用性的关系加
强整体与部分的描述和语义说明。

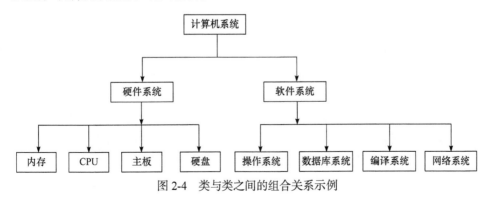

图 2-4　类与类之间的组合关系示例

2.3　代理对象和代理类

在实际生活中，所谓代理就是指在一定授权范围内代理人合法使用被代理人某些权益的行为，通过代理机制使被代理的人或物被分割，利用代理人或物展现其自身的多面性。对象代理数据模型就是利用代理机制，对面向对象数据模型中的对象和类进行代理，提出代理对象和代理类的概念使对象和类得到扩展，并利用代理对象和代理类描述客观世界中实体的多面性及其动态性。人是客观世界中具有多面性和动态性的最典型示例。例如，一个男人面对父母时的角色是儿子、面对妻子时的角色是丈夫、面对领导时的角色是员工，即面对不同人或环境拥有的角色不一样，这体现了他的多面性；在一个人的一生中，在学校时拥有的角色是学生，从学校毕业后拥有的角色可能是雇员、领导等，即随着人生进程的不断推进，他所拥有的角色也是变化的，这体现了他的动态性。总之，客观世界中的实体所处的环境或进程不同时，该实体展现的角色就不同，同时与其他实体之间的联系也会发生变化，因此这个世界是不断演变的。对象代理数据模型中的代理对象和代理类恰好能够模拟客观世界中实体的多面性和动态性，这是面向对象数据模型无法做到的。

对象代理模型可以将人定义为类 Person，并根据性别作为代理规则派生代理类 Man 和 Woman，通过代理对象表示客观世界中的男人和女人。然后，还可以根据他们的职业派生出代理类 Teacher 和 Employee 等，使人能够进行多重分类并扮演不同的角色。对上述情况，面向对象模型无法灵活地表达，而对象代理模型通过代理对象与代理类就能灵活表达实际应用中的需求。对象代理模型中的源对象可以有多个代理对象，多个源对象可以共享一个代理对象，代理对象也可以拥有自己的代理对象，而代理对象的模式则通过代理类描述定义。在实际应用中，对象代理模型可以通过定义不同的代理对象对源对象进行扩展以满足应用需求。代理对象能够继承源对象的属性与方法，同时还可以根据新的需求增加源对象没有的属性和方法。代理对象既可以看作源对象的视图，类似于关系数据库中基于一个关系表或多个关系表产生的视图，以支持实际应用中的个性化服务；又可以使对象拥有的不同的角色实现地理信息、人等复杂对象的多表现，以及生命周期中所扮演角色的变化。此外，对象角色在生命周期中的变化会导致不满足所在类与代理类中的条件，造成对象从某个类移动到另外某个类中。代理对象可以用于实现信息的动态分类，例如一个人在学校时具有学生的角色，而毕业工作之后则具有雇员的角色。因此，实例对象会在学生类和雇员类之间发生移动。事实上，面向对象数据模型很难提供对象视图、对象角色、对象移动这些灵活的对象管理功能，有关的理论研究也都是相互独立进行，而对象代理模型通过代理对象能够简单地实现这些功能并灵活地统一处理。

在对象代理模型中，代理对象是基于对象或者其他代理对象定义的，后者称为源对象。代理对象的模式可表示为代理类，包括名字、外延和类型。代理类可由源对象所属的类导出，后者称为源类。下面介绍代理对象和代理类的形式化定义[2]，假设 o^s 是一个源对象，$C^s = \left\langle \left\{o^s\right\}、\left\{T_{a^s} : a^s\right\}、\left\{m^s : \left\{T_{p^s} : p^s\right\}\right\}\right\rangle$ 是一个源类，则其代理类 C^d 的定义为

$$C^d = < \left\{o^d \left| \left(o^d \to o^s\right) \vee \left(o^d \to \cdots \times o^s \times \cdots\right) \vee \left(o^d \to \left\{o^s\right\}\right),\right.\right.$$

$$\left.\mathrm{sp}\left(o^s\right) \vee \mathrm{jp}\left(\cdots \times o^s \times \cdots\right) \vee \mathrm{gp}\left(\left\{o^s\right\}\right) == \mathrm{true}\right\},$$

$$\left\{T_{a^d} : a^d\right\} \cup \left\{T_{a_+^d} : a_+^d\right\}, \left\{m^d : \left\{T_{p^d} : p^d\right\}\right\} \cup \left\{m_+^d : \left\{T_{p_+^d} : p_+^d\right\}\right\} >$$

(1) $\left\{o^d \left| \left(o^d \to o^s\right) \vee \left(o^d \to \cdots \times o^s \times \cdots\right) \vee \left(o^d \to \left\{o^s\right\}\right), \mathrm{sp}\left(o^s\right) \vee \mathrm{jp}\left(\cdots \times o^s \times \cdots\right)\right.\right.$ $\left.\vee \mathrm{gp}\left(\left\{o^s\right\}\right) == \mathrm{true}\right\}$ 是 C^d 的外延，其中 $\left(o^d \to o^s\right) \vee \left(o^d \to \cdots \times o^s \times \cdots\right) \vee$ $\left(o^d \to \left\{o^s\right\}\right)$ 表示 o^d 是 o^s，$\cdots \times o^s \times \cdots$，$\left\{o^s\right\}$ 的代理对象，sp、jp 和 gp 表示选择谓词、合并谓词和分组谓词。

(2) $\left\{T_{a^d} : a^d\right\} \cup \left\{T_{a_+^d} : a_+^d\right\}$ 是 C^d 的属性定义集合。

$\left\{T_{a^d} : a^d\right\}$ 是从 C^s 的 $\left\{T_{a^s} : a^s\right\}$ 中继承的属性集合，其中切换操作定义为

$$\mathrm{read}\left(o^d, a^d\right) \Rightarrow f_{T_{a^s} \mapsto T_{a^d}}\left(\mathrm{read}\left(o^s, a^s\right)\right)$$

$$\mathrm{write}\left(o^d, a^d, v^d\right) \Rightarrow \mathrm{write}\left(o^s, a^s, f_{T_{a^d} \mapsto T_{a^s}}\left(v^d\right)\right)$$

$\left\{T_{a_+^d} : a_+^d\right\}$ 是 C^d 追加属性的集合。基本方法被定义为

$$\mathrm{read}\left(o^d, a_+^d\right) \Rightarrow \uparrow o^d.a_+^d$$

$$\mathrm{write}\left(o^d, a_+^d, v_+^d\right) \Rightarrow o^d.a_+^d := v_+^d$$

(3) $\left\{m^d : \left\{T_{e^d} : p^d\right\}\right\} \cup \left\{m_+^d : \left\{T_{e_+^d} : p_+^d\right\}\right\}$ 是 C^d 定义的方法的集合。

$\left\{m^d : \left\{T_{p^d} : p^d\right\}\right\}$ 是 C^d 从 C^s 的 $\left\{m^s : \left\{T_{p^s} : p^s\right\}\right\}$ 继承的方法的集合，其中切换操作定义为

$$\text{apply}\left(o^d,\ m^d,\left\{p^d\right\}\right)\Rightarrow\uparrow \text{apply}(o^s,\ m^s,\{f_{T_{p^d}\to T_{p^s}}\{p^d\}\})$$

$\left\{m_+^d:\left\{T_{e_+^d}:p_+^d\right\}\right\}$ 是 C^d 追加的方法的集合，定义为

$$\text{apply}\left(o^d, m_+^d,\left\{p_+^d\right\}\right)$$

在对象代理数据模型中，切换操作是为实现虚属性读写而设计的一种特殊方法。切换操作属于代理类中虚属性模式的一部分，当用户对某个虚属性发出读写请求时，该模型通过调用对应的切换操作读写其对应源对象中的属性值。切换操作分为读操作和写操作，读操作用来读取源属性的值，写操作可以修改源属性的值。需要注意的是，任何虚属性都有读操作，但是不一定有写操作，如果一个虚属性上没有定义写操作，那么该属性是只读的。切换操作的定义实际上是定义代理类命令的一部分，读操作的定义是在定义代理规则时隐含地完成的。代理规则是一个查询命令，其目标表达式列表实际上定义了代理类中各个虚属性的读操作。写操作对于虚属性而言是可选的，因此可以由专门的 write 子句来定义。

如图 2-5 所示，代理对象中的两个虚属性 $D1$、$D2$ 分别来自源对象中的两个属性 $S1$ 和 $S2$，其中虚属性 $D1$ 定义读操作 read1 和写操作 write1，因此它既可读又可写；虚属性 $D2$ 上只定义读操作 read2，因此它只是可读的。由于 $A1$ 是代理对象附加的实属性，因此该属性不需要定义任何切换操作。当用户查找虚属性 $D1$ 时，其实际上看到最终的结果是源对象的实属性 $S1$，即 read1($S1$) 的值；当用户在虚属性 $D1$ 进行更新时，实际上更新的是源对象的实属性 $S1$，即 write1($D1$) 的值。

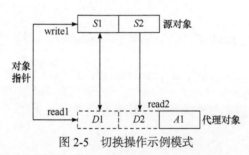

图 2-5　切换操作示例模式

根据代理对象和代理类的形式化定义和图 1-7 跨媒体示例可以加深对代理对象和代理类的理解。以类 Singer 作为源类，用于存储与歌手相关的基本信息，如歌手的 ID、名字和性别等属性，该类中的每条记录都代表一个歌手对象实例。通过 Select 操作根据性别和国籍两个不同的谓词条件派生出 Male_singer、Female_singer、Chinese_singer、Japanese_singer 四个新的代理类。这四个代理可以表示四种不同歌手群体。类 Song 作为源类，用于存储歌曲信息，每条记录表示

歌曲,并通过分组操作和谓词条件派生代理类 Album 表示歌手的专辑信息。同时,还可以将语言作为谓词条件,通过选择操作派生两个代理类 ChineseSong 和 ForeignSong。由于每个歌手都有自己唱的歌曲,可根据类 Singer 和 Song 通过连接操作派生一个代理类 Singer_song。代理类 Singer_song 中有关歌手的信息都从 Singer 类中继承而来,关于歌曲的信息则从类 Song 中继承而来。此时,类 Song 成为代理类 Singer_song 的源类。所有的代理类除了可以继承源类中的属性和方法,也可以根据自己的实际需求定义新的属性和方法。

　　代理类是代理对象的模式,因此代理对象可以由代理类定义。在实际应用中,对象代理模型可以根据具体需求派生各种代理类,并且根据代理类定义所需的代理对象进行数据增加、删除、修改和视图操作等,代理对象能够灵活地完成所需的数据操作任务。代理对象和代理类可以根据需求虚拟继承对象和类的属性与方法。面向对象数据库无论以哪种方式存在都需要开辟空间存储,因此对象代理数据模型能够极大地减少存储开销。

　　基于本节代理对象、代理类和 2.2 节的对象、类,本章介绍对象代理数据模型的工作机制。对象代理数据模型通过源类、代理类、源对象、代理对象表示客观世界的实体和实体之间的关联关系、实体的多面性和动态性。代理类中的代理对象不仅包含继承自源对象的属性和方法,还包含属于自己的实属性和方法来增加操作的灵活性,而实属性占有真实的物理存储空间,可以直接对其进行读写操作。通过双向指针描述源对象与代理对象之间的关联关系,用户可以自己定义代理规则和切换操作。在查询虚属性时,通过双向指针可以找到相应源对象中的实属性,并通过切换表达式,计算虚属性的值并返回。对象代理数据模型的机制如图 2-6 所示。

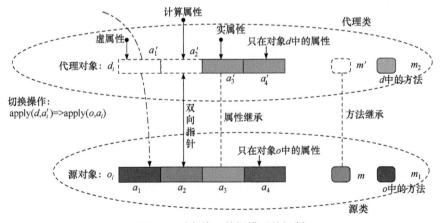

图 2-6　对象代理数据模型的机制

可以看出，源对象 o_i 的集合构成源类，而代理对象 d_i 的集合形成代理类。源对象 o_i 拥有 a_1、a_2、a_3、a_4 四个属性，m、m_1 两种方法。代理对象 d_i 中也拥有 a_1'、a_2'、a_3'、a_4' 四个属性，m'、m_2 两种方法。其中，属性 a_1' 称为虚属性，并不存储实际值，通过切换操作将对 a_1' 的访问转化为对 a_1 的访问。属性 a_2' 也是一种虚属性，称为计算属性，其值是属性 a_2 值的函数，即 $\mathrm{val}(a_2') = \mathrm{Fun}(\mathrm{val}(a_2))$。函数 Fun() 由定义在 a_2' 上的切换操作定义。属性 a_3' 称为实属性，它实际上是 a_3 的拷贝。a_4' 是代理对象 d_i 中新增加的属性，与源对象 o_i 中的属性不发生任何联系。同样，源对象 o_i 中的属性 a_4 不能通过代理对象 d_i 访问。源对象 o_i 的方法 m 在代理对象 d_i 中被改名为 m'，m_1 不能通过代理对象 d_i 访问。代理对象 d_i 中的方法 m_2 是新增加的方法，与源对象 o_i 不相关。

假设源对象 o_i 的集合形成的源类是 PERSON，而代理对象 d_i 的集合形成代理类是一个学生类 STUDENT。代理对象 d_i 可以从源对象 o_i 中继承姓名、性别、年龄、国籍等基本属性，查看年龄大小的方法，也可选择不继承籍贯、户籍等属性，同时，代理对象 d_i 也增加了学号、成绩、班级等属性和查询成绩的方法。因此，源对象 o_i 不会访问代理对象 d_i 中关于学号、成绩和查询成绩的方法，代理对象 d_i 可以拥有自己独立的属性和灵活的方法。随着学生角色的结束，代理对象 d_i 也随之消失，同时代理对象 d_i 可以根据实际情况重新定义。例如，具有员工角色后，代理对象可以拥有工资、员工号等属性和查询工资等方法。因此，对象代理数据模型能够灵活、方便地表示客观世界的实体及其角色转换。

在对象代理数据模型中，引入代理对象与代理类就是为了反映客观世界中实体的多面性。由于源对象和代理对象都有各自的 OID，因此源对象和代理对象之间通过双向指针相互关联表达实体之间的关系。例如，学生可以划分成本科生和研究生，也可以按照留学生和本国学生的标准来区分。这个例子表明，客观世界的每一个实体都可以属于多个类，但是几乎所有的面向对象模型都严格限定了一个对象仅属于一个类。如果假定一个对象同时属于几个类，那么必然要在不同的类中完整地描述这个实体。这会导致模式描述的复杂性增加，也会导致应用的低效性。对象代理数据模型中代理对象概念的引入恰好能解决这样的问题。此外，对象代理数据模型不但可以从源对象出发获取它的所有代理对象，而且可以从代理对象出发得到其所有的源对象。这在计算代理对象中的属性值时是非常有效的。通过双向指针，我们可以获取源对象中的属性值，根据切换表达式就可以计算出代理对象中的相关属性值，如图 2-6 中的 a_2 和 a_2'。

2.4　语　义　关　系

大数据包含各种类型的非结构化数据,如音频、视频、文本等。当搜索某些信息时,通过数据之间的语义关系能够很容易地找到与之相关的信息。然而,以原始形式展示大数据时无法进行有效的理解与处理,如果直接利用信息提取技术从非结构化数据中提取结构化信息,并使用关系型数据库进行管理则存在两个问题。一是,随着数据量的增加,从数据中提取的结构可能发生变化,导致模式频繁演进。二是,关系数据库表中的元组之间不存在指针,所以关系数据库无法表达丰富的语义关系。为有效地管理非结构化数据,下面介绍语义数据模型与对象代理数据模型对非结构化数据的处理方法。

2.4.1　语义数据模型的语义关系

随着数据量和数据类型的不断增长,层次数据模型、网状数据模型、关系数据模型等面对复杂的非结构化数据尚不能很好地反映数据之间的语义关系和模式演化。因此,语义数据模型被提出,并试图提供机制和构造来反映数据库中数据之间的关系。Abiteboul 等[4]引入一个名为 IFO 模型的语义数据模型。IFO 模型建模遵循四个基本原则。该模型以一种直接的方式对相关对象及其之间的关系进行建模。数据库中记录的许多关系本质上是功能性的,在其他模型中被称为具有属性关系;索引顺序访问(index sequential access,ISA)关系(一组对象必须是另一组对象的子集),如员工对象是人的子集;提供用于从其他对象类型中构建对象类型的分层机制。

IFO 模型的模式是一个有向图,具备各种数据类型的结点和边,使用不同类型的图表示结点之间的语义关系。本章分为四部分描述 IFO 模型,首先描述称为类型的结构,它为给定数据库应用程序中产生的对象结构进行建模;其次描述片段,它们由类型构建,用于表示 IFO 模型中的函数关系;再次描述如何合并模式的各种对象之间的索引顺序访问关系;最后描述如何将这些部分组合起来形成 IFO 模式,在实践中设计 IFO 模式。

IFO 模型的基础是建模各种对象结构的表示,称为(对象)类型。IFO 模型的基本组件是三种原子类型,以及两种用于递归构建原子类型的构造。第一种原子类型是可打印(printable)类型,并对应用作输入和输出基本的预定义类型对象。该类型使用带有类型名称的方形结点表示。字符串的打印类型如图 2-7(a)所示。第二种原子类型称为抽象(abstract),通常对应现实世界中没有底层结构的对象。例如人这个类型通常被视为没有底层结构。如图 2-7(b)所示,这种对象结构在 IFO 模型中由带有令牌的菱形结点表示。第三种原子类型是 free，它对应通过 ISA 关系获得的实体。如图 2-7(c)所示，IFO 模型中的空圆表示 free 类型。

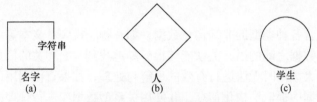

图 2-7　IFO 模型的原子类型

　　IFO 模型中第一种非原子类型的构造机制是形成给定结构类型(有限)对象集的过程。如图 2-8(a)所示，我们使用星-顶点来描述与学生集合相对应的类型，可以表示为星[学生]。非正式地说，每个(有限)学生集都是具有特定结构的对象。另一种是著名的笛卡儿积运算符，在 IFO 模型中使用⊗-顶点表示，并将弧连接到它下面的一个或多个顶点，这对应于笛卡儿积的各种坐标类型。与以⊗-顶点为根的类型相关联的对象是有序的 n 元组，其中每个坐标是该类型对应子树的对象。如图 2-8(b)所示，对象类型摩托艇被视为船体、方向盘和发动机的组合。

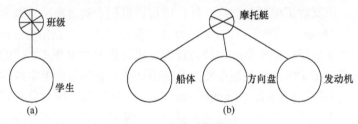

图 2-8　构造对象类型

　　IFO 模型的第二结构组件是使用片段(fragments)直接表示功能关系。这种函数与函数数据模型的表示密切相关，关键区别在于 IFO 模型中充当域角色的顶点和充当范围角色的顶点有明显的区别。图 2-9 显示了两种片段，第一种是对一组学生进行建模的片段，以及将学生映射到成绩的函数；第二种片段用于存储一组课程集合和该集合上的两个函数，其中第一个给出课程名称，第二个给出每个课程的注册人数。

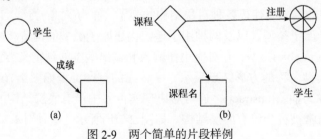

图 2-9　两个简单的片段样例

IFO 模型的最后一个结构组件是 ISA 关系的表示，表示从子类到父类的 is-a
关系，表明与子类关联的每个对象都与其父类关联。这意味着，父类上定义的每
个函数都会自动地在子类上定义，即父类的函数都会被子类继承。在 IFO 模型中，
ISA 关系分为特殊化和泛化两种类型。特殊化关系使用一个宽箭头描述，泛化关
系使用窄箭头表示。图 2-10 和图 2-11 为特殊化关系和泛化关系的示例。

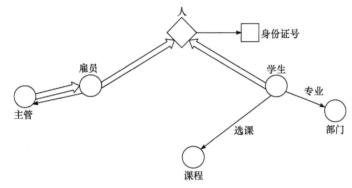

图 2-10　特殊化关系示例

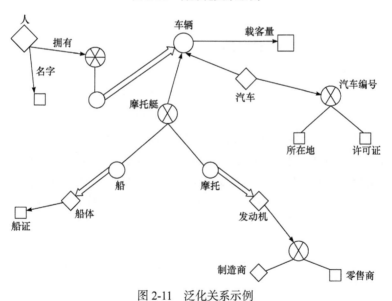

图 2-11　泛化关系示例

特殊化用来为给定类型的成员定义可能的角色，例如一个人拥有的角色可能
是学生，也可能是雇员。此外，一个对象可以在不改变其潜在或基本身份的情况
下改变这些角色，例如一个学生可以成为临时雇员或者不再是临时雇员，但是不
会失去其原本的身份。

与之相反，泛化表示将不同的现有类型组合在一起以形成新的虚拟类型的情

况。如图 2-11 所示，可以将汽车和摩托艇类型合并起来形成车辆。在这种情况下，让一个子类型的对象迁移到另一子类型是不合适的，而且通常要求父类型由其子类型覆盖。例如，在任何情况下，车辆的集合等于汽车和摩托艇集合的并集。如果从子类型到父类型存在 is-a 关系，那么父类型上的功能将被子类型向下继承。在特殊化关系下，对象类型也向下继承，因为子类型继承自父类型。在泛化关系下，对象类型是向上继承的。

最后考虑如何将这些部分组合起来形成 IFO 模式，首先如何在架构设计期间组合这些结构，其次如何组合构造的正式全局限制规范。IFO 模型为自上而下的模式设计提供自然的框架，从规范应用程序环境中出现的主要对象类型开始，然后指定辅助对象类型，最后指定模式的所有对象类型的函数。因此，如图 2-11 所示，设计可以从人、汽车、电机、船顶点规范开始，然后出现摩托艇和车辆顶点，最后定义各种功能。

值得注意的是，IFO 模型支持模块化方案设计方法。具体来说，数据片段提供类型及其关联函数的自然集群表示，并作为模式中易于理解的小块，可以一次性设计和查看。设计完成后，作为函数范围或类型叶子的自由顶点可以使用特殊化边与适当的类型关联。

2.4.2　对象代理数据模型的语义关系

关于非结构化数据管理存在的问题，对象代理数据模型不但能解决关系型数据库存在的不足，而且能支持模式演化，表达非结构化数据包含的语义关系。在对象代理数据模型中，代理对象用于扩展和定制它的源对象，而它的模式由一个代理类定义。一个对象可以拥有许多代理对象。这些代理对象将对象间接分解来表示对象的多面性，同时代理对象也可以拥有自己的代理对象，进而对源对象进行深层次分解。代理类与关系型数据库中的视图类似，它的代理对象从源对象中可以继承一个或者多个属性，并且从不存储它们的值。代理类通过创建代理对象作为实例、生成继承属性和方法的切换操作，为其附加属性和方法添加定义来派生的，当类的模式发生改变时，可以通过创建一个代理类表示新的模式。在实际应用中，代理对象的模式由代理类定义，代理类则通过对象代理代数操作派生，包括选择、投影、扩展、合并、连接、分组。事实上，通过对象代理代数操作可以组合生成四种不同的代理类来表示数据中包含的丰富语义关系，即选择代理类、合并代理类、连接代理类和分组代理类，能够表达特殊化、泛化、聚合和分组等四种语义关系。代理类与派生操作的关系如表 2-1 所示，其中投影操作用于限制源类被代理类继承的属性与方法，扩展操作用于扩展额外的属性和方法。

表 2-1　代理类与派生操作的关系

代理类型	派生操作
选择代理类	选择、投影、扩展
合并代理类	合并、投影、扩展
连接代理类	连接、投影、扩展
分组代理类	分组、投影、扩展

为表示对象代理数据模型管理非结构化数据及其语义关系的灵活性，假设非结构化数据中有价值的信息已经被提取并定义为类。这些类包含一个属性记录非结构化数据的位置。如图 1-7 所示，使用对象代理数据模型作为组织方式的跨媒体数据库示例表明，不同类型的数据及其语义关系可以用对象代理数据模型建模。下面介绍跨媒体数据库中的选择、连接、合并和分组等代数操作所派生的代理类及其产生的特殊化、泛化、聚合、分组等语义关系。

1) 特殊化

特殊化是从父类中定义子类的一种数据抽象，而子类的实例形成父类实例的子集。子类可以共享父类拥有的属性和方法，也可以增加属于自己的属性和方法。在对象代理数据模型中，父类中定义子类的语义关系是由选择操作派生的代理类定义，选择操作根据选择谓词从源类选择实例，并创建代理对象作为派生代理类的实例。如果需要限制代理类对源类有关属性和方法的继承，则可以通过投影操作完成。代理类如果需要扩展自身需要新的属性和方法，则可以通过扩展操作与所选源对象的代理对象相关联。

在对象代理数据模型中，为表达图 1-7 中跨媒体数据库示例中类 Singer 与类 Male_singer 之间特殊化的语义关系。我们以性别为男性作为选择条件，通过选择操作为类 Singer 派生一个新代理类 Male_singer，表示它们之间的语义关系，并且代理类 Male_singer 继承类 Singer 的属性和方法，同时根据实际需求扩展新的属性 baritone(图 2-12)。面向对象数据模型也能通过创建类 Singer 的子类 Male_singer 形成类层次结构表示特殊化的语义关系，但是客观世界实体的所有属性都会集中在一个对象上。事实上，面向对象数据模型的特殊化层次可以通过对象代理数据模型建模，但它们的结构是不同的。对象代理数据模型在对象及其代理对象之间分离和分布属性，因此可以在实例级别形成灵活的、可定制的层次结构。

2) 泛化

泛化是特殊化的反向抽象，可以屏蔽几个类之间的差异，提取它们的公共属性/方法，并泛化到单个父类中。在对象代理数据模型中，父类可以由操作合并派生的代理类定义，合并操作创建代理对象，即通过几个类的实例作为派生代理类的实例。产生代理类的模式能够继承所有源类的公共属性集和公共方法集，同时可以利用投影操作限制派生代理类只继承源类的公共属性和方法。

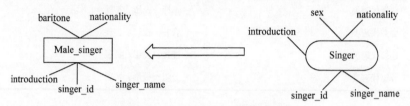

图 2-12　选择操作表示特殊化关系

在传统的面向对象数据模型中，一般类通常需要在专门类之前定义，因此很难添加一个新类作为现有类的父类。然而，对象代理数据模型允许定义一个代理类，其中包括属于不同类对象的代理对象，并能通过切换操作将代理对象限制为只继承对象的公共属性和方法。图 1-7 中跨媒体数据库示例为用户提供中文歌曲，随后数据库中加入外国歌曲。根据歌曲的语言进行查询变得频繁起来，因此需要为外国歌曲创建另外一个类，即 ForeignSong 类。在类 ForeignSong 和 ChineseSong 中添加 language 属性，然后创建一个合并代理类 Song 来表示泛化的语义关系。如图 2-13 所示，我们首先提取源类 ChineseSong 和源类 ForeignSong 的公共属性和方法，然后通过 UNION 操作派生合并代理类 Song，代理类 Song 中的每个属性都声明为两个切换操作，每个切换操作都应用于一个源类。

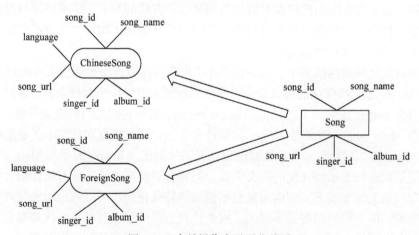

图 2-13　合并操作表示泛化关系

对于大规模数据，对象的模式从一开始就很难被定义。利用对象代理数据模型可以很容易地解决这一问题，即通过语义的特殊化和泛化实现模式演化。

3) 聚合

聚合是一种抽象，它从一组表示复杂类组件的其他类中定义复杂类。复杂类可以由代数操作连接派生的代理类定义。连接操作根据组合谓词将相关的组件类组装成一个复杂的类。连接操作依赖 theta-连接结果的结构，生成的代理类的模式由 theta-连接的结果模式定义。

对于对象，聚合可以将复杂对象定义为组件对象的代理对象。代理对象接受组件对象的标识符，以便它们可以被代理对象引用。此外，组件对象的属性和方法可以由代理对象集成的方式继承，复杂对象上可能存在完整性约束。例如，每首歌曲(song)被限制为只能映射到一个歌词(lyrics)。这样的完整性约束可以定义为用于复杂对象的代理类 SongLyr 的组合谓词。如图 2-14 所示，一首歌曲可以对应于类 Lyrics 中的一个对象，通过连接操作可以将类 Song 和类 Lyrics 联系起来派生代理类 SongLyr。虽然有多个源类，但是每个属性和方法只能从一个源类继承。因此，在生成的代理类模式中声明的每个属性和方法只有一个切换操作。此外，对于 SongLyr 中的对象，关于 song 和 lyrics 的信息分别继承自 Song 和 Lyrics 两个类。这在传统的面向对象数据模型中很难支持这两个特性。

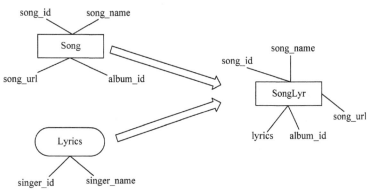

图 2-14　连接操作表示聚合关系

4) 分组

分组是将一个类的实例分为若干组的一种抽象。这些组被定义为另一个类的实例，称为分组代理类。分组代理类可由代数运算分组操作派生定义。分组操作根据分组谓词对源类的实例进行分组，并将创建组的代理对象作为派生代理类的实例。

如图 2-15 所示，歌曲具有相同的专辑 ID 与专辑名称属于同一组。我们通过分组操作创建一个分组代理类 Album 来表示类 Song 中歌曲的分组信息。这个分组代理类通过投影操作继承类 Song 中的一个属性 album_id，并通过扩展操作扩展 album_name、publisher 和 pubdate 三个属性信息。此外，有些歌曲从不属于某个专辑 album，它的 album_id 值为 null。在创建类 Album 之前，可以通过选择操作将这些歌曲过滤出来。

图 2-15　分组操作表示分组关系

2.5　对象视图

在数据库系统中，视图是一个虚拟表，包含一系列带有名称的列和数据行，看起来和真实表一样，但实际上，数据库只是存放视图的定义，并不会把视图当作数据值一样存储。视图由查询操作决定，一般是对一个或多个基本表或视图的查询。视图作为一种重要的机制，用户可以通过定义视图获得自己需要的模式，从而重新组织概念模式，并为不同的应用程序定义定制接口。视图就像一个窗口，用户通过它可以看到数据库中自己感兴趣的数据随查询条件的动态变化。同时，它也是实现不同应用程序之间数据共享的重要工具。下面介绍关系数据模型、面向对象数据模型和对象代理数据模型中的视图。

2.5.1　关系数据模型的视图

在关系数据库系统中，视图是一种虚拟关系，是一个或多个关系操作在基础关系上运行产生另一个关系的动态结果。它并不真实存在于数据库，也不占用存储空间，只在用户发出特定请求时根据请求生成，可以当作实表进行操作。视图一经定义，就像真实表一样能够进行创建、删除、更新、查询等操作。

1. 创建视图

在数据库系统中，通过 SQL 中的 CREATE 操作创建一个视图模式，创建视图的一般格式声明如下。

```
CREATE VIEW viewName([Column1, Column2, ......])
AS SUBSELECT
[WITH [CASCADED | LOCAL] CHECK OPTION];
```

创建视图时需要指定视图的名称并为每一列分配一个名称。如果在实际操作中,不明确说明视图中属性的名称,则视图中的每个属性名称将使用 SUBSELECT 中相应的属性名称。SUBSELECT 可以是任意的 SELECT 语句。实际的语句将根据数据库系统的具体需求完成。[WITH [CASCADED|LOCAL] CHECK OPTION]

表示对视图进行相关操作时，要求保证行满足视图定义中的 SUBSELECT 的相关条件表达式。选项 CASCADED|LOCAL 适用于从一个视图到另一个视图的派生。选项 WITH CHECK OPTION 被选择，SQL 需要保证如果某行不能满足视图定义查询的 WHERE 子句，则不会将其添加到该视图的基本关系表中。以图 2-1 中 Staff 关系表为例，简单地创建一个职工工资大于等于 10000 的视图 salaryView，创建语句声明如下。创建 salary >= 10000 视图 salaryView 的结果如图 2-16 所示。

```
CREATE VIEW salaryView
AS SELECT *
FROM Staff
WHERE salary >= 10000;
```

staffNo	fName	lName	position	sex	BOS	salary	branchNo
SL21	John	White	Manager	M	1-Oct-65	30000	B005
SG37	Ann	Beech	Assistant	F	10-Nov-68	12000	B003
SG14	David	Ford	Supervisor	M	24-Mar-66	18000	B004
...	...	...	...	...	...	...	...

图 2-16　创建 salary >= 10000 视图 salaryView 的结果

2. 删除视图

在数据库系统中删除一个视图的语句声明格式如下。

```
DROP VIEW viewName [RESTRICT | CASCADE]
```

RESTRICT 是该语句默认的条件，如果指定为 RESTRICT 条件，并且存在其他任何对象依赖要删除的视图，则语句命令会被拒绝。如果指定为 CASCADE 条件，该语句会删除该视图及其导出的所有视图。如果想删除视图 salaryView，则直接使用命令 DROP VIEW salaryView 就可以将视图成功删除，因为视图 salaryView 没有导出任何其他的视图。如果基于视图 salaryView 又导出一个 sex='M'的新视图，则需要使用 CASCADE 作为条件时才能删除。

3. 查询视图

当一个视图创建成功后，就可以像使用基本关系表一样使用视图，因此对数据库系统的视图进行查询就是一个必不可少的操作。例如，查询视图 salaryView 中员工性别为男性的 staffNo、fName、lName 和 position 等属性信息。

```
SELECT staffNo, fName, lName, position
FROM salaryView
```

```
WHERE sex = 'M';
```

既然视图可以作为一个基本表使用，那么视图就能和基本关系表放在一起联合使用。例如，从视图 salaryView 和关系表 Branch 中，查询性别为男性且 branchNo 为 B005 的员工信息。

```
SELECT salaryView.staffNo, fName, lName, position
FROM salaryView, Branch
WHERE salaryView.sex = 'M' AND Branch.branchNo = 'B005';
```

4. 视图更新

在数据库系统中，对视图的更新能引起视图中数据发生变化的操作有插入、删除和修改等，然而视图在数据库系统中并不存储数据，因此视图的更新需要转换为对相应基本关系表的更新。例如，在视图中进行插入和修改操作时，实际是将满足 WHERE 条件的行数据插入或修改；删除操作则是直接将行数据从视图中移除。然而，直接对视图进行操作时，可能会对派生该视图的基本关系表或视图造成影响，因此在视图创建时，选择 WITH CHECK OPTION 选项对数据库进行约束来保证数据库的完整性。例如，将视图 salaryView 中 staffNo 为 SG37 的 position 由 Assistant 修改为 Manager，修改的 SQL 语句如下。

```
UPDATE salaryView
SET position = 'Manager'
WHERE staffNo = 'SG37';
```

在派生 salaryView 的基本关系表 Staff 中的更新如下。

```
UPDATE Staff
SET position = 'Manager'
WHERE staffNo = 'SG37' AND salary >= 10000;
```

当然，除了上述关系数据库系统中的视图操作，还可以通过添加 ORDER BY 或 GROUP BY 等子句创建排序视图和分组视图。

2.5.2　面向对象数据模型的视图

视图在关系数据库中已经得到广泛的研究与应用，由于视图在许多 IMS 中无法更新，因此它的应用是有限的。20 世纪 90 年代，面向对象数据库在许多领域曾经得到应用，研究人员开始探索视图在面向对象数据库中的应用，例如建议将视图定义为由面向对象数据库派生出的虚拟类。事实上，面向对象数据库模式是类的复杂结构。这些类通过各种关系相互关联，如泛化和分解层次结构。因此，如何重构视图模式，将它们与全局模式联系起来是具有挑战性的问题。Rundensteiner[5]提出一个多视图机制，以解决现有的问题。多视图将视图规范分解为三个任务。一是定制虚拟类；二是将虚拟类集成到一个一致的全局模式中；三是在全局模式中指定任意复杂的视图模式。我们根据 Rundensteiner 的研究工作介绍面向对象数据模型中对象模式、属性分解层次、基本模式和全局模式等定义和多视图规范分解的任务。

定义 2.1　对象模式是一个有向非循环图 $S = (V, E)$，其中 V 是顶点的有限集合，E 是有向边的有限集合。顶点集合中的每个点对应一个类 C_i，而 E 对应 $V \times V$ 上的二元关系，表示 V 中所有类之间的直接 is-a 关系。每条有向边 e 是类 $C1$ 到 $C2$，$e = \langle C1, C2 \rangle$ 表示两个类之间的直接 is-a 关系（$C1$ is-a $C2$）。在对象模式中，Object 被指定为根结点，包含数据库的所有对象实例，类型为空。我们将模式的 is-a 关系集合称为泛化层次结构。

给定 P 是一个无限的属性函数集合，则每个 $p \in P$ 可以是一个简单的枚举类型值，即某个类的对象实例、任意复杂的函数或者对象方法。另外，每个 $p \in P$ 都有一个名称和签名（即域类型）。为表示简单，假设所有的 $p \in P$ 都有唯一的属性标识符。

定义 2.2　令 $S = (V, E)$ 是一个对象模式，L 是一个标签集合对应与 P 中属性函数的名称。S 的属性分解层次被定义为有向图 $PD = (V, A, L)$，V 是顶点集合，A 是弧集合，表示一个 $V \times V \times L$ 的三元关系，称为属性分解边。一个边 $a = (C1, C2, l) \in A$，当且仅当类 $C1$ 定义一个属性函数，属性标签为 l，域类为 $C2$。

在多视图机制中区分基类和虚拟类。基类是在初始模式定义期间定义的，它们的对象实例存储为基对象；虚拟类使用一些面向对象的查询在数据库的生命周期中定义，也就是说，它们的定义被动态地添加到现有的模式中。虚拟类具有关联的成员资格派生函数。该函数根据数据库的状态确定其成员资格。虚拟类的内容通常不会显式存储，而是根据需要进行计算。

定义 2.3　基本模式（base schema，BS）是一个对象模式 $S = (V, E)$，其中 V 中的所有类都对应于具有实际存储的实例，而不是派生实例的虚拟类。

定义 2.4　全局模式（global schema，GS）是 BS 的扩展，通过在数据库生命周期中定义的所有虚拟类及其 is-a 关系的集合来增强。

定义 2.5　给定一个全局模式 $GS = (V, E)$，一个视图模式定义为 $VS = (VV, VE)$，若 VS 有唯一的视图标识符 $\langle VS \rangle$；$VV \subseteq V$；$VE \subseteq$ 传递闭包 (E)。

第一个条件声明每个视图模式都是唯一可识别的；第二个条件所有的 VS 类也必须是全局模式 GS 类；第三个条件表示视图模式只包含从 GS 直接导出的视图类之间的 is-a 关系。

我们分别用实线圆和虚线圆来描述基类和虚拟类。图 2-17(b)的全局模式源自图图 2-17(a)的基本模式，通过添加虚拟类 Minor 和 TeenageBoy，并将它们与其他类互连。图 2-17(c)和图 2-17(d)的视图模式源自图 2-17(b)的全局模式，通过选择其类别的子集，使用视图 is-a 弧将它们互连成有效的架构。

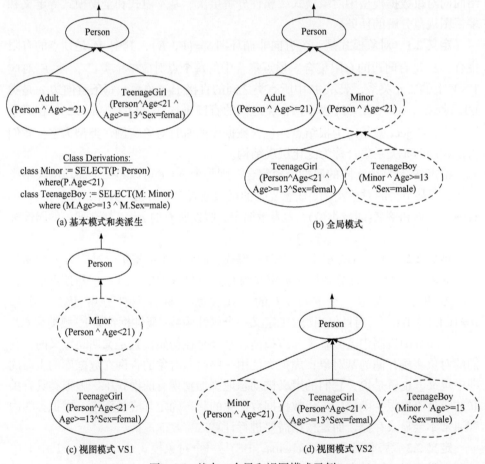

图 2-17 基本、全局和视图模式示例

多视图将视图规范分解为三个独立明确的任务，首先简化视图规范，使每个任务都可以独立于其他任务解决。然后，允许某些任务的自动化，从而提高支持水平。多视图的第一个任务是通过派生具有修改类型描述和成员资格内容的新类支持对现有类的虚拟定制。多视图将这些类派生机制用于不同目的。例如，自定义类型描述，限制对属性函数的访问，将对象实例收集到对手头任务有意义的组中等。多视图的第二个任务支持将虚拟类集成到一个全面的全局架构中，此集成负责维护存储的类和派生的类之间的显式类关系。这对于在类之间一致地共享属性函数和对象实例而不产生不必要的重复是很有用的。类集成还确保所有视图与全局架构和彼此之间的一致性。此外，该任务还是第三项任务的必要基础，即形成由基本类和虚拟类组成的任意复杂的视图纲要图。如果虚拟类没有与全局模式中的类集成在一起，则视图将对应于可能不相关的类集合，而不是模式图。多视图的第三个任务是使用增强的全局架构选择基类和虚拟类，并将这些视图类安排到一致的类层次结构中。通过在视图纲要中隐藏类和公开类，支持泛化和属性分解层次结构的虚拟重组。有关多视图规范分解三个任务的具体内容和对象代数、算法等，感兴趣的读者可以深入研究文献[5]的工作。

2.5.3　对象代理数据模型的视图

由于面向对象数据库系统缺乏有效的机制保护对象操作后数据类型的封闭性，因此其在描述复杂类型的数据时不能有效地将数据分割重组，具有难以建立对象视图、对象操作不够灵活等缺点。因此，彭智勇等[2]基于对象代理数据模型设计并实现了一个全新的对象代理数据库系统——TOTEM。该系统能够较好地解决面向对象数据库系统存在的问题。首先，代理对象能够对源对象中的数据进行分割和组合，解决面向对象模型中封装性导致的数据共享难的问题。其次，代理对象有唯一的 OID、属性和方法，相比于关系模型中的元组有更高的数据独立性。在对象代理数据模型中，对源对象信息的操作处理通过构造代理对象作为源对象的视图。代理对象可以继承源对象部分或者全部的属性和方法，同时也可以扩展应用需要但源对象没有的属性和方法。一个对象可能拥有多个代理对象，可以在不同应用中作为对象不同的视图，代表对象的多面性。这样不但可以避免大量数据冗余，而且可以大大增加其模式灵活性和数据安全性。

在对象代理数据模型中，对象视图可以视为一个代理对象，通过切换操作能够实现源对象的属性和方法被具有不同名称和类型的代理对象重用。因此，对象视图能被代理对象用作对象的自定义接口。代理对象可视为一个代理类的具体实例，代理对象的模式可以定义为一个代理类，而代理类是对源类的代理，所以对象视图可以看作代理类与源类之间，代理对象与源对象之间在不同级别的语义表达。对象视图展示示例如图 2-18 所示。我们通过具体多媒体数据库示例进行介绍，例如 Singer 可视为一个源类，通过选择国籍作为谓词条件派生代理类 ChineseSinger 和 ForeignSinger。在对象代理数据模型中，这两个代理类是展现源类 Singer 多面性的一种视图模式；代理类 ChineseSinger 和代理类 ForeignSinger 是根据国籍，通过 SELECT 操作派生源类的多面性。对于 Singer 的具体对象，我们通过代理类 ChineseSinger 的代理对象以视图模式进行展现。例如，两个代理对象 Song Zu Ying 和 Jay Chou 是两个对象视图，通过性别不同和所属的音乐流派的不同进行定义获得。

图 2-18　对象视图展示示例

代理类的作用虽然与视图类似，但是二者的实现截然不同。代理类可以拥有自己的存储空间和属性值，并通过对象指针确定不同代理对象与源对象之间的关系。代理类的每个虚属性都在系统表中对应一个读方法。该方法由系统自动根据代理类的定义生成。进行虚属性的查询时，该方法被自动调用并返回结果。代理类和源类之间的语义关系由更新迁移模块自动维护，以保证对象之间的一致性。在 TOTEM 中，对象视图的创建、删除、更新等类似于代理类的创建、删除、更新，因此要遵循制定的代理规则。

在对象代理数据模型中，对象视图可以通过对象代理代数操作派生的代理类定义，并通过这个对象视图表示丰富复杂的语义，支持对象动态分类和实现关联查询。例如，特殊化的语义关系可以通过选择操作派生选择代理类，满足一定的谓词条件则可以派生新的代理类，并创建其代理对象。对象的泛化可以通过投影和合并运算实现，首先通过投影操作抽象属于不同类对象的共同属性和方法，然后通过合并操作进行统一。对象还可以通过连接和分组进行聚合和分组。代理对象通过扩展操作添加新的属性和方法，从而实现扩展的对象视图。对象的属性和方法允许通过切换操作进行更改。该操作在代理类中定义为切换表达式。

在对象代理数据模型中，用户感兴趣的跨媒体数据可以存储到他们自己的数据空间，并通过创建自己的代理类收集他们感兴趣的媒体数据，所有的代理类构成一个数据空间(个性化数据空间)。对象代理数据模型中的对象视图能方便用户设计个性化数据空间。例如，当用户想要听一些热门歌曲时，首先计算包含每首歌曲数据空间的数量，这可以通过系统表中的双指针实现。此时，数据空间是代理类，歌曲是代理对象。

2.6　对　象　角　色

由于实体在生命周期的不同阶段扮演不同的角色，因此为了表示客观世界实体多面性的本质引入角色概念。角色与视图的概念不同，它通常需要一些额外的属性和方法。客观世界中最能表达实体多面性的例子就是人类。假设一个人拥有学生和雇员两个不同的角色，在学校学习时，他/她的角色是一名学生，拥有班级、学号、成绩等属性和查询考试成绩的方法；在餐厅工作时，他/她的角色是一个雇员，拥有工号、工资等属性和查询工资的方法。然而，视图是对关系表或对象操作后产生的结果，不能根据应用灵活地添加需要的属性或方法。本节介绍面向对象数据模型和对象代理数据模型中对象角色的多面性、动态性和灵活性等。

2.6.1　面向对象数据模型的对象角色

由于传统面向对象数据库限制每个对象只能是某个类的直接实例，并间接属于它的所有父类，因此传统面向对象数据库的对象应对客观世界中实体的多面性时，很难表示实体的多个角色信息。例如，面向对象数据库很容易支持学生、雇员是人的概念，但它们不支持人同时成为学生和雇员的概念。为解决面向对象数据模型中对象可以拥有多角色的问题，Albano 等[6]提出 Fibonacci 对象机制对面向对象数据模型进行扩展，使其具有对象角色的概念。这样一个对象可以拥有多个角色，并且总是通过一个角色进行访问。对象的行为取决于它所访问的角色。下面介绍 Fibonacci 对象机制中关于对象与角色的定义和操作。

在 Fibonacci 对象模型中，不会对对象直接进行操作，总是通过它们的角色来沟通，因此使用角色值和角色类型完成与对象和对象类型相关的操作。NewObject 是一个新对象类型的构造函数。该对象类型是它所有角色类型的父类型，即它的角色类型族。由于消息总是发送给角色，而不是直接发送给对象，因此对象可以回答的消息集不会在对象类型中指定，而是在相应角色类型族的角色类型中指定的。新对象类型 PersonObject 的定义模式如下。NewObject 是一个生成类型定义。每次使用它时，都会定义一个与其他对象不同的新对象类型。

```
LET PersonObject = NewObject;
```

使用构造函数 IsA … WITH … END 将角色类型定义为对象类型的子类型或其他角色类型的子类型。角色类型由一组属性定义，这些属性定义了其值的访问方法。IsA … WITH … END 是生成操作，每次使用时都会产生一个不同于其他任何类型的新类型。角色类型 Person 的定义声明如下。

```
LET Person - IsA PersonObject WITH
     Name: String;
     BirthYear: Int;
     Age: Int;
     Address: String;
     modAddress (newAddress: String): Null;
     Introduce: String;
     END;
>>> LET Person : PersonObject = <Role>
```

角色类型 T 使用这样的类型定义对象的接口，但不提供关于其内部结构的信息。可以使用构造 ROLE T < implementation > END 创建角色类型为 T 的对象，其中 implementation 为接口指定的所有方法指定对象的私有状态和主体。我们实现一个角色类型为 Person，名为 John 的对象，代码如下所示。

```
LET John = ROLE Person
  PRIVATE
     LET Name = "John Daniels";
     LET BirthYear = 1967;
     LET Address = VAR ("123, Darwin road - London");
  METHODS
     Name = Name;
     BirthYear = BirthYear;
     Age = currentYear() - BirthYear;
     Address = AT (Address):
     modAddress(newAddress:String) = Address:= newAddress;
     Introduce = "My name is " & Name & " and I was born in
                " & intToString(BirthYear);
  END;
>>> LET John : Person = <role>
```

在上面的示例中，单个对象是从头开始构建的，但是我们希望为每种角色类型创建具有相同内部结构和方法主体的许多实例。对于这个问题，我们通过定义构造函数来解决。该构造函数是一个返回具有特定角色的新对象。构造函数定义了一个类型为 FUN(<arguments>): <type> 的函数，其主体为 <exp>。当应用该函数时，将创建一个 Person 的新实例。虽然每个实例的私有数据不同，但是方法主体由所有实例共享。

在方法的主体中，特殊标识符 me 表示构造的对象。me 的形式类型是使用 me 的角色表达式的类型(Person)；me 只能在方法体和 INIT 表达式中使用。子句 INIT <exp>定义了一个表达式。该表达式在构建对象之前，将其返回之前进行评价。在表达式中，标识符 me 可以在方法体中使用。事实上，子句 INIT 可以被看作在返回对象之前计算一次的特殊方法。intToString 是一个预定义函数，用于将整数转换为字符串。中缀操作符&是字符串的连接操作符。构造函数的示例代码如下所示。

```
LET createPerson = FUN(name, address: String; birthyear:
Int): Person IS
  ROLE Person
  PRIVATE
    LET Name = name;
    LET BirthYear = birthyear;
    IF stringLength(address) < 2 THEN failwith "incorrect
address" END;
    LET Address = var(address);
  METHODS
    Age = currentYear() - me.BirthYear;
    modAddress(newAddress: String) =
        IF stringLength(newAddress) < 2
        THEN failwith "incorrect address"
        ELSE Address := newAddress END;
    Introduce = "Name:" & Name&"-Age:" & intToString(me.Age);
  INIT
    IF me.Age < 0 OR me.Age > 150
    THEN failwith "incorrect birth year" END
END;
```

当角色类型通过继承定义时，属于该角色的对象的构造函数可以从头定义，也可以通过继承定义，即通过扩展为父类型定义的构造函数。下面代码显示了 Student 构造函数的直接定义。

```
LET createStudent = FUN(name, address, faculty: String;
birthyear: Int): Student is
  ROLE Student
  PRIVATE
    LET Name = name;
    LET BirthYear = birthyear;
    LET Address = VAR(address);
    LET Faculty = VAR faculty;
    LET StudentNumber = newStudentNumber():
  METHODS
    Age = currentYear - me.BirthYear;
    Introduce = "Name:" & Name & "-Age:"
    & intToString(me.Age) & "- Faculty:" & me.Faculty;
  INIT
    IF me.Age < 18 OR me.Aqe > 70
    THEN failwith "incorrect birth year" END
  END;
```

为了对实体的角色和行为演化建模，Fibonacci 提供了一个扩展操作符。该运算符允许使用新的子角色动态扩展对象。下面代码示例显示了 John 从 Person 到 Student 的扩展。

```
LET johnAsStudent = EXT John to Student
  PRIVATE
    LET Faculty = var "Science";
    LET StudentNumber = newStudentNumber0:
  METHODS
    Introduce =(me AS Person)! Introduce & ". I am a Science
              student";
  END;
>>> LET johnAsStudent: Student = <role>
John = johnAsStudent;
>>> true : Bool
```

2.6.2 对象代理数据模型的对象角色

在面向对象数据模型中，某个对象虽然可以同时拥有多个角色，但不能同时对对象的所有的角色进行操作。例如，一个人同时拥有教师和校长两个角色，当这个人是教师角色时，则拥有专业方向、教授课程等属性，以及查看教授课程的方法；当这个人是校长角色时，则拥有行政职务的属性和看具体主管行政业务的方法。在这个例子中，面向对象数据模型可以定义一个对象拥有这两个角色，但是无法同时既调用教师角色中的方法，又调用校长角色中的方法，只能一个一个操作，因此操作调用缺乏灵活性。然而，对象代理数据模型通过代理对象对源对象进行扩展，代理对象作为源对象的代理，允许源对象拥有多个代理对象，通过代理对象可以表达源对象拥有的所有角色，并且代理对象可以根据角色实际的需求通过扩展操作扩展新的属性和方法。由于代理对象拥有唯一标记的 OID，在针对不同的角色进行操作时，它们彼此之间不受影响。因此，在对象代理模型中可以通过多个代理对象表示和操作源对象拥有的角色。

我们以跨媒体音乐数据库中的聚合语义关系介绍对象代理数据模型中对象角色的多面性和灵活性。如图 2-19 所示，在实际应用中，面向对象数据模型无法同时让一个对象既拥有类 Song 的角色，又拥有类 Singer 的角色，也不能用一个对象调用这两个角色所拥有的属性和方法。事实上，面向对象数据模型的对象拥有的角色具有同质性，当不同角色性质具有异质性时，它无法满足实际应用和操作需求。然而，对象代理数据模型通过代理规则和代理操作可以实现异质性角色共存和操作。例如，通过连接代数操作和谓词条件可以将 Song 和 Lyrics 两个类派生为一个新类，即代理类 Singer_song。通过代理类 Singer_song，我们可以定义一个代理对象。该代理对象可以同时继承两个源类的属性和方法，把两个源类表达的角色信息进行统一表示。如果需要同时对两个不同的角色进行操作，代理对象可以直接调用对应角色的属性和方法展示所要表达的信息。例如，我们想知道类 Singer 中歌手的性别或国籍，则通过代理对象可以直接调用属性信息查看，同样查看有关类 Song 中的属性和方法是类似的。此外，如果需要对代理类 Singer_song 定义新的属性和方法，则可以通过扩展代数操作完成。例如，代理类 Singer_song 不存在关于歌手所属流派的歌曲风格，则可以通过扩展代数操作扩展属性 Singer_song_style 来表示，因此我们使用代理对象进行查看。实际上，代理类定义代理对象可以部分继承属性和方法信息。我们可以分别代理关于类 Song 和类 Singer 两个不同的代理对象表示歌曲角色和歌手角色，当需要查看歌曲角色的信息时，则通过歌曲角色的代理对象进行操作；当需要查看歌手角色的信息时，则通过歌手角色的代理对象操作。因此，无论是用一个代理对象统一表示所拥有的角色，还是通过多个代理对象表示不同的角色，都能体现对象代理数据模型中源对象的多面性。同时，源对象通过自身的代理对象进行相关操作时简单方便，并且对不同代理对象进行操作时互不影响。这体现了对象代理数据模型在操作方面的灵活性。总之，对象代理数据模型通过代理对象和代理类的概念丰富了客观世界中实体及其联系的描述和操作。

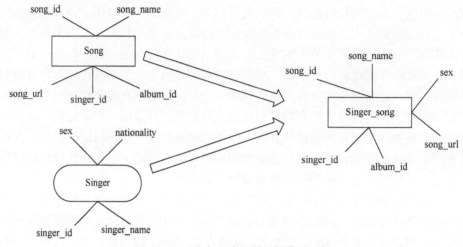

图2-19　对象角色多面性及操作灵活性

对于对象代理数据模型描述客观世界中实体的动态性，我们通过图2-20中的例子进行介绍。假设类 Person 的一个实例对象 p 拥有学生的角色，则可以通过选择代数操作和谓词条件派生出一个代理类 Student，然后定义一个代理对象 stu 表示学生角色的具体实例，并通过扩展代数操作扩展属于学生的班级号、学号、成绩等属性和方法。在学校学习期间，学生还可能拥有班长、学生会成员、足球运动员等多个不同角色，我们可以根据不同的角色条件和选择代数操作将代理类 Student 作为源类派生新的代理类进行表示，然后通过多个不同代理类的代理对象表示多个角色共存，也可以为代理类 Student 的代理对象创建多个不同的代理对象，即通过代理对象表示多个角色共存。图2-20展现了对象代理数据模型中对象的多角色共存和随时变化过程中角色变换的状态。图左侧在代理类 Student 的基础之上又派生了两个代理类 Athlete 和 studentLeader。它们可以根据实际需求定义各自的代理对象。代理对象可以共存并依据自己的行为响应相关操作。图右侧不再拥有学生角色，我们将代理类 Student 和类 Person 用虚线连接表示不再拥有代理类 Student 及其对象角色，同时在 TOTEM 中取消它们之间的联系。此时，Person 类的角色是歌手。在这个变化过程中，类 Person 中的角色从学生变为歌手，反映客观世界中实体多面性的动态变化。

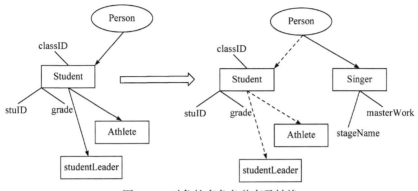

图 2-20　对象的多角色共存及转换

2.7　对象移动

一个对象可以同时拥有多个角色。这些角色形成的角色集合代表相应类的集合。随着决定对象所属角色的变化，对象会在角色所属的类之间发生移动。例如，类 Student 中的一个实例对象 s1 所属角色是学生，该实例对象 s1 拥有具体的年级、学号、班级号和成绩等属性和查看成绩的方法。当 s1 毕业后将不再拥有学生的角色，相应学生角色拥有的属性和方法将被注销。如果实例对象 s1 在学校收到一份教职的工作，则变成类 Teacher 中的实例对象 t1，具有教师的角色，同时拥有工号、教授科目、工资等属性和查看教授课程和工资的方法。这就意味着，在不同的条件下，实例对象 s1 从类 Student 中移动到类 Teacher 中变成实例对象 t1。因此，对象移动可能影响对象在所属类中位置的变化或者更改其所属类。在这个过程中，对象拥有的角色集是{学生，教师}，随着拥有角色条件的发生，对象会根据条件在角色所属的类中发生改变而移动。上述例子也反映了客观世界中实体的真实变化过程。事实上，对象移动实质上是对象在角色集合中随时间的变化。本节介绍面向对象数据模型与对象代理数据模型中的对象移动机制。

2.7.1　面向对象数据模型的对象移动

面向对象数据模型通过类和对象表示客观世界中实体的抽象，通过继承、组合等类与类之间的关系表示客观世界中实体之间的联系。例如，类与类之间的继承关系以自然的方式描述不同类之间的关系，但是这种模式无法描述对象在多个类之间的移动。实际上，在面向对象数据库中，属于某个类的对象被视为扮演这个类的角色，而一个对象可以同时在不同类中拥有角色并形成角色集。对象在角色集中的不同角色设置就是对象的移动模式，是对象所扮演角色的动态变化。例如，一个对象同时在类 Person 和类 Student 中分别扮演人和学生角色，如果这个对象毕业后加入类 Employee 中，此时该对象的角色集合由{人，学生}改变为{人，雇员}。因此，对象可能拥有的移动模式是从{人，学生}到{人，雇员}再到{人}。移动模式限制对象需要通过这些模式进行移动或改变，这也是对象在数据库更新过程的动态约束。为描述面向对象数据模型的对象移动，我们通过 Su[7]的部分工作从理论和示例进行介绍，感兴趣的读者可以深入阅读学习。

为深刻描述面向对象数据模型的对象移动，我们分别介绍数据库模式及其实例的定义和图示。数据库模式及其实例如图 2-21 所示。

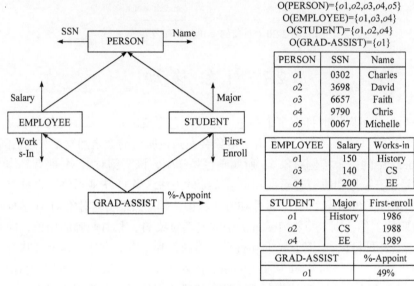

图 2-21　数据库模式及其实例

定义 2.6　数据库模式是一个三元组 $D=<C,\ isa,\ A>$，要求如下。

(1) C 是类名的有限集合。

(2) isa $\subseteq C\times C$ 这样的(isa, C)是一个特殊化图。isa 的自反和传递闭包用 isa* 表示。

(3) $A: C\rightarrow \text{powerset}^{\text{fin}}(\mathcal{A})$ 是一个总映射，使 $A(P)\bigcap A(Q)=\varnothing$ 无论何时都有 $P\neq Q$。

定义 2.7　数据库模式 $D=<C,\ isa,\ A>$ 的数据库实例是三元组 $d=<o,\ a,\ o>$，要求如下。

(1) $o: C\rightarrow \text{powerset}^{\text{fin}}(\mathcal{O})$ 使 $o(P)\subseteq o(Q)$，如果 P isa Q 和 $o(P)\bigcap o(Q)=\varnothing$，$P$ 和 Q 不是弱连通。

(2) $a: \bigcup_{p\in C}(o(p)\times o(A))\rightarrow \mathcal{U}$ 是一个总映射，$\mathcal{U}$ 是常量。

(3) $o\in \mathcal{O}$ 使 $\forall p,\ o'$，如果 $o'\in o(P)$，那么 $o'<\mathcal{O}^o$。

定义 2.8　数据库模式 $D=<C$，isa，$A>$ 上的角色集 ω 是 C 的子集 ω，因此对于每个类 $P \in \omega$，P 的所有祖先也都在 ω 中，例如 $\{Q \in C | P \text{ isa}^* Q\} \subseteq \omega$。空角色集用 ω_ϕ 表示，D 中所有角色集合用 Ω 表示，非空角色集合用 $\Omega_+ \left(= \Omega - \{\omega_\phi\}\right)$ 表示。

例 2.1　如图 2-21 所示，角色集是 $\{\omega_\phi, (G), (S), (E), (SE), (P)\}$，其中 (G) 表示 $\{GRAD\text{-}ASSIST\}$，(SE) 表示 $\{STUDENT, EMPLOYEE\}$，其他的类似。在图中的实例部分，$o1$、$o4$ 和 $o5$ 的角色集分别是 (G)、(SE) 和 (P)。

令 $d = \langle o, a, o_i \rangle$ 是 D 的一个实例，对每个对象定义 $\text{RoleSet}(o, d) = \{P | o \in o(p)\}$。如果 o 不出现在 d 中，则 $\text{RoleSet}(o, d) = \omega_\phi$。下面的事实表明，两个操作 $s(\text{specialize})$ 和 $g(\text{generalize})$ 能够在角色集之间移动对象。

命题 2.1　令 D 是数据库模式，并且 $\omega_1, \omega_2 \in \Omega_+$ 是 D 上两个非空角色集。有一个基本事务 T 仅由 $\{s, g\}$ 操作，如果 $d \in \text{inst}(D)$，$o \in O$ 与 $\text{RoleSet}(o, d) = \omega_1$，则有 $\text{RoleSet}(o, [T], d) = \omega_2$。

定义 2.9　假设 D 是一个模式，并且 Ω 是 D 上所有角色集的集合，对象移动模式是位于集合 $w_\phi^* \Omega_+^* w_\phi^*$ 中去除 Ω 的词。对象移动清单是一组移动模式 L，满足 $\text{INIT}(L) \subseteq L$，其中 $\text{INIT}(L) = \{x | \exists y \in \Omega^*, xy \in L\}$ 是 L 初始化时的集合。

例 2.2　根据例 2.1，假设每个人都将作为学生度过一段连续的时间，在学习期间的某个时刻，该学生会获得奖学金，然后完成制定的全部课程，最终毕业并工作。学生在学校学习的情况可以用一个移动清单表示，即 $\text{INIT}(L)$，$L = \omega_\phi^* [P]^* [S]^* \{G\}^* [E]^+ [P]^* \omega_\phi^*$。

在定义满足移动清单的事务模式概念之前，首先讨论两个正交的决策，它允许不同的迁移模式，即惰性关注和立即启动。

惰性关注是否包含连续重复的角色集。实际上，对象可能不经常迁移，甚至不经常更新，惰性模式丢弃所有连续重复的角色集。定义函数 rr(remove repeats)，$f_{rr} : \Omega^* \to \Omega^*$ as[3]: $f_{rr}(\lambda) = \lambda$; $f_{rr}(a) = a$; if $a \in \Omega$; $f_{rr}(\omega aa) = f_{rr}(\omega a)$ if $a \in$ if $\omega \in \Omega^*$; $f_{rr}(\omega ab) = f_{rr}(\omega a)b$ if $a, b \in \Omega$ and $\omega \in \Omega^*$, and $a \neq b$。立即启动模式是由执行的第一个事务创建的那些对象的模式。因此，第一个角色集不是空的。

定义 2.10　假设 D 是一个模式，Ω 是 D 上所有的角色集的集合，并且 ω 是一个移动模式。ω 是非惰性和延迟启动，如果 $f_{rr}(\omega) = \omega$，ω 被称为惰性；如果 $\omega \in \Omega_+^* w_\phi^*$，则 ω 称为立即启动。如果 L 是一组惰性(非惰性)和/或者立即(延迟)启动模式，则清单 L 是惰性(非惰性)和/或者立即(延迟)启动。

例 2.3　根据例 2.1，$(P)(S)(G)(E)$ 是一种延迟和立即启动的对象移动模式。$(P)(S)$

$(S)(S)(G)(G)$ 是立即启动，但不是惰性的移动模式。此外，$\omega_\phi\omega_\phi(P)(P)(P)(S)$ 既不是惰性，也不是立即启动。

令 $L=\left\{(P)(S)^n(G)^m(E)^k(P)\middle\|n,\ m,\ k\geqslant 1\right.$，$\mathrm{INIT}(L)$ 是一个(立即启动)移动清单，$f_\pi\big(\mathrm{INIT}(L)\big)=\{(P),(P)(S),(P)(S)(E),(P)(S)(G)(E),(P)(S)(G)(E)(P)\}$ 是一个惰性移动清单。

例 2.4 在并发编程中，对共享资源的操作是同步的，可以确保正确性。一种同步机制是将路径表达式(通过一组可用操作)与每个资源关联。从直觉来讲，路径表达式指定在不引起资源不一致的情况下执行操作的顺序。下面说明路径表达式是详细清单的一种特殊情况。

假设 R 是具有 p、q、r、s 四种操作的 ADT，使用一个模式(图 2-22)表示根(root)的四个子类的四种操作，每个路径表达式都以自然的方式转换为一个移动清单。例如，假设 $\big(p(q\cup r)s\big)^*$ 是一个四个操作的路径表达式。然后，非惰性清单 $L=\mathrm{INIT}\big(w_\varphi^*\cdot\big(p(q\cup r)s\big)^*\cdot w_\varphi^*\big)$ 指定模拟一个操作的每个事务必须遵守路径表达式的限制。

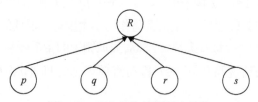

图 2-22 四个操作的类层次结构

2.7.2 对象代理数据模型的对象移动

由于对象代理数据模型的丰富性，更新对象可能影响对象在源类中的位置，同时对象可能存在代理对象，对一个对象进行更新时可能导致其代理对象也需要进行相应的更新，从而导致对象发生移动。在对象代理数据模型中，因为对象的角色被定义为对象的代理对象，所以对象移动可以处理为时变的代理对象。对象的更新传播有两个方向，一是对源对象的更新应该传播到其代理对象中；二是对代理对象的更新应该传播到他们的源对象中。如上所述，如果更新的属性是从源对象上继承的，对代理对象的更新实际上会切换到它们的源对象上。代理对象可以看成源对象上的更新，因为代理对象不复制其源对象的属性值，而是通过切换操作来共享它们。本节首先介绍代理对象和代理类的创建，然后介绍对象代理数据模型中可能导致对象移动的更新操作有三种基本类型。

1. 代理对象和代理类的创建

首先，通过对象代理数据模型创建代理类，在代理类与源类之间建立语义关系。然后，根据语义约束，对象生成所需的代理对象，将代理对象插入代理类中。本节从对象代理数据模型的跨媒体数据库中提取两类，即 Lyrics 和 Song，通过连接代数操作派生代理类 SongLyr(图 2-23)。其中，类 Lyrics 拥有 song_id 和 lyrics 两个属性，拥有四个对象；类 Song 拥有 song_id、song_name 和 Song_url 三个属性，也拥有四个对象。代理类 SongLyr 中的属性通过代理规则 "SELECT Song.song_id，Song.song_name，Lyrics.lyrics，Song. song_url FROM Lyrics，Song WHERE Song.song id = Lyrics.song id" 实现。由于有来自源类 Lyrics 和 Song 的三对源对象(对象对 31 和 41、对象对 32 和 42、对象对 33 和 43)满足语义约束"Song:song id = Lyrics:song id"，因此自动生成三对代理对象并插入代理类 SongLyr。

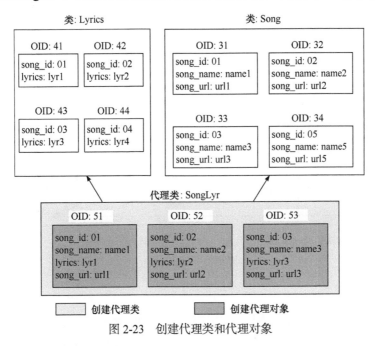

图 2-23　创建代理类和代理对象

2. 添加对象

当添加一个对象时，应该尽可能将更新传播到所有代理类中，因为添加的对象可能满足某些代理类定义的语义约束。如果是，这些代理类的新实例将被创建为所添加对象的代理对象。更新操作 add(C,o) 是将一个实例 o 添加到类 C 中，首先该过程将 o 添加到 C 的扩展中；然后 C 的所有代理类 $\{C_i^d\}$ 都将被检查。对于每个代理类 C_i^d，o 将基于 C_i^d 的语义约束被评价。如果它满足语义约束，o 的新代

理对象 o_i^d 将生成并被插入 C_i^d 中。此外，添加的 o_i^d 可能导致更新迁移到代理类中，因此该过程被递归调用。

如图 2-24 所示，当对象 o(05，lyr5)被插入类 Lyrics，类 Lyrics 的代理类的语义约束将被检查。因为类 Lyrics 的对象(05，lyr5)和类 Song 的对象(05，song5，url5) 满足代理类 SongLyr 的连接操作条件，即语义约束 "Song.song id = Lyrics.song_id"，因此一个新的代理对象(05，song5，lyr5，url5)将生成并被插入代理类 SongLyr 中。

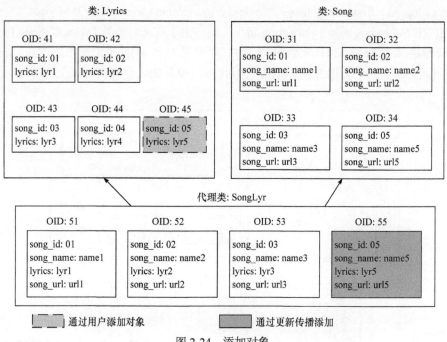

图 2-24　添加对象

3. 删除对象

删除一个对象可能导致删除它的代理对象。更新操作 delete(C，o)用来从类 C 中删除一个实例 o。首先，这个过程从 C 的扩展中删除 o。然后 o 的代理对象 o_i^d 被递归删除或调整。

如图 2-25 所示，当对象 o(03，lyr3)从类 Lyrics 中被删除时，代理类 SongLyr 中的代理对象(03，song3，lyr3，url3)将被无条件删除，因为代理对象(03，song3，lyr3，url3)不再满足代理类 Songlyr 定义的语义约束。

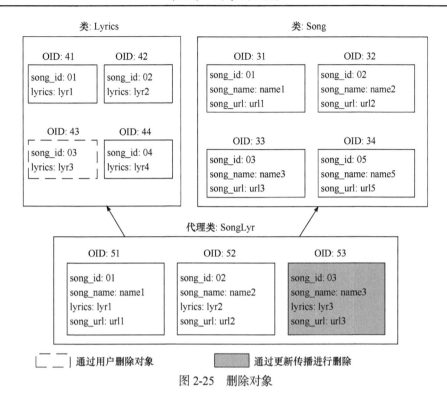

图 2-25　删除对象

4. 修改对象的属性值

修改对象的属性值可能导致添加或删除其代理对象。由于存在 C 类的某些代理类，它们的语义约束可能在更新之前不被 C 满足，更新之后可能满足，因此检查所有未获得实例作为 o 的代理对象的代理类来添加 o 可能的新代理对象。同样，由于修改对象的属性值可能导致某些代理对象变得不再满足条件，因此需要检查 o 的所有代理对象，并删除不适当的代理对象。此外，o 属性值的修改将传播到所有通过切换操作继承修改属性的代理对象的属性中。这些代理对象仍然满足它们与修改对象 o 之间的语义约束。更新操作 Write(o，a，v) 用于将值 v 写入对象 o 的属性 a 中。程序先将 v 赋给 o 的 a，然后对 o 类的相关代理类按上述方式进行调整。

如图 2-26 所示，如果在类 Lyrics 对象的值(04，lyr4)被修改为(05，lyr4)，类 Lyrics 的对象(05，lyr4)和类 Song 的对象(05，song5，url5)满足代理类 SongLyr 的连接操作条件，即语义约束"Song.song_id = Lyrics.song_id"。因此，新的代理对象(05，song5，lyr4，url5)将被生成且插入代理类 SongLyr 中。

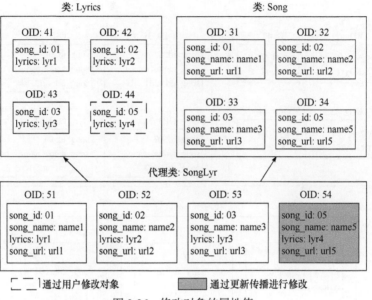

图 2-26　修改对象的属性值

2.8　小　　结

对象代理模型通过代理对象和代理类的概念对面向对象数据模型进行扩展。代理对象不仅能够继承源对象部分或全部的属性和方法，还可以根据应用需求增加源对象没有的属性和方法。代理对象的模式则通过代理类来描述。通过代理对象和代理类可以对客观世界中的实体进行分割和组合，实现实体的多面特性和动态性，使对象代理数据模型具有关系数据模型一样的柔软性。代理对象可以作为源对象的视图进行操作，避免重复创建新的对象；可以根据具体需求代理源对象的不同角色，展示源对象的多面性和角色变化。更新对象时，会引起对象在类中的位置变化或更改其所属类，可以利用对象的代理对象便捷地解决对象移动的问题。代理对象可以实现对象视图、对象角色和对象移动的统一，有效地支持个性化信息服务、复杂对象的多面性和对象动态分类，因此对象代理数据模型可以避免数据冗余，提供数据管理的灵活性和安全性。

近年来，随着大数据的高速应用与发展，信俊昌等[8]认为非关系型数据库(not only SQL，NoSQL)和 NewSQL(New SQL 是对各种新的可扩展/高性能数据库的简称)为代表的大数据模型将成为未来新的研究热点。NoSQL 遵循在任何分布式系统中最多只能满足一致性、可用性、分区容错性中的两点，不能同时满足三点和分布式系统在设计时需要考虑基本可用性、软状态和最终一致性，以应对非结构化数据的增长。NewSQL 被称为下一代可扩展关系型数据库，将传统的关系数据模型与 NoSQL 模型结合，并不是一个新型的数据模型。与对象代理数据模型相比，这两种模型根据不同的应用场景需求设计不同的应用模型，如 NoSQL 模型的键-值模型、键-列模型、键-文档模型，以及基于 NewSQL 模型设计的数据库系统 H-Store、S-Store 和 VoltDB 等都是在原有关系模型的基础上扩展的。对象代理数据模型作为数据模型发展过程中的新型数据模型，能够表达客观世界中实体的多面性和动态性，方便编写存储接口和访问数据，并通过代理对象和代理类实现数据的灵活管理。在大数据时代，对象代理数据模型在多模态数据管理方面将实现很好的应用。

参 考 文 献

[1] Hellerstein J M, Stonebraker M. Readings in Database Systems. 4th Ed. Cambridge: MIT Press, 2005.

[2] Peng Z, Li Q, Feng L, et al. Using object deputy model to prepare data for data warehousing. IEEE Transactions on Knowledge & Data Engineering, 2005, 17(9): 1274-1288.

[3] Lécluse C, Richard P, Velez F. O2, an object-oriented data model//ACM Conference on Management of Data, 1988: 424-433.

[4] Abiteboul S, Hull R. IFO: A formal semantic database model. ACM Transactions on Database Systems, 1987, 12(4): 525-565.

[5] Rundensteiner E A. Multiview: A methodology for supporting multiple views in object-oriented databases//International Conference on Very Large Data Bases, 1992: 187-198.

[6] Albano A, Bergamini R, Ghelli G, et al. An object data model with roles//International Conference on Very Large Data Bases, 1993: 39-51.

[7] Su J W. Dynamic constraints and object migration// International Conference on Very Large Data Bases, 1991: 233-242.

[8] 信俊昌, 王国仁, 李国徽, 等. 数据模型及其发展历程.软件学报, 2019, 30(1): 142-163.

第3章　对象代理代数

在传统关系数据库和面向对象数据库中，都存在对应的数据库代数方法。这些方法可以描述数据库能够对数据进行的操作，同时为用户提供操作数据库数据的途径。在对象代理模型中，同样可以实现与传统关系数据库和面向对象数据库类似的代数操作，包括选择、投影、连接等。本章将结合实际场景与用例，对对象代理数据库中的代数操作进行详细的介绍。

3.1　数据库代数简介

数据库代数是对数据库中所有操作的形式化描述，即对数据库中的数据进行的任何操作都可以看作一个代数操作或者多个代数操作的组合。例如，当我们从一张表中选择满足过滤条件的结果，形成一张子表的过程，就是通过数据库的选择代数操作实现的。数据库代数具备的一个特点是，对于一个给定的集合，通过一个确定的代数变化，将得到唯一的结果。例如，对于包含全部学生信息的表格，如果想要找出其中的全部男学生，那么在表格中信息不变的前提下，无论我们进行多少次查询，每次查询的结果都是相同的。并不会因为多次查询而发现上次查询中出现的某个学生信息在这次查询结果中消失，或者上次查询结果中没有的学生信息在这次查询中出现。这一特性表明通过使用关系代数生成的新数据集合总是确定且唯一的。

数据库代数具备的另一个特点是，需要使用某种条件判断保留或丢弃原始数据集中的哪些数据。这一条件称为断言。一个断言应当可以准确衡量数据中的属性。例如，对于学生的"性别"属性，判断其性别为男就是一个好的断言。因为它可以按照学生的性别，把集合明确区分成"男""非男"两类。多数情况下，"非男"即代表女，但在一些数据集中，某些学生的性别可能由于未登记而被记录为"未知"。在这种情况下，"未知"同样会被划分到"非男"的集合中。相对地，一种不好的断言则无法明确划分数据集。例如，考虑一个学生数据集中的"成绩"这一属性，如果我们要找出"成绩好"的学生，这一标准就显得十分模糊。我们很难区分不同的分数，如85分、80分和75分，哪些属于好成绩。在这种环境下，使用"成绩好"作为断言无法将数据集明确地划分开，因此"成绩好"无法成为一个断言。任何一种数据库代数，包括关系代数、面向对象代数、对象代理代数。

它们都具备以上几点基本特征。

3.1.1　数据库代数的演化

代数是研究数、数量、关系、结构与代数方程的通用解法及其性质的数学分支。代数这一概念最早起源于数学领域，几乎所有的数学分支中都存在对应的代数。例如，基础数学领域有初等代数，向量空间领域有线性代数，概率统计领域有概率关系代数等。代数的功能是针对某一具体研究领域，将其中对数据的具体运算过程通过用符号替代的方式抽象化并提取出来。例如，初等数学领域的乘法分配律公式 $a \cdot (b+c) = a \cdot b + a \cdot c$，实际上就是一种代数的表现形式，因为在公式中使用 a、b、c 这些符号替换实际中需要用到的数字。如此一来，比起需要像背乘法表一样背诵所有可能数字的结合运算规律，只需要记下这样一个抽象的公式，就可以帮助我们进行初等数学的计算。由此可见，随着研究领域的不断扩展，代数这一概念也会在不同的领域逐渐产生。一个领域的代数方法同样也不是一成不变的，随着研究的不断扩展，理论不断成熟，也会有新的代数操作被提出来。

早期的数据库领域代数是继承集合论领域的代数操作，包括并、交、差、笛卡儿积等。数据库代数最早从集合论继承的原因是可以理解的，因为早期的数据库功能就是对电脑中数据或文件的集合进行管理。因此，定义相关代数方法时，首先想到的就是沿用集合论的代数操作方法。然而，这些代数操作往往是一些面向文件和数据本身的操作功能。在数据库的使用过程中，人们逐渐发现，仅使用集合论代数不足以对电脑中的数据进行有效管理，因为数据库中常使用的是功能更加复杂的代数操作，如选择、投影、连接等。这些功能面向的是数据的逻辑模型，而非物理模型。因此，在后续的演化过程中，一种旨在增强数据库功能的独立性的语言——ALPHA 语言[1]及其对应代数操作被提出。该语言的独立性主要体现在以下两方面：一是能够在不改变顶层应用接口的前提下对底层数据进行重组织；二是能够将事务查询自动转化成对底层数据的操作。可以看出，该语言提出的代数操作的核心思想是将数据库的底层数据存储与逻辑层面的管理切分开，使用户可以在使用数据库时，无须涉及对底层数据的操作。虽然这种设计结构在目前的数据库系统中看起来是非常自然的，但是在数据库技术发展早期，通过引入代数将数据库的底层操作与模式操作切分开无疑是一种非常有价值的创新。

在此基础上，该语言引入几种具体的代数操作，包括获得数值或者数值集合、修改数值或者数值集合、插入元素或者元素集合、删除元素或者元素集合、创建一种关系和该关系域、删除一种关系。可以看出，这些操作也是目前数据库系统具备的几种基本操作。例如，修改数值可以看作更新操作，插入元素可以看作插入操作，而创建关系和删除关系则对应着创建表和删除表。由此可见，这些操作构成目前数据库代数操作的雏形。

值得注意的是，在该工作中同样提到对数值集合和元素集合的操作。这些定义也意味着，数据库的基本功能不仅局限于单一元素本身，同时还应从集合的角度出发进行定义。因此，后续的数据库进一步引入了基于集合论的代数操作。然而，将集合论的概念直接应用于数据库领域并不能完全解决数据库领域的代数问题。第一个原因是，数据库中的集合概念包含两个层面。一个层面是数据模式层面的集合。例如，一张表包含的全部属性列，一个数据类中包含的全部属性都可以看作一个集合。另一个层面是数据元素的层面。一张表中包含多个数据元组，一个数据类中包含多个该类的对象。这些元组的集合或者对象的集合，同样应当看作一个集合。在设计数据库代数时，我们需要对这两种集合的性质加以区分，并为各自设计对应的代数操作。传统集合论方法的缺陷在于，集合论只考虑抽象的集合这一特征，而对数据库领域的模式集合与元素集合两个层面的数据没有加以区分。第二个原因是，集合论中提出的并、交、差三种操作的输入都是两个或者多个集合，而在数据库中有时候需要对单个集合，即一张表进行操作。因此，需要对这种应用场景设计专门的代数操作。基于以上两点原因，在设计数据库代数时，额外引入四种关系代数操作。

关系数据库中的关系代数操作包括选择、投影、连接、除运算四种。这四种代数操作基于集合论操作，是结合数据库的实际应用场景与特征，对数据库代数功能的进一步补充与完善。其中，选择操作不涉及对表模式的修改，而是对单表中的数据集合进行过滤。后三种操作都会导致数据表的模式发生变化。

数据库代数并不是一成不变的，可以被不断地扩展和修改。尽管目前的关系代数集合已经比较成熟，但在数据库设计早期阶段，针对不同的数据库模型、同样有对应的新代数方法被提出。例如，针对关系模型无法有效表达数据复杂嵌套关系的问题，嵌套关系模型被提出，与之对应的是嵌套代数。这一代数模型在传统的关系代数基础上，进一步提出嵌套与反嵌套两种代数操作。该模型的特性在于允许数据表中的一个属性既可以是原子数据，又可以是数据集合。该模型在一定程度上能够更加清晰地表达数据之间的关联关系与嵌套关系。

以图 3-1 为例，歌手表的两列数据分别记录歌手与对应歌曲的信息。显然，这张表中存在一个歌手创作多个歌曲，或者一个歌曲由多个歌手共同创作的。然而，在歌手表中，很难直观地反映这些信息。因此，在嵌套关系模型中，可以通过嵌套操作，达到歌手表(以歌手嵌套)和歌手表(以歌曲嵌套)的效果。例如，我们可以基于歌手，对歌曲进行嵌套，从而清晰的展示出每个歌手和其创作的歌曲。同样，我们也可以基于歌曲对歌手进行嵌套。然而，这些操作会引入新的数据结构，例如嵌套操作需要将多个元素组成的集合存入数据表的一格中，为数据库的数据结构设计和维护带来巨大挑战，因此这些代数功能并没有被保留到如今的数据库中。

歌手	歌曲
周杰伦	晴天
周杰伦	布拉格广场
刘若英	后来
蔡依林	布拉格广场

(a) 歌手表

歌手	歌曲
周杰伦	晴天、布拉格广场
刘若英	后来
蔡依林	布拉格广场

(b) 歌手表(以歌手嵌套)

歌手	歌曲
周杰伦	晴天
刘若英	后来
蔡依林、周杰伦	布拉格广场

(c) 歌手表(以歌曲嵌套)

图 3-1　嵌套关系模型与嵌套代数实例

尽管如此，嵌套操作与反嵌套操作揭示传统的关系型数据库在代数功能层面的缺陷，即传统的关系代数都是面向平面数据的，而没有考虑数据在逻辑层面的实体关系、封装关系等逻辑关系。基于此，面向对象模型被引入数据库领域。面向对象数据库模型的基本原理就是将面向对象模型这种善于描述现实世界中客观实体信息和实体之间的演化关系的能力，与数据库用于存储数据的功能相结合，提升数据库在存储数据时对数据之间逻辑关系与组成结构的表达能力。然而，直接向数据库中引入面向对象模型同样存在问题，最大的缺点是面向对象模型缺乏灵活性。面向对象模型在编程领域能够成功，一大优点是具体编程实现之前，可以先设计好系统的用例图与类图，定义出类之间的组成结构，并基于该结构进行实现。然而，在数据库领域，由于数据是不断写入的，在新数据被不断写入的过程中，往往伴随着部分数据的重构，而面向对象模型中的重构操作是非常复杂且耗时的。因此，面向对象模型的数据库在实际应用中遇到诸多阻碍。为了能够在继承面向对象模型优点的同时，提升模型的灵活性，我们提出对象代理代数。

3.1.2　对象代理代数原理

在设计对象代理代数时，我们需要基于成熟的关系代数进一步改进。尽管传统的关系代数对处理关系模型数据的功能已经比较成熟，但是对象代理模型与关系模型在数据的底层模型层面是有本质区别的，因此我们并不能将关系代数的一系列操作直接套用到对象代理模型中。对象代理模型与关系模型在数据模型层面的本质区别在于，关系模型中表与表之间不存在直接的关联关系。尽管我们可以通过数据的 ID 等属性将多个表的数据关联起来，但本质上它们都是不同的表。在对象代理模型中，不同的数据类之间是具备关联关系的。这也是对象代理模型在描述客观实体时需要遵循的规律。例如，在一个音乐数据库中，一个歌手可能演唱了多首歌曲，而不同的歌曲又存在于不同的专辑中。与此同时，不同的歌曲也可能因为曲风而被分类。如果我们使用关系型数据库对这样的音乐数据库建模，关系模型将很难表达歌手、歌曲、专辑、曲风等因素之间的关联关系。在对象代理模型中，我们可以通过使用对象代理代数，灵活表达各个因素之间的关联关系。

在对象代理模型中，最重要的是六种代数操作，包括选择操作、投影操作、扩展操作、分组操作、合并操作、连接操作。这六种代数操作本身是在经典的数据库模型中较为常见的操作类型。在关系数据库和经典的面向对象数据库中，我们也经常可以看到类似的代数操作机制。由于这些操作本身应用范围的广泛性与普及性，不少数据库方面的用户在看到这些代数操作关键词时，脑海中会浮现一些默认的数据操作模式和操作结果。在对象代理模型中，我们同样会遵循这些已经在数据库领域约定俗成的代数操作规律。对象代理模型中的这六大代数操作，在基本原理、功能作用与结果输出上大致与现有数据库系统对应的代数操作是一致的。这一特征也降低了对象代理模型与 TOTEM 的使用难度。然而，对象代理模型中引入了源类、代理类机制、代理对象与源对象之间的切换操作机制。这些机制都会导致对象代理模型中代数操作在结果上与传统数据库中类似的代数操作结果略有不同。本章后续的内容会对对象代理模型中的六种代数操作进行详细介绍，同时结合具体应用场景的实例介绍对象代理模型中的代数操作与传统数据库的区别。特别是，面向对象数据库中代数操作的区别。

3.2　选　择　操　作

选择操作是数据库常用的操作，目的是从一个数据集合中选择满足某种条件的数据集合。在基本的关系模型中，选择操作是用户最先接触且使用最频繁的代数操作。除了在构建数据库时会用到选择操作派生一些目标的表模式外，在传统数据库使用中，也会频繁使用选择操作查看数据库中的一些基本数据和信息。例如，可以通过选择操作访问系统表查看数据库的基本模式信息，包括表的数量、存储的数据、构建的索引等。在涉及对某张表的查询时，首先通过选择命令对表的全貌进行概览，然后进一步使用选择命令对用户感兴趣的数据进行浏览。除此之外，选择操作还可以与数据库中的一些内置方法结合进行简单的数据统计。例如，用户可以通过选择和计数运算来计算一张表包含的元组数量。

在面向对象数据模型中，选择操作(和类似功能的数据库操作)的过程被称为特化[2]。这一过程主要从一个原始的数据模板类(源类)中派生描述更加细致的子类。这些子类在大体上与源类相同或相似，包括具有类似的属性组成、类似的对象集等。在具体细节上，这些类各自具有不同的特征。这些特征可以区分派生出的子类与源类、子类与子类之间的不同。因此，我们从源类出发，派生出一系列特殊子类的过程称为特化。在面向对象模型中，有很多应用场景需要用到特化。例如，在构建音乐数据库系统时，首先定义描述各种歌曲的歌曲类，在后续应用中，用户发现歌曲可以基于曲风信息进行更加细致的划分。

选择操作派生出的集合应当是原始集合的子集。例如，在多媒体数据库模型中，从"歌手"类中派生出"男性歌手""女性歌手""华语歌手""日语歌手"等子类的过程就是通过选择操作实现的。为了达到该效果，需要在某些属性上进行选择，过滤需要的数据。例如，"歌手"类通过选择操作派生出"男性歌手"类的过程。

如图 3-2 所示，通过选择操作派生出的子类在属性集上与源类是完全一致的，并不会对属性集进行修改。选择操作的主要作用是将满足断言的对象继承下来，并放入类中。如男歌手类所示，只有性别为男性的歌手信息被继承下来。在面向对象数据模型中，实现特化功能需要引入抽象类的概念。具体来说，当用户需要描述一类事物或对象时，用户可以先定义一个抽象类描述这些事物或对象的基本信息，在定义清楚事物的基本信息以后，再往抽象类中写入具体事物。这一特性限制了面向对象数据模型在表达选择代数结果时的灵活性。

例 3.1 从歌手类中使用选择操作，通过断言 sex = male 派生出男性歌手类。

在对象代理模型中，通过引入源类、源对象、代理类与代理对象的概念可以很好地避免面向对象模型在管理数据时面临的灵活性问题。使用选择操作(和其他对象代理代数)保留下来的代理类中的代理对象，其中从源类继承的属性全部为虚属性。当需要访问这些属性值时，会通过切换操作读取其源对象中对应属性的属性值。换句话说，当通过代数操作生成代理类时，那些继承自源类的对象中的属性值都会通过指针的形式指向源类中的属性，而不是把相同属性再存一份。如果源对象中的属性同样为虚属性，则会继续通过指针访问源类的源类。该过程会

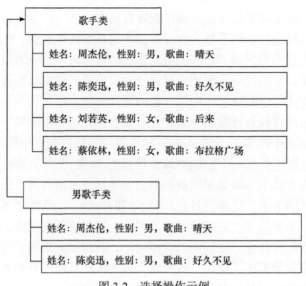

图 3-2　选择操作示例

一直持续，直到访问到存储有实属性的源对象。因此，关于同一个实体在多个代理类中的对象，尽管这些对象的属性集可能各不相同，只要这些对象能够通过切换表达式指向同一个源对象，那么这些代理对象就可以看作描述同一个实体的。基于这一规则，在对某个属性做出修改时，数据库系统只需要对存储该数据的最初源类进行修改，这一修改结果就会通过指针，自动投影到所有的关联对象上。

　　例 3.2　使用选择操作对歌手类进行细化，派生出男性歌手代理类。图 3-3 表达了使用选择操作从源类歌手类中衍生出代理类男歌手类的操作。注意到，源类包含 4 个属性。对于姓名、歌手 ID、性别、国籍，我们可以使用选择方法对性别进行断言，找出其中所有取值为"男"的对象，并单独衍生出新的代理类男歌手。值得注意的是，衍生出的新代理类的属性与源类相同，并没有发生变化。同时，源类中的所有方法也会一并继承到代理类中。

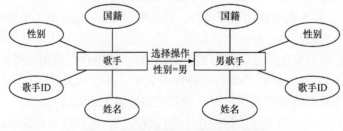

图 3-3　使用选择操作派生出代理类

　　在对象代理模型中，选择操作用于从源类中派生出一个新的代理类。代理类

中的每个对象都是源类中数据元组的代理对象，即给定一个源类 C^s ，定义为

$$C^s = \left\{ O^s \right\}, \left\{ T_{A^s} : A^s \right\}, \left\{ M^s : \left\{ T_{p^s} : p^s \right\} \right\}$$

其中， O^s 、 A^s 和 M^s 为源类中的对象集、属性集和方法集； $T_{A^s} : A^s$ 为属性的类型 T_{A^s} 与属性 A^s 之间的映射关系； $\left\{ T_{p^s} : p^s \right\}$ 为输入的参数类型 T_{p^s} 与输入参数 p^s 的 映射关系。

在该源类上执行选择操作派生出的代理类 C^d 可以定义为

$$C^d = \text{Select}(C^s, \ \text{sp})$$

我们将从对象集、属性集、方法集三个角度定义选择操作派生出的代理类的结果。在对象集上，选择代理操作派生出的对象集为从源类中筛选满足过滤条件的集合。这一过程的具体形式化定义为

$$\left\{ O^d \mid O^d \rightarrow O^s, \ \text{sp}(O^s) = \text{true} \right\}$$

其中， O^d 为代理对象集合；操作符 "$\rightarrow$" 为代理关系。

在属性集上，选择操作派生出的属性集为 $\left\{ T_{A^d} : A^d \right\}$ 。这些属性均继承自源类 $\left\{ T_{A^s} : A^s \right\}$ 。值得注意的是，代理类与源类相同的数据会被储存成虚属性。这些数值不像关系模型中的两张表会被重复存储。相反，代理类中的属性会以指针的形式指向源类的数据。当对代理类数据访问时，需要通过切换操作访问源类。这也是对象代理模型区别于传统面向对象模型的一大特征。这一过程的具体形式化定义为

$$\text{read}(O^d, \ A^d) \Rightarrow \uparrow f_{T_{A^s} \rightarrow T_{A^d}} (\text{read}(O^s, \ A^s))$$

$$\text{write}(O^d, \ A^d, \ v^d) \Rightarrow \text{write}(O^s, \ A^s, f_{T_{A^d} \rightarrow T_{A^s}} (v^d))$$

其中， A^d 为代理对象的属性集；read 与 write 为对代理对象中属性进行读、写时的操作定义；操作符 "$\uparrow$" 代表返回结果；操作符 "$\Rightarrow$" 代表切换操作； $f_{T \rightarrow T'}$ 的含义为将数据类型 T 转换成数据类型 T' ，这里的含义为从源类中读取数值的属性转换成代理类中数值的属性；write 操作中的 v^d 代表将要写入的数值。

在方法集上，选择操作派生出的代理类中的方法集可以记为 $\left\{ M^d : \left\{ T_{p^d} : p^d \right\} \right\}$ ，其中 M^d 为代理类中的方法集， p^d 为输入代理类中的参数。这些方法继承自源类的方法集 $\left\{ M^s : \left\{ T_{p^s} : p^s \right\} \right\}$ 。在调用代理类中的方法时，需要通过切换操作转化为

对源类方法的调用。这一过程的具体形式化定义为

$$\mathrm{apply}(O^d,\ M^d,\{p^d\}) \Rightarrow \uparrow \mathrm{apply}\left(O^s,\ M^s,\left\{f_{T_{p^d}\to T_{p^s}}\left(p^d\right)\right\}\right)$$

这一过程可以理解为，在代理对象上调用代理类中的方法时，会通过切换操作转换成调用源类对象的方法，输入的参数也需要通过类型转换变成源类方法可以处理的类型。

3.3 投影操作

投影操作是一种简单的修改数据库模式的代数方法。该方法的核心功能是，从一张表中选择一个属性子集构建一张新表。在这一过程中，原始表中的实体会被继承到新的表中。这一操作适用于需要将数据进行化简的场景，当数据库中某些初始的表结构被设计得过于复杂时，或者需要将一张表的一些关键属性提取出来时，用户就可以使用投影操作构建出一个只保留一个表中部分属性信息的表。

与传统数据库中的投影操作不同，对象代理模型中的投影操作允许继承上一个数据类中未通过投影操作继承的属性的方法。这一特性的好处是可以提升数据访问的灵活性。例如，在数据分析场景中，我们在访问"华语歌手"中的数据时，可能仍然需要获得歌手的"国籍"信息。在传统数据库中，由于该数据类中的"国籍"信息被过滤，因此在传统数据库中，为了获取国籍信息，我们需要首先获得歌手的 id，再在上一层数据表，即歌手表中，通过 id 找到对应的歌手，获取该歌手的信息。这一过程十分烦琐，且效率低下。然而，我们在对象代理模型中进行投影操作时，可以选择继承那些被过滤的父类属性上的操作。

图 3-4 展示了使用获得国籍(getNationality)方法访问代理对象的国籍属性的过程和实现机理。在使用投影操作生成华语歌手代理类时，已经过滤掉对象中的"国籍"属性，但投影操作并不会因此屏蔽源类中访问对应属性的方法。例如，读取"国籍"属性的方法。在传统的数据库模型中，由于新生成的华语歌手类中屏蔽了国籍属性，因此无法在华语歌手类中继续读取对象的国籍信息。然而，在对象代理模型中，代理类中的对象为代理对象，与源对象存在一一对应的关系，因此尽管已经过滤了国籍属性，对象代理模型仍然允许用户调用该方法。之所以在对象代理模型中实现这一机制，是因为对象代理模型认为一个客观实体可能存在于多个类中的多个不同代理对象代表它。尽管不同的数据类忽略了对象的部分属性，例如华语歌手类中忽略实体的国籍属性，但并不能因此就认为该对象在该类中的对应属性也消失了，相反，该对象的所有属性将一直存在，只是在不同的数据类中不会将所有的属性显性地表达出来。因此，在使用投影操作时，尽管我们屏蔽

了国籍属性，但是仍然保留了获得国籍这样允许访问被屏蔽属性的方法接口。

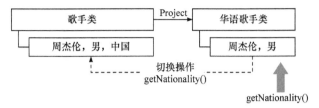

图 3-4 使用获得国籍方法访问代理对象的国籍属性

在面向对象模型中，数据库中的每一个数值和实体都是以对象的形式存在，因此两个数值完全相同的对象可能并不完全等价。这一特性导致当我们使用投影操作对一个类进行投影时，可能产生大量重复的对象。举例来说，如果我们将歌手表的"性别"这一属性单独投影出来，若不加限制，就会产生大量只包含一个数值的对象。如图 3-5 所示，当我们对原始歌手类表进行投影时，会产生如图 3-5(b)所示的结果。实际上，我们更加关心结果中出现哪些不同的数值。例如，我们关注的就是在"性别"属性下，一共出现了哪些项。为了达到这一目标，我们需要对结果去重。然而，在面向对象模型中，对数据进行去重是一个很复杂的机制。由于每个实体都是以对象的形式存在，因此尽管给定两个数值完全相同的对象，它们仍然是不同的。因此，如何定义"相同"与"不同"是一个很复杂的机制。

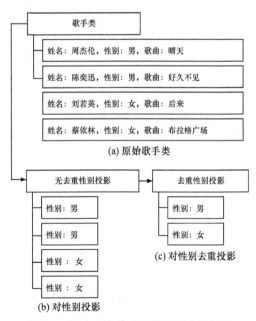

图 3-5 面向对象模型的投影与去重投影

在传统的面向对象模型中，专门引入 i-等于[3](i-equality)操作来定义相同的等级，记作 $=_i$。简单来说，i-等于将一个对象展开 i 次以后可以得到相同结果。举例来说，数值型的对象，如 1、2、3，默认作为初始类，相同的数值默认是相同的，即它们之间是 0-等于关系，即 $1 =_0 1$。对两个对象 o_1 与 o_2，如果他们的属性等于相同的数值，例如 $o_1\{v=1\}$ 与 $o_2\{v=1\}$，之间是 1-等于关系，即 $o_1 =_1 o_2$。尽管 o_1 与 o_2 是两个不同的对象，它们在展开一次以后的数值是相同的。更复杂的对象之间可能存在更高层次的等价关系。如果一个对象中嵌套了 n 个对象，那么度量这些对象的等价关系时就需要延伸到 n-等于 $(n \geqslant 2)$ 层面。因此，在传统的面向对象数据模型中，对数据对象去重时，需要定义去重的层次。

在实现机制上，面向对象模型首先会将一些基本对象作为直接的等价对象。例如，数值类型的 1、2、3 与字符串类型的 a、b、c 等。如果这些数值相等，则意味着两个对象相等，即 1=1。这一规则看似有些不必要，却是定义后续等价机制的重要基础。如果对面向对象建模更上一层，给定两个对象。例如，两个人都包含年龄这个属性，而他们年龄都是 18 岁，即年龄属性的数值相等。我们能够认为这两个对象相等么？对这一问题其实没有固定的答案。从直观上说，我们仅依靠年龄这一属性无法判断两个对象是不是描述的同一客观实体，他们可能是同一个人，也可能是两个不同的人，只是年龄恰好相等。因此，我们能够给出的判断只能是"两人年龄相等"。这一逻辑其实无形中对应 i-等于的机制，比起在对象层面直接下判断，在描述等价关系时，我们将对象进行展开，只关注其中年龄属性的数值，并描述数值相等这一特征。这一机制便是在面向对象模型中引入 i-等于机制的原因。

然而，在面向对象模型中引入 i-等于机制也引入很多挑战与不便。在数据库中，判断两个对象、两个集合、两个数值是否等价是十分常见的操作。在 i-等于机制中，i 值的选择不同会直接导致等价运算得到完全不同的结果。因此，用户在使用 i-等于机制时，必须明确知道自己需要在第几层关系上进行运算，否则就无法执行等价运算操作。然而，在实际应用中，特别是针对复杂的面向对象数据库中的实例，对象的嵌套层次与嵌套关系可能是十分复杂的，这又给 i 值的选择带来挑战。因此，i-等于机制能够很好地解决面向对象模型中的等价问题，在实际应用中则缺乏广泛性。

由于代理类中的每个对象都是通过切换表达式与某一源类绑定的，当需要判断对象代理模型中的两个对象是否等价时，完全可以通过判断两个对象是否描述同一客观实体这一规则进行断言，因此在对象代理模型中，定义实体之间的等价关系比面向对象模型中的等价关系描述简单得多。此外，判断对象所描述的客观实体也是十分方便的。基于对象代理模型的基本建模原理，当一个新的对象被首次加入数据库中时, 其必定是一个源对象, 其中以实属性的形式存储该对象的基本信息。当后续的数据库建模中需要再次引用该对象时, 需要通过代数操作在新的代理类中派生该对象的代理对象, 而代理对象会与其源对象之间存在双向指针进行关联, 方便数据库进行源对象与代理对象之间的查找与溯源。基于这一基本实现机制, 在 TOTEM 中, 我们可以对任意一个代理对象进行逐层溯源, 直至找到源对象。这一源对象即该代理对象描述的客观实体。此时, 我们可以通过判断代理对象描述的客观实体是否是同一个源对象的方法判断两个代理对象之间的等价关系。

在多媒体数据库中, 我们可以使用投影操作对歌手类进一步细化。例如, 当我们从 "歌手" 类中派生出 "华语歌手" 时, 该类的所有歌手国籍都是 "中国", 因此无须在华语歌手类中继续使用原始数据类中的 "国籍" 属性。此时, 我们可以使用投影操作将原始数据类中的 "国籍" 属性过滤。

例 3.3 使用投影操作过滤歌手类中的国籍信息, 并派生出华语歌手类。如图 3-6 所示, 在该操作中, 首先使用选择操作过滤出国籍为 "中国" 的所有歌手, 然后使用投影操作继承结果中除了国籍以外的其他属性, 这样就可以过滤出所有的华语歌手。

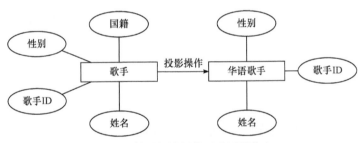

图 3-6 使用投影操作过滤国籍信息

投影操作的具体定义如下, 给定一个源类 C^s, 定义为

$$C^s = \left\{O^s\right\}, \left\{T_{A^s} : A^s\right\}, \left\{M^s : \left\{T_{p^s} : p^s\right\}\right\}$$

在该源类上, 执行的投影操作可以定义为

$$C^d = \text{Project}\left(C^s, \left\{T_{A^s_-} : A^s_-\right\}, \left\{M^s_- : \left\{T_{p^s_-} : p^s_-\right\}\right\}\right)$$

这一定义模式整体上与源类定义类似, 其中出现的一种新的标识符为类似 A^s_-、p^s_- 的标识符。这些标识符的主要含义与 A^s、p^s 基本相似。以 A^s_- 为例, 与 A^s 不同, 由于投影操作不会把所有源类属性全部投影到代理类中, 因此这里使用下标减号表示被投影的属性集。

在对象集上，投影操作本身并不会对源类中的对象进行过滤，因此派生出的代理类对象集合数量与源类数量应当一致。这一过程的具体形式化定义为

$$\left\{ O^d \mid O^d \to O^s \right\}$$

在属性集上，投影操作派生出的属性集 $\left\{ T_{A_-^s} : A_-^s \right\}$ 是源类属性集 $\left\{ T_{A^s} : A^s \right\}$ 的子集，在理论上允许投影出的代理类与源类属性一致，但在实际操作中一般不会投影出与源类属性相同的代理类。属性集上的读写操作具体定义为

$$\mathrm{read}\left(O^d, \ A^d \right) \Rightarrow \uparrow f_{T_{A_-^s} \to T_{A_-^d}} \left(\mathrm{read}\left(O^s, \ A_-^s \right) \right)$$

$$\mathrm{write}\left(O^d, \ A_-^d, \ v_-^d \right) \Rightarrow \mathrm{write}\left(O^s, \ A_-^s, \ f_{T_{A_-^d} \to T_{A^s}} \left(v_-^d \right) \right)$$

在方法集上，投影代数派生出的代理类的方法集为 $\left\{ M_-^d : \left\{ T_{p_-^d} : p_-^d \right\} \right\}$。这些方法都继承自源类，并且仅包含可以被继承的方法。这些继承自源类的方法集记为 $\left\{ M_-^s : \left\{ T_{p_-^s} : p_-^s \right\} \right\}$。在调用代理类中的方法时，需要通过切换操作转化为对源类方法的调用。这一过程的具体形式化定义为

$$\mathrm{apply}\left(O^d, \ M_-^d, \left\{ p_-^d \right\} \right) \Rightarrow \uparrow \mathrm{apply}\left(O^s, \ M^s, \left\{ f_{T_{p_-^d} \to T_{p_-^s}} \left(p_-^d \right) \right\} \right)$$

3.4　扩展操作

扩展操作是数据库领域的一个重要代数操作。在设计数据库模式之初，数据库的管理者很难一次性设置好所有数据的类定义模式。相反，在数据库的使用过程中，管理者会不断地根据现有应用需要对数据库模式进行修改。扩展操作是一种对数据库模式进行修改的代数操作。其主要功能是向现有的数据库模式中添加新的数据属性或数据列。这一操作往往可以用于从一个数据模板派生出一些具体的数据，或者随着应用场景的不断切换，向一个角色或实体的描述模式中添加新的属性。举例来说，一个人在出生时，可能只具备最基本的信息，包括姓名、年龄、父母等。随着这一角色不断成长，例如在上学以后，就会加入班级、同学等属性，在后续工作后，又会加入工作地、公司等属性。可以看出，在不同的应用场景中描述同一个实体，往往需要用到越来越复杂的数据模式，而这一模式的修改过程就是通过扩展操作实现的。

扩展操作可以极大地提升数据库对复杂数据结构的存储能力，进而提升数据库在特定应用场景下的性能。关系数据模型作为目前最主流的数据库模型，本身

具有非常强的扩展性。特别是，对于结构化的数据，如报表、人力资源信息等具有二元形式的数据有很强的管理能力，而对于更加灵活的数据类型，例如半结构化文档和更加复杂的数据类型，管理难度较大。其原因是在传统的关系型数据库中，缺乏对数据结构与数据模式进行抽象与描述的功能。这一类功能恰恰是面向对象模型所具备的。可以说，通过对面向对象模型进行合理的扩展，可以让面向对象模型获得描述更加复杂类型数据的能力。通过对面向对象存储模型进行扩充，我们可以更加方便地存储半结构化的文档型数据。半结构化文档主要指类似于 XML 等形式的数据[4]。与传统的关系模型相比，半结构化数据通常有更加灵活的标签信息。例如，在同一份 XML 文档中，有的数据记录中会有标题、内容、日期等标签记录信息，而有的数据可能只有其中的一部分，类似标题、内容，或者标题、日期等。由于表结构本身的功能限制，传统的关系模型无法很好地表达标签数量会灵活变化场景下的数据记录。在面向对象模型中，我们可以通过扩展操作为对象灵活地引入需要的属性，对象代理模型的切换操作也可以避免可能出现的数据冗余等问题。

尽管面向对象模型在理论逻辑层面存在可扩展性，但是面向对象模型的数据库模式定义功能是相对死板的，因此使用面向对象模型描述复杂数据类型和数据模式的应用仍然十分有限。具体来说，在传统的面向对象数据库模型中，一旦一个数据类和其中的对象被声明，其数据结构就被确定了，因此无法进行直接修改。如果需要修改数据类的属性集，则需要通过继承关系创建一个新的数据类，并为其中写入新的对象。在面向对象编程逻辑中，这一机制是可行的。创建新的数据类时，往往需要在新的应用场景中使用这个类和对应的对象与方法。然而，在面向对象数据库领域，这一机制会带来数据管理方面的问题。

第一点是对象的存储问题。在数据库设计时，难免遇到前期定义的类结构不满足后续数据库应用场景，需要往某些数据类中添加新属性的过程。在面向对象模型中，该过程会导致在数据库中创建一个全新的数据类。如果新的数据类中还需要继承源类的属性集，则会导致大量的数据对象被重复存储在两个类中，造成存储空间的浪费。

第二点是数据模型灵活性的问题。由于之前两个问题的约束，在传统的面向对象数据库中，一般需要用户事先定义较为成熟的数据模式，一旦定义好就要尽量做到少修改。这一要求与数据库的应用初衷相悖。这一结果也导致面向对象数据库在管理复杂类型数据时缺乏灵活性，反而失去面向对象模型在表达复杂数据类型能力上的优势。

在对象代理模型中，使用扩展操作为源类添加新的属性时，其代理类中那些继承自源类的属性会存储为虚属性，只有通过扩展操作新加入的属性才会被存储为实属性。这就有效避免了传统面向对象模型中添加属性导致的数据重复问题与一致性问题。

例 3.4 使用扩展操作从歌曲类中派生出专辑类这一代理类。在该示例中，华语歌曲类的内容为在歌曲类的基础上，添加语言这一属性。在关系模型与对象代理模型中通过扩展创建新类示例如图 3-7 所示。在传统关系模型中，华语歌曲表的属性定义继承自歌曲表，因此其中的每个元组都包含"名字"与"歌手"两个属性。在此基础上，进一步扩展了"语言"这一属性。然而，歌曲表中的对象与华语歌曲类中的对象之间没有明确的关联关系。以"晴天"这首歌为例，在歌曲表与华语歌曲表中会分别存在一个描述该歌曲的元组，如图 3-7(a)所示。如果后续在专辑类中修改歌手的信息，该修改记录并不会一并反映到歌曲表中，造成数据的不一致性，如图 3-7(c)所示。在对象代理模型中，通过扩展方法创建的专辑类为代理类，其中的每个对象都与源对象相关联。在需要访问代理对象的属性时，需要通过切换操作返回源对象读取，如图 3-7(b)所示。当后续在代理类中修改歌手信息时，这一修改操作也会经过切换操作投影回源对象上，避免面向对象模型中的数据重复存储与一致性问题，如图 3-7(d)所示。

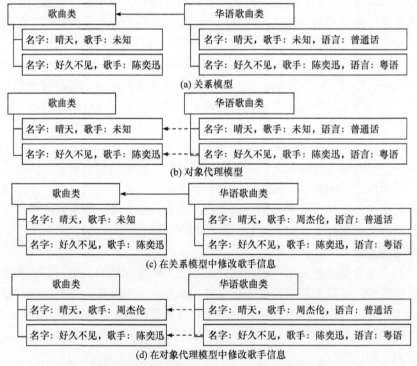

图 3-7　在关系模型与对象代理模型中通过扩展创建新类示例

扩展操作的目的是从源类中派生出一个新的代理类。该代理类中除了包含原始代理类的属性和方法，还可以添加新的属性和方法。这种操作可以允许数据库基于某一模板，进一步特化出不同的数据类。例如，考虑多媒体文件这一类型，多媒体文件可能是歌曲、视频等一系列类型文件。这些文件都有一些共同的属性，如名字、发布日期等。这样一来，我们可以先定义一个源类"多媒体"类，该类包含 ID、名字、发布日期等属性。接下来，可以基于该源类，使用扩展操作派生出一个新的类"歌曲"专门存储歌曲类文件的信息。新的代理类除了包含歌曲 ID、语言等属性，还可以加入如歌词、歌手 ID 等专属于歌曲类文件的属性。同样，我们可以使用扩展方法，从"多媒体"类中派生出"视频"等其他代理类。具体来说，我们可以向源类"多媒体"中加入新的属性"歌词""歌手"，构成新的代理类歌曲(图 3-8)。

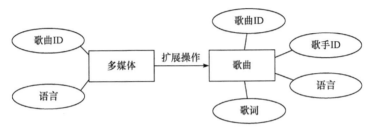

图 3-8　使用扩展操作从"多媒体"源类派生出"歌曲"代理类

给定一个源类 C^s，扩展操作定义为

$$C^s = \{O^s, \quad \{T_{A^s} : A^s\}, \quad \{M^s : \{T_{p^s} : p^s\}\}\}$$

在该源类上执行的扩展操作可以定义为

$$C^d = \text{Extend}(C^s, \quad \{T_{A_+^s} : A_+^s\}, \quad \{M_+^s : \{T_{p_+^s} : p_+^s\}\})$$

这一定义模式整体上与选择操作类似，其中出现的一种新的标识符为类似 A_+^s、p_+^s 的标识符。由于扩展操作会在代理类中加入新的属性，因此将加入的属性集记为 A_+^s。

在对象集上，扩展操作本身并不会对源类中的对象进行过滤，因此派生出的代理类对象集合数量与源类数量应当一致，定义为

$$\{O^d \mid O^d \to O^s\}$$

在属性集上，扩展操作派生出的属性集是继承自源类的属性集 $\{T_{A^s} : A^s\}$ 与新加入的属性集 $\{T_{A_+^s} : A_+^s\}$ 的并集，即 $\{T_{A^s} : A^s\} \bigcup \{T_{A_+^s} : A_+^s\}$。在扩展出的代理类上的属性进行读写操作的定义分为两个部分，其一是在继承自源类属性上的读写。这些读写操作的实现与选择代数操作一致，定义为

$$\text{read}(O^d,\ A^d) \Rightarrow \uparrow f_{T_{A^s} \to T_{A^d}}(\text{read}(O^s,\ A^s))$$

$$\text{write}(O^d,\ A^d,\ v^d) \Rightarrow \text{write}(O^s,\ A^s,\ f_{T_{A^d} \to T_{A^s}}(v^d))$$

针对扩展操作新加入的属性读写操作，需要在扩展操作派生的代理类上直接进行。这一过程定义为

$$\text{read}(O^d,\ A_+^d) \Rightarrow \uparrow O^d.A_+^d$$

$$\text{write}(O^d,\ A_+^d,\ v_+^d) \Rightarrow O_+^d.A_+^d := v^d$$

其中，运算符 “:=” 代表赋值操作，即对扩展出属性的写操作将会在代理类中直接赋值。

在方法集上，扩展操作派生出的代理类方法集同样需要被划分为两个部分，即继承自源类的方法集与新加入的方法集。扩展操作派生出的代理类的方法集是两个集合的并集，定义为

$$\{M^d : \{T_{p^d} : p^d\}\} \bigcup \{M_+^d : \{T_{p_+^d} : p_+^d\}\}$$

与属性上的读写操作类似，在调用扩展代理类中的方法时，也需要分为继承自源类的方法与新定义的方法两类。对继承自源类的方法的调用过程需要进行切换操作，具体流程与选择代数的方法调用机制一致，定义为

$$\text{apply}(O^d,\ M^d, \{p^d\}) \Rightarrow \uparrow \text{apply}(O^s,\ M^s,\ \{f_{T_{p^d} \to T_{p^s}}(p^d)\})$$

对新加入方法的调用，会直接作用在扩展代理类上，定义为

$$\text{apply}(O^d,\ M_+^d,\ \{p_+^d\})$$

3.5　分　组　操　作

分组操作是一种聚集操作。在数据库中，有时一个表中会存储很多对象，当我们希望将它们按照某一属性的信息进行统计时，可以使用分组操作将数据重新归类整理。这一操作在现实中有非常重要的应用价值。举例来说，歌手的歌曲往往是以专辑形式出版的。因此，在管理音乐数据库时，我们也可以基于专辑这一属性对音乐数据进行分组，从而达到梳理、整合数据的目的。这一过程在数据库中被称为分组。

例 3.5　在歌曲类中，基于歌曲附带的专辑信息将歌曲按照专辑进行分组。这一操作可以将歌曲类中的不同歌曲按照专辑重新排布，从而梳理出歌曲中的专辑归属信息。基于专辑属性对歌曲进行分组如图 3-9 所示。

歌曲	歌手	专辑
漂移	周杰伦	头文字J
一路向北	周杰伦	头文字J
绿光	孙燕姿	风筝
风筝	孙燕姿	风筝

按专辑分类

歌曲	歌手	专辑
漂移、一路向北	周杰伦	头文字J
绿光、风筝	孙燕姿	风筝

图 3-9　基于专辑属性对歌曲进行分组

　　然而，传统数据库模型在使用分组操作表达这一关系时会面临很多问题[5]。其一是派生出的类的数据结构问题。当我们将原始数据按照某一属性进行分组以后，一些无法被去重的数值会累积起来，派生出的结果的某些属性会形成集合而非单独的数值。例如，在按照专辑进行分组时，歌手信息会被去重，但歌曲信息无法去重，结果中包含两个元素的集合。尽管面向对象模型在理论层面是支持对集合类型数据的存储的，但在实际应用中，难以准确估计每个集合的大小。这一限制导致在数据库底层为派生的对象划分存储空间会十分复杂。因此，在传统的数据库模型中，使用分组操作时，除了分组属性以外的其他属性，在进行分组时往往需要定义聚集操作，避免出现多条记录重叠的问题。例如，对图 3-9 中的原始数据按照专辑进行分类时，需要在歌曲与歌手属性上增加聚集操作，一种常见的聚集操作是计数。该方法主要是计算满足某一过滤条件的数据记录数量。如果使用计数操作对歌曲列进行处理，那么分组结果中存储的就不再是两首歌曲的名字，而是属于该专辑的歌曲数量。这种方法固然可以解决分组操作的结果不确定性问题，但使用聚集操作会约束分组方法本身的灵活性。

　　使用对象代理模型的分组操作可以很好地解决这一问题。如果使用对象代理模型和对应的分组操作对图 3-9 中的数据进行建模，这一操作同样会派生出一个代理类，其中有两个代理对象，且这两个代理对象"歌曲"属性中同样会保留两条数据，分别与源类中的歌曲对应。然而，在对象代理模型中，代理类中歌曲属性的数据类型仍然能够与源类中的属性保持一致。那么，对象代理模型是如何做到在一个数据类型的属性中放入多条属于该属性的数据信息呢？其原因仍然在于对象代理模型特殊的查询执行逻辑。在对象代理模型中，对于派生出的代理对象，那些继承自源对象的数据并不会在新的代理类中重新存储一条具体数据，而是存储一个双向指针(图 3-10)。因此，在对象代理模型中，派生出的代理类中的歌曲属性中存储的也不是两条独立的数据，而是分别指向两个源对象的指针。当我们需要访问代理对象中的"歌曲"属性时，这一查询会被翻译成对该代理对象中所有对应的源对象的访问，并将结果以去重并集的形式返回给用户。基于这一机制，对象代理模型就可以在对分组结果进行合并的同时，保留每个分组对象所对应的多个源对象的信息。

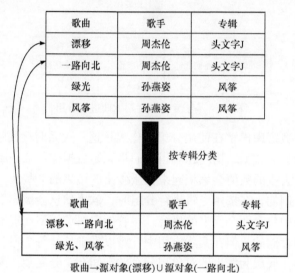

歌曲	歌手	专辑
漂移	周杰伦	头文字J
一路向北	周杰伦	头文字J
绿光	孙燕姿	风筝
风筝	孙燕姿	风筝

按专辑分类

歌曲	歌手	专辑
漂移、一路向北	周杰伦	头文字J
绿光、风筝	孙燕姿	风筝

歌曲→源对象(漂移)∪源对象(一路向北)

图 3-10 使用双向指针机制存储代理对象属性信息

对象代理模型的切换操作机制同样可以有效避免数据一致性问题。当用户对代理类中的专辑属性进行修改时，由于代理对象中存储双向指针，因此这一操作会通过切换操作映射到源对象中。在分组操作中，一个分组操作派生出的代理对象会与多个源对象产生关联关系，因此在对数据更新操作通过切换操作进行映射时，会映射回该修改涉及的全部源对象。在这一机制的帮助下，如果执行图 3-11 所示的修改代理类中专辑信息的操作，那么这些修改将通过切换操作同时作用于多个源对象上。

传统面向对象模型面临的另一个问题是集合操作层面的问题。分组操作可以看作一种集合操作。然而，在面向对象模型中，如何定义集合的从属问题是存在争议的。首先，面向对象模型中的一个数据类可以看作一批对象的集合。因此，从一个类中派生出的子类，与原始类之间应当可以通过集合层面的从属关系描述。然而，在实际应用中，使用数据库代数创建出来的子类与原始类之间除了对象层面的不同以外，在属性层面也存在区别。如何定义面向对象模型中一个原始类与其派生出的子类之间在集合层面的从属关系就成了一个重要的问题。如果定义类

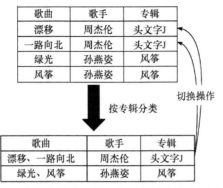

图 3-11　使用切换操作将分组代理类对象的修改映射回多个源对象

与类之间的从属关系时，仅从狭义上的对象层面来区分，必须具有相同属性的对象才能被看作相同对象，那么在面向对象模型中，只有属于同一个类的对象，或者是属性集合相同类的对象之间才能建立集合层面的从属关系，因为使用其他代数派生出的子类必定会带来属性层面的差异。然而，这种要求属性完全相同的对象才能被看作相同对象的要求与实际应用背景中的逻辑背景是有冲突的。原因在于，面向对象模型的目标是对客观世界中真实实体的描述。一个实体在不同的类中可能存在不同的对象。如果从这个角度理解面向对象模型，在面向对象数据库模型中，判断两个对象是否相同的依据就应该从其描述的实体是否相同这个角度出发，而不能狭义的从属性集和属性值的角度来度量。然而，这一要求的前提建立在对每个对象所描述的实体进行标注功能的基础上，但这一功能需求并不是所有面向对象数据库模型在一开始就具备的。

　　因此，针对面向对象数据库模型在集合层面定义的争议，一种可行的方案是允许用户对类和对象之间在集合层面的从属关系进行定义。具体来说，数据库内部首先会从属性集和属性值的层面定义一种狭隘的集合从属关系，即两个对象相等的前提必须建立在两个对象的属性集和属性值都是完全相等的基础上。这一规则为数据库模型提供最基本的判断类与类之间的集合从属关系的方法。在此基础上，数据库还允许用户根据自己的实际应用场景，自定义对象之前的等价关系和类之间的等价关系。用户可以通过指定某些属性作为标识对象与客观实体对应的依据，从更加符合应用场景与实际需求的角度重新定义对象与类之间的集合关系。

　　然而，这两种方法在实际应用中都具有极大的局限性。第一种方法要求属性集与属性值完全相同的方法限制过多，会导致实际数据库模型中很多类对象之间的关联关系被忽略。第二种方法需要用户在数据库的模式设计之初就预先设计描述客观实体的属性和方法。如果在一开始没有定义好，后期添加是十分困难的。

　　使用对象代理模型可以很好地避免面向对象模型中集合从属关系的描述问题。在对象代理模型中，由于每个对象都可以通过代理对象与源对象之间的双向指针不断索引，最终追溯到初始的源对象。因此，在对象代理模型中，描述类与类之间在集合层面的从属关系可以直接从对象集合相等的情况来判断，而两个对象的等价关系又可以通过对源对象的溯源操作实现。具体来说，如果两个代理对象通过对象及其代理对象之间的双向指针，最终能溯源到同一个源对象上，那么就可以认为这两个代理对象是等价的，反之这两个对象就是非等价的。基于这一标准，我们可以很轻松地在对象代理模型中判断两个类之间在集合层面的从属关系。

给定一个源类 C^s，分组操作定义为

$$C^s = \left\{O^s\right\}, \quad \left\{T_{A^s} : A^s\right\}, \quad \left\{M^s : \left\{T_{p^s} : p^s\right\}\right\}$$

在该源类上进行分组操作的过程可以定义为

$$C^d = \mathrm{Grouping}\left(C^s, \ \mathrm{gp}\right)$$

其中，gp 代表聚集操作的具体条件。

分组操作派生出的代理类的对象集可以定义为

$$\left\{O^d \mid O^d \rightarrow \left\{O^s\right\}, \quad \mathrm{gp}\left(\left\{O^s\right\}\right) == \mathrm{true}\right\}$$

这一表达式可以理解为，代理类中的对象集可以看作对源类对象集的映射。映射机制将满足聚集操作条件的对象聚合起来，形成一个代理对象。值得注意的是，派生出的分组代理类的代理对象可能指向多个源对象。因此，当尝试对代理对象的某个属性进行访问时，这一操作会转化成对源类中所有与其关联的源对象对应属性的访问，并将访问结果以并集的形式返回给用户(图 3-11)。

分组操作派生出的代理类的属性集为 $\left\{T_{A^d} : A^d\right\}$，这些属性均继承自源类 $\left\{T_{A^s} : A^s\right\}$。这些属性上的读写操作可以定义为

$$\mathrm{read}\left(O^d, \ A^d\right) \Rightarrow \uparrow f_{\{T_{A^s}\} \rightarrow T_{A^d}} \left\{\mathrm{read}\left(O^s, \ A^s\right)\right\}$$

$$\mathrm{write}\left(O^d, \ A^d, \ v^d\right) \Rightarrow \mathrm{write}\left\{O^s, \ A^s, \ f_{T_{A^d} \rightarrow T_{A^s}}\left(v^d\right)\right\}$$

在方法集上，分组操作派生出的代理类的方法集 $\left\{M^d : \left\{T_{p^d} : p^d\right\}\right\}$ 继承自源类的方法集 $\left\{M^s : \left\{T_{p^s} : p^s\right\}\right\}$。在调用代理类的方法时，需要通过切换操作转化为对源类方法的调用。这一过程的具体形式化定义为

$$\mathrm{apply}(O^d, \ M^d, \ \{p^d\}) \Rightarrow \left\{\uparrow \mathrm{apply}\left(O^s, \ M^s, \ \left\{f_{T_{p^d} \rightarrow T_{p^s}}\left(p^d\right)\right\}\right)\right\}$$

3.6　合　并　操　作

在数据库操作中，有时可能发现之前创建的两个数据类具有类似的属性或功能。为了简化数据库的建模，或者实现对这一批数据的统一操作，我们需要将多个具有类似功能的表(类)合并成一个大表(类)。这一过程在面向对象领域称为泛化。泛化功能允许数据库更加灵活地表达数据类之间的关联关系。因此，在数据库领域，泛化是一个非常重要的功能。

对象代理模型中的并集操作与传统集合论中的并集概念并不完全相同。尽管二者都是将两个集合的元素合并，但是在合并的功能和条件上存在一定的差异。集合论中的合并操作不仅需要保留两个集合相同的部分，同时对于两个集合中不同的内容也需要保留下来。事实上，如果只保留两个集合相同部分的操作被称作交集。交集是一种与并集完全不同的集合操作。在数据库领域，当对两个表进行合并操作时，既包含集合论意义上的合并操作，在某些数据模式的处理上，也引用集合论意义上的交集操作。由于数据库的一张表包含两个数据集合，即属性集合与元组集合，因此进行合并操作时，需要分别对属性集和元组集两个集合层面的操作进行定义。在数据库领域中的合并操作中，属性集层面执行的实际上是集合论的交集操作，即只会保留两个表中重叠的属性。元组层面执行的则是集合论的合并操作，因为在数据库领域合并操作的最初目标是将具有相同或相似数据模式的表进行合并。因此，在属性集层面，需要通过交集寻找两个表的相同部分，而在过滤出相同部分以后，在元组层面才需要将来自两个原始表的数据元组合并放入大表中。

面向对象模型中的合并操作又称为泛化功能，是面向对象模型中十分重要的一个概念。其中的一个重要动机就是对具有相似、相同功能的数据实体、数据样本，实现代码与数据结构的复用。在面向对象模型中，构建一个新的数据类、新的方法都意味着创建一个新的数据空间与数据结构，而泛化功能的基础又是对现有的类和方法进行整合，因此在数据库中实现泛化功能的理想状态是能将从之前参与到泛化过程的类与方法中，通过特定的机制自动派生出新的数据类与方法，而不需要用户重新定义新类的数据结构与方法。然而，尽管从逻辑上可以看出泛化功能的重要性，如何在面向对象数据库模型中实现泛化功能在技术细节却面临着诸多挑战。

在传统的面向对象模型中，从一个数据类派生出的子类可以继承源类的若干属性与方法，因此一个源类可以派生出多个子类。在面向对象模型中，很少需要由多个子类组合成一个新的类，因此缺少一个子类是从多个父类同时继承来的机制。这一缺陷导致面向对象数据库模型缺失对数据模式进行泛化的能力。例如，在将两个数据类合并为一个新的类时，如何处理合并的数据类中的方法集就成为一大难点。由于原始的两个类中可能都存在作用于各自数据类的方法，当两个数据类合并以后，类的属性集发生改变可能导致原始类中的方法不再可用。如果直接屏蔽原始类中的所有方法集，则会失去泛化的意义。因此，在面向对象数据库中实现泛化功能是非常困难的。

在面向对象模型发展的时期，人们针对数据泛化问题提出一些解决方案[6]。这些方案对面向对象模型的解决思路主要集中在基于从面向对象模型的特化功能出发，对相关的功能与接口进行补充与拓展，从而达到实现数据库泛化能力的目标。具体来说，在对两个数据类进行合并操作生成新的数据集时，首先将两个参与合并操作的原始类的对象都放入合并后的新数据类中，并对合并后的属性集进行标注，标明每个对象的属性，哪些是继承本身的数据类，哪些是由参与并集的其他数据类所补充的。通过标注，每个对象能够在主要表达自身代表的数据对象的功能与信息时，可以选择性的对继承自其他数据类的属性进行补充。基于这一机制，对原始类中数据方法的继承也可以实现。在继承方法时，那些继承自原始数据类的方法主要用于调用并处理继承自原始类的数据属性，而无须设计对新加入次要属性的处理功能。这一机制保证了对原始类中方法集的继承与保留能力。在此基础上，两个原始类中都存在的、具有相似功能和功效的方法，可以通过用户的定义对功能进行统一，将两个类中的原始方法统一成一种新的方法用于对派生出的新的数据类中对象的处理。与此同时，用户还可以对新的数据类的数据模式与数据属性定义新的方法，从而进一步完善泛化出的数据类。

在此基础上，数据库还可以进一步定义不同的泛化类型，以适用于不同的数据泛化场景。例如，如果参与泛化的两个类本身具有相似的功能和功效，它们的对象所描述的也是概念类似的逻辑实体，那么就可以派生出基于实体对象的泛化类。在这种泛化过程中，主要的目的是将具有描述相同实体信息的对象与方法进行识别与合并，从而对客观实体的描述与表达方法相统一。另一种泛化类型是互补型泛化，如果参与泛化的两个原始类描述的内容主要是事务在不同方面的信息与功能，则可以通过泛化操作将两个数据类的属性、方法与数据本身合并，从而达到更加全面地描述客观实体的目标。泛化过程主要侧重的目标在于对两个原始类数据内容与功能的整合，因此应尽可能保留原始类中的数据属性与方法，对整合后的属性来源进行区分。除此之外，还有基于语义的泛化和基于演化过程的泛化等一系列泛化关系。

然而，在以上的解决方案中，仍然避免不了需要由用户参与对数据进行人工的整合，对泛化过程中的冲突数据与冲突信息进行取舍，以及枚举泛化过程等问题，并不能从根本上解决面向对象数据库模型在泛化功能方面的局限性。相较于面向对象数据模型在泛化能力上的不足，对象代理模型的泛化操作则显得简洁而准确。

在对象代理模型中，我们可以有效避免面向对象模型在泛化层面面临的问题。尽管在使用合并操作时，派生出的新的代理类只保留源类中的交集部分，但是代理对象与源对象之间存在着双向指针的关系。因此，对泛化出的代理类中某一对象的操作，可以直接通过双向指针映射到源对象上。从直观上看，这一机制保证了在代理类中，每个对象只保留部分属性，然而在底层机制实现上，该对象在源类中的属性也可以被轻松地访问。基于该双向指针的切换操作机制，在对象代理模型中，合并操作派生出的代理类尽管只保留源类的部分属性信息，仍然可以保留源类中的全部方法。当执行源类中的方法时，就算该方法需要调用的属性在代理类中没有展示出来，对象代理模型仍然能够通过切换操作访问源类中的对象，并在相应的对象上执行对应的方法。这一机制大大加强了对象代理模型的泛化能力。

例 3.6　分别在面向对象模型与对象代理模型中实现泛化操作。在数据库中，如果预先定义华语歌曲与外文歌曲两个类。由于两个类中记录的都是歌曲信息(包括曲名、歌手等)，具有较强的相似性，因此可以将两个数据类整合成一个歌曲大类。面向对象模型与对象代理模型中的泛化操作如图 3-12 所示。

然而，由于外文歌曲类中记录了多种语言的歌曲，因此额外有一个"语言"属性。相对应的，外语歌曲类中同样有一个获得语言(getLanguage)方法访问各个歌曲所属的语言。在华语歌曲类中，由于记录的都是中文歌曲，因此没有"语言"属性。如果在面向对象模型中使用合并操作对两个源类合并，则派生出的新的类中将不再存在这一属性。由于该属性的缺失，外文歌曲类中获得语言的方法也会失效。这一机制会导致歌曲类中来自外文歌曲的"语言"属性无法被访问，造成信息的丢失。当我们使用对象代理模型中的合并操作对两个源类进行合并时，尽管派生出的歌曲代理类同样只有"歌手"与"曲名"两个属性。然而，我们仍然可以保留获得语言方法。原因是代理类中的对象都是代理对象，是与源类中对应对象通过切换操作相关联的。因此，在代理对象中，我们仍然可以对那些来自外文歌曲类的对象执行获得语言操作。当执行这一操作时，对代理对象的操作会通过切换操作作用到源类的源对象上，从而获取歌曲的语言信息。

有些时候参与合并操作的两个源类的属性集可能不完全一致。此时，通过合并操作派生出的代理类包含两个源类属性的交集，因此必须确保多个源类之间有一定的相同点；否则，合并操作将无法生成代理类。

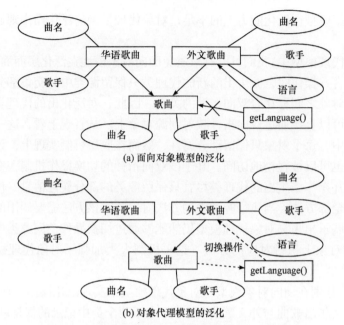

图 3-12 面向对象模型与对象代理模型中的泛化操作

给定 m 个源类，合并操作的具体定义为

$$C_1^s = \left\{O_1^s\right\}, \left\{T_{A_1^s} : A_1^s\right\}, \left\{M_1^s : \left\{T_{p_1^s} : p_1^s\right\}\right\}, \cdots,$$

$$C_m^s = \left\{O_m^s\right\}, \quad \left\{T_{A_m^s} : A_m^s\right\}, \quad \left\{M_m^s : \left\{T_{p_m^s} : p_m^s\right\}\right\}$$

其中的共同属性集为

$$\left\{T_{A^s} : A^s\right\} = \left\{T_{A_1^s} : A_1^s\right\} \cap \cdots \cap \left\{T_{A_m^s} : A_m^s\right\}$$

共同方法集为

$$\left\{M^s : \left\{T_{p^s} : p^s\right\}\right\} = \left\{M_1^s : \left\{T_{p_1^s} : p_1^s\right\}\right\} \cap \cdots \cap \left\{M_m^s : \left\{T_{p_m^s} : p_m^s\right\}\right\}$$

对这 m 个源类进行合并操作的过程可以定义为

$$C^d = \mathrm{Union}\left(C_1^s, \cdots, C_m^s\right)$$

派生出的代理类的代理对象集为所有源类对象的并集，即

$$\left\{O_1^d \mid O_1^d \to O_1^s\right\} \cup \cdots \cup \left\{O_m^d \mid O_m^d \to O_m^s\right\}$$

派生出的属性集 $\left\{T_{A^d} : A^d\right\}$ 为继承自所有源类的属性的交集 $\left\{T_{A^s} : A^s\right\}$，在对代理对象中的属性进行读写操作时，读写操作会通过切换操作反映到代理对象对应

的源对象上。这一过程可以定义为

$$\text{read}\left(O_1^d,\ A^d\right) \Rightarrow \uparrow f_{T_{A^s} \rightarrow T_{A^d}}\left(\text{read}\left(O_1^s,\ A^s\right)\right)$$

$$\text{write}\left(O_1^d,\ A^d,\ v^d\right) \Rightarrow \text{write}\left(O_1^s,\ A^s,\ f_{T_{A^d} \rightarrow T_{A^s}}\left(v^d\right)\right)$$

$$\cdots$$

$$\text{read}\left(O_m^d,\ A^d\right) \Rightarrow \uparrow f_{T_{A^s} \rightarrow T_{A^d}}\left(\text{read}\left(O_m^s,\ A^s\right)\right)$$

$$\text{write}\left(O_m^d,\ A^d,\ v^d\right) \Rightarrow \text{write}\left(O_m^s,\ A^s,\ f_{T_{A^d} \rightarrow T_{A^s}}\left(v^d\right)\right)$$

派生出的方法集 $\left\{M^d:\left\{T_{p^d}:p^d\right\}\right\}$ 继承自源类的方法集的交集 $\left\{M^s:\left\{T_{p^s}:p^s\right\}\right\}$，在调用这些方法时，可以通过切换操作指向各自的源类。这一过程可以定义为

$$\text{apply}(O_1^d,\ M^d,\ \{p^d\}) \Rightarrow \uparrow \text{apply}\left(O_1^s,\ M^s,\ \left\{f_{T_{p^d} \rightarrow T_{p^s}}\left(p^s\right)\right\}\right)$$

$$\cdots$$

$$\text{apply}(O_m^d,\ M^d,\ \{p^d\}) \Rightarrow \uparrow \text{apply}\left(O_m^s,\ M^s,\ \left\{f_{T_{p^d} \rightarrow T_{p^s}}\left(p^s\right)\right\}\right)$$

3.7　连　接　操　作

连接操作是数据库领域的一个重要操作。在数据库中，同一个实体的相关信息可能存储在不止一个表(类)中。为了获得该实体的全部信息，需要将多个表(类)中的数据按照某一主键信息合并整理。这一操作是所有数据库系统中使用最频繁且最复杂的操作，复杂度达到 $O(n^2)$。给定两个表 A 和 B，每个表都包含 n 条元组，假设这两个表中都有一条名为 "ID" 的属性可以帮助我们对其中的元组进行连接匹配，即表 A 中 ID 为 001 的元组 $A.001$ 与表 B 中 ID 为 001 的元组 $B.001$ 描述的是同一个实体。在理论上，如果我们要发现表 A 中一条元组与表 B 中的哪一条元组匹配，需要遍历整个表 B，即把表 B 中每个元组的 ID 属性与表 A 中的这一元组进行对比，从而发现哪个元组是相对应的元组。因此，发现表 A 中一个元组在表 B 中的对应就需要进行 n 次对比。由此可见，如果要发现表 A 中全部 n 个元组在表 B 中的匹配项，一共需要进行 n^2 次对比。

在理论上有许多方法可以优化这一过程，一些最基本的优化方法包括减少每一次操作过程中的匹配次数。例如，发现一个匹配项后就将该匹配项剔除，避免该匹配项参与到后续的计算过程中导致重复计算。另一种策略是对数据表进行分

区，首先将可能构建连接关系的数据切分到相同的子表分区中，然后在分区内部进行连接匹配。这样在执行连接操作时，就不再需要做 n^2 级别的匹配，只需要在分区内部进行匹配。以上优化方式主要是从一般的数据模式出发，适用于关系模型、面向对象模型，以及对象代理模型。然而，对于面向对象模型与对象代理模型，还有一种基于代数的优化方法。该方法的实现机制是，在对某一方法的执行结果进行连接操作时，首先执行对应方法，然后对运算结果进行连接对比，减少重复执行类内部方法的次数，从而提升连接操作的效率。

在没有实现任何优化机制时，每次匹配歌曲类与歌词类中的两个对象都需要调用一次获得曲名(getSong)的方法。因此，如图 3-13 所示，歌曲类与歌词类中分别有两个对象，那么当对歌曲类的第一个对象"稻香"匹配时，需要分别与歌词类的"稻香"与"江南"两个对象进行一次匹配运算。每次运算都需要分别调用一次歌曲类和歌词类获得曲名。因此，一次匹配需要调用歌曲类获得曲名 2 次，歌词类获得曲名 2 次。如果需要完整执行这次连接运算，需要执行这些方法 8 次。由于获得的曲名比较简单，因此对实际的匹配效率影响不大。在实际的数据库应用中，可能涉及对复杂度更高的方法的调用。此时，多次调用曲名就会为匹配计算的过程带来极大的负担和开销，造成连接操作效率低下。

例 3.7　如图 3-13 所示，在对歌词表与歌曲表进行连接操作时，需要分别调用歌词表与歌曲表获得曲名，并基于曲名进行连接匹配。

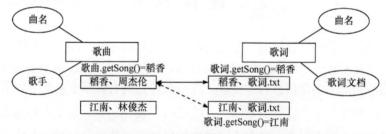

图 3-13　使用未优化方法对歌曲表与歌词表进行连接匹配

可以发现，重复调用获得曲名的原因在于，每次匹配都是从对象本身出发，通过计算得到歌曲的名字。然而，在进行连接运算时，记录歌曲的名字进行匹配即可。换句话说，如果对类内部的所有对象进行一次获得曲名的计算，并将计算的结果缓存下来作为中间结果，基于该中间结果进行连接计算，就可以减少对获得曲名的调用次数。这一思路就是通过代数方法对连接操作进行优化的主要功能机制。在面向对象和对象代理模型中，由于对属性的访问一般都是通过类内的 get 方法实现的，因此这一优化机制对连接操作性能的提升尤为重要。例如，当使用基于代数的优化方法在数据库中执行连接操作时，如果需要使用的谓词通过对类内的对象进行某一特定操作实现时，就在对该查询的计划进行编译时将对每一个对象执行的具体方法提到对整个类的执行[7]。这样，执行连接操作时，数据库就会首先对参与连接操作的两个类内部的每个对象执行对应的方法，然后将计算结果缓存到内存中，并使用该结果执行对象之间的连接操作。这一过程能够大大减少对类内部方法调用的频率。

例 3.8　如图 3-14 所示，通过将获得的曲名提到歌曲类与歌词类层面，优先执行获得曲名，并在结果集上进行连接匹配。

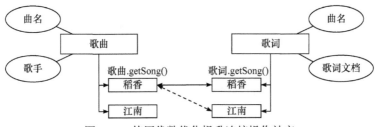

图 3-14　使用代数优化提升连接操作效率

可以看出，通过将获得曲名提到类层面，同样在执行对歌曲类与歌词类的链接匹配时，通过先将方法 getSong() 在每个对象上统一执行，可以极大地减少获得曲名方法的调用次数。在例 3.8 中，使用优化后的方法执行一次连接操作，只需要执行歌曲类中的获得曲名方法 2 次，歌词类中的获得曲名方法 2 次，小于未进行连接优化时的 8 次。值得注意的是，例子中给出的数据量是极小的，当参加连接的两个类中的对象数量不断增加时，执行连接优化与未执行连接优化之间的效率差异会指数级放大。然而，尽管之前对连接操作的优化提出了各种解决方案，但是这些方案都没有从根本上解决连接操作自身复杂度较高的问题。连接操作的这一特征导致在数据库应用中，一般应当尽可能减少连接操作，避免将大量的时间花费在数据运算上，影响数据库查询的响应效率。这与上述数据库中需要做大量的连接操作相违背，但这并不是一个逻辑悖论。一种可行的思路是，一旦一个连接操作被执行过，数据库就应当避免再次执行这个操作，或者能够通过现有的关联关系推断出一些潜在的关联来避免执行新的连接操作。为了达到这一目标，数据库应当具有对连接的关系与结果进行灵活管理与调整的能力。这一功能特征也成为区分对象代理模型与传统面向对象模型的特征之一。

面向对象数据库中若干个对象组合在一起形成复杂对象。复杂对象包含若干个属性，它们的属性值存储这些子对象的标识符。复杂对象可以通过这些标识符访问子对象，但无法从子对象访问复杂对象，也无法从一个子对象访问其他子对象。子对象也可以是复杂对象，它也可以有自己的子对象，这样就在对象级别形成具有层次的组合关系。这种复杂关系由复杂对象对应的类来定义，也就是将子对象所对应的类定义为复杂对象的属性类型。然而，面向对象数据库中缺乏组合关系的约束定义，数据更新时也无法保证复杂对象与子对象之间的一致性。

在对象代理模型中，源类与代理类之间的关联机制与传统面向对象模型是不同的。具体来说，在对象代理模型中，源类与代理类，源对象与代理对象之间存在的关联关系是双向的。源对象可以通过正向指针访问代理对象，代理对象本身也可以通过逆向指针读取源对象的信息。这一机制极大地加强了源类与代理类之间关联的灵活性。通过双向指针，我们既可以从源类对象访问到代理对象，又可以从代理对象返回源对象。更重要的是，由于两个源对象与代理对象都存在双向指针，用户就可以从一个源对象通过两次指针跳转，直接定位到另一个源对象的信息。这就避免了在传统的面向对象模型中重复执行连接操作的问题，从而避免重复执行连接操作带来的巨大时间开销。

例 3.9　从歌曲类和歌词类通过连接操作进行匹配，如图 3-15 所示。

在传统的面向对象模型中，只能通过两个类中的"曲名"属性进行匹配。然而，由于有些歌曲存在重名现象，因此使用曲名进行匹配时，对于重名歌曲的歌词，无法准确判断哪个歌词与对应的歌曲是实际匹配的。在对象代理模型中，对于这种连接操作的场景，我们不仅可以从两个参与连接操作的类中获取连接需要的信息，还可以通过切换操作，从源类中获取更多可以帮助明确对象关联关系的信息。如图 3-15(b)所示，歌词类本身并不包含歌手信息，但是可以通过构建歌曲、歌词、歌手的连接代理类的形式对歌曲、歌手、歌词进行匹配。

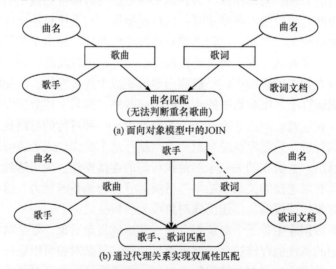

(a) 面向对象模型中的JOIN

(b) 通过代理关系实现双属性匹配

图 3-15　在面向对象模型与对象代理模型中进行连接操作

在对象代理模型中，当两个源类组合成一个新的类时，不仅需要在对象层面对数据进行拼接，更需要把两个源类中的数据根据某些属性的属性值进行整合，此时就需要用到连接操作。

给定 n 个源类，连接操作的定义为

$$C_1^s = \left(\left\{O_1^s\right\},\quad \left\{T_{A_1^s} : A_1^s\right\},\quad \left\{M_1^s : \left\{T_{p_1^s} : p_1^s\right\}\right\}\right), \cdots,$$

$$C_n^s = \left(\left\{O_n^s\right\},\quad \left\{T_{A_n^s} : A_n^s\right\},\quad \left\{M_n^s : \left\{T_{p_n^s} : p_n^s\right\}\right\}\right)$$

对这些源类上执行连接操作派生出代理类的过程可以定义为

$$C^d = \text{Join}\left(C_1^s,\ \cdots,\ C_n^s,\ \text{cp}\right)$$

其中，cp 代表连接操作的条件表达式。

派生出的代理类的对象集为满足连接操作的条件表达式的对象集，即可以连接的对象集合，定义为

$$\left\{O^d \mid O^d \to O_1^s \times \cdots \times O_n^s,\quad \text{cp}\left(O_1^s \times \cdots \times O_n^s\right) == \text{true}\right\}$$

派生出的代理类的属性集是所有源类的属性的并集，定义为

$$\left\{T_{A_1^d} : A_1^d\right\} \cup \cdots \cup \left\{T_{A_n^d} : A_n^d\right\}$$

这些属性分别继承自对应的源类 $\left\{T_{A_1^s} : A_1^s\right\}, \cdots, \left\{T_{A_n^s} : A_n^s\right\}$。对代理对象上属性的读写操作会通过切换操作，反映到对源对象在源类属性上的操作，即

$$\text{read}\left(O^d,\ A_1^d\right) \Rightarrow \uparrow f_{T_{A_1^s} \to T_{A_1^d}}\left(\text{read}\left(O^s,\ A_1^s\right)\right)$$

$$\text{write}\left(O^d,\ A_1^d,\ v_1^d\right) \Rightarrow \text{write}\left(O^s,\ A_1^s,\ f_{T_{A_1^d} \to T_{A_1^s}}\left(v_1^d\right)\right)$$

$$\cdots$$

$$\text{read}\left(O^d,\ A_n^d\right) \Rightarrow \uparrow f_{T_{A_n^s} \to T_{A_n^d}}\left(\text{read}\left(O^s,\ A_n^s\right)\right)$$

$$\text{write}\left(O^d,\ A_n^d,\ v_n^d\right) \Rightarrow \text{write}\left(O^s,\ A_n^s,\ f_{T_{A_n^d} \to T_{A_n^s}}\left(v_n^d\right)\right)$$

在方法集上，连接操作派生出的代理类的方法集会是所有源类方法集的并集，定义为

$$\left\{M_1^s : \left\{T_{p_1^s} : p_1^s\right\}\right\} \cup \cdots \cup \left\{M_m^s : \left\{T_{p_m^s} : p_m^s\right\}\right\}$$

调用代理类中方法的切换操作过程定义为

$$\text{apply}\left(O^d,\ M_1^d,\{p_1^d\}\right) \Rightarrow \uparrow \text{apply}\left(O_1^s,\ M_1^s,\left\{f_{T_{p_1^d} \to T_{p_1^s}}\left(p_1^d\right)\right\}\right)$$

$$\cdots$$

$$\text{apply}\left(O^d,\ M_n^d,\{p_n^d\}\right) \Rightarrow \uparrow \text{apply}\left(O_n^s,\ M_n^s,\left\{f_{T_{p_n^d} \to T_{p_n^s}}\left(p_n^d\right)\right\}\right)$$

3.8　小　　结

本章介绍选择、投影、扩展、分组、合并、连接等六种对象代理代数操作。其中，前四种代数操作都是从一个源类派生出一个代理类，后两种代数操作是从多个源类中派生出一个代理类。值得注意的是，在对象代理模型中，派生出的代理类同样可以作为源类，加入其他对象代理代数操作中，即可以对多个对象代理代数操作进行嵌套，实现复杂的数据库操作。尽管对象代理模型的代数操作在内容和功能上与传统的关系模型代数、面向对象模型代数没有太大区别，但是通过源对象和代理对象之间的双向指针和灵活的切换操作可以更加方便地运用源类和代理类之间的关联关系，使对象代理模型中的代数操作相较于传统数据库模型，拥有更多的功能性与更加强大的灵活性。

随着数据库、数据管理技术的不断发展，目前的数据库模型正在逐步从单机、集中式数据库的形式向多结点、分布式数据库的方向发展[8]。与此同时，数据库需要处理的事务行为也从原来的查询式、在线事务处理型(online transaction processing，OLTP)事务逐渐演化为与分析式在线分析处理型(online analytical processing，OLAP)事务并存的局面。在这一过程中，针对分布式环境下，分析型事务的设计与优化尤为重要。在数据库代数方面，这一演化趋势也为数据库代数的设计与发展带来新的挑战与机遇。在数据库中，线性代数尤为重要。在线性代数领域，特别是矩阵运算，是数据分析领域非常常用的数据运算方法。良好的矩阵运算优化机制能够极大地提升分析算法的运行效率，降低分析任务的整体时间开销。然而，传统的线性代数实现机制往往是面向单机矩阵运算进行优化的。面向分布式环境线性代数方法的实现与优化仍然处于探索阶段。由此可见，在数据库代数方向，面向分布式系统的线性代数功能的设计、实现与优化将成为未来数据库代数领域的研究方向。

参 考 文 献

[1] Codd E F. A data base sublanguage founded on the relational calculus//Proceedings of the 1971 ACM SIGFIDET Workshop on Data Description, Access and Control, 1971: 35-68.

[2] Sernadas A, Sernadas C, Ehrich H D. Object oriented specification of databases: an algebraic approach// VLDB Stocker, 1987: 91-110.

[3] Shaw G M, Zdonik S B. A query algebra for object-oriented databases. Providence: Brown University, Department of Computer Science, 1989.

[4] Christophides V, Abiteboul S, Cluet S, et al. From structured documents to novel query facilities. ACM SIGMOD Record, 1994, 23(2): 313.

[5] Rundensteiner E A, Bic L. Set operations in object-based data models. IEEE Transactions on Knowledge and Data Engineering, 1992, 4(4): 382-398.

[6] Schrefl M, Neuhold E J. Object class definition by generalization using upward inheritance// International Conference on Data Engineering, 1988: 4-13.

[7] Beeri C, Kornatzky Y. Algebraic optimization of object-oriented query languages. Theoretical Computer Science, 1993, 116(1): 59-94.

[8] Luo S, Gao Z J, Gubanov M, et al. Scalable linear algebra on a relational database system. IEEE Transactions on Knowledge and Data Engineering, 2018, 31(7): 1224-1238.

第4章　对象代理数据库语言

OD-SQL 是按照 SQL 风格，结合对象代理机制的特点设计的数据库语言。在 OD-SQL 中，数据通过基本类和代理类组织。基本类不从任何类中代理对象，而代理类则相反。OD-SQL 支持四种类型的代理类，即选择代理类、合并代理类、连接代理类和分组代理类。OD-SQL 通过其独特的机制来操作数据，如插入、更新和删除。和 SQL 相比，OD-SQL 能够提供更丰富的集合操作。此外，OD-SQL 通过路径导航，可以在相互关联的对象之间自由、快捷地进行数据访问，加快数据的查找。同时，OD-SQL 支持数据模式的演化，能够方便地进行数据库的扩展。TOTEM 是一个对象代理数据库管理系统，它使用 OD-SQL 访问数据库。

4.1　数据库语言简介

数据库语言是数据库管理系统提供的专门用于用户与数据库交互的语言。它不同于计算完备的程序设计语言，一般只局限于对数据库的操作，特指数据库能够接受和处理的具有一定语法规则的语言。通过数据库语言，可以使用数据库的各种功能，实现对数据的存储、查询、更新和删除。数据库是在数据管理中形成的，其核心任务是对数据的管理，包含对数据的分类、组织、编码、储存、检索和维护。这些任务都是通过数据库语言完成的。现在提到的数据库语言，一般是指 SQL。最初的 SQL 特指关系数据库上的查询语言。随着数据库的发展，SQL 已经成为一种数据库语言的标准，其他语言大多借鉴了 SQL 的标准和语法[1]。

数据库语言是随着数据库的出现而出现的，其发展过程也随着数据库发展的不同历史阶段呈现不同的特点。

(1) 人工管理阶段的数据库语言。在计算机诞生初期到 20 世纪 50 年代后期之前，由于没有磁盘等存储设备，也没有操作系统，更没有数据管理软件和专门的数据库语言。这个时期的计算机一般用于科学计算，数据不需要长期的保存。人们对数据的管理主要通过程序设计语言由程序员自行设计和管理。程序员不但要规定数据的逻辑结构，而且要在程序中设计物理结构，包括存储结构、存取方法、输入输出方式等。因此，程序中存取数据的子程序随着存储的改变而改变，数据与程序不具有一致性。

(2) 文件系统阶段的数据库语言。从 20 世纪 50 年代后期到 60 年代中期，计算机开始大量用于数据管理。在硬件上，有磁盘、磁鼓等存储设备。在软件上，操作系统已经有了文件系统，专门用于数据管理。数据的物理结构和逻辑结构独立，但是程序和数据之间仍然没有完全独立。这个阶段的数据管理语言主要用于应用程序调用操作系统数据存取的接口实现对数据的操作，本质上还是程序员自行设计程序来管理数据。

(3) 数据库系统阶段的数据库语言。随着数据管理业务的日益复杂，从 20 世纪 60 年代中后期开始，数据管理作为一个独立的功能在计算机系统中存在，各种数据库管理系统不断推出，先后经历层次数据库、网状数据库、关系数据库、面向对象数据库、对象关系数据库和对象代理数据库，数据库语言也开始独立出现。

(4) 新一代数据库语言。进入大数据时代后，数据量越来越大，数据应用逐渐从 OLTP 为代表的事务处理扩展到 OLAP，业务更加重视对数据的分析处理。这些需求对系统的伸缩性、容错性、可扩展性等提出全新的挑战，因此业界推出 NoSQL。NoSQL 是关系型、分布式的，不太满足原子性(atomicity)、一致性(consistency)、隔离性(isolation)和持久性(durability)(简称 ACID 特性)的一类新的数据库。为了兼容关系数据库的可扩展性和 ACID 特性，研究人员和工业界又推出 NewSQL 技术。目前的 NoSQL 数据库呈现百家争鸣的趋势，这些不同的数据库都有自己独特的数据库语言。典型的 NoSQL 数据库如表 4-1 所示。

表 4-1　典型的 NoSQL 数据库

类型	典型的数据库	语言特点
列存储	Hbase、Cassandra、Hypertable	按列存储数据。适合存储结构化和半结构化数据，方便做数据压缩，对列上的查询有较高的 IO 优势
文档存储	MongoDB、CouchDB	一般用类似 JSON 的格式存储，存储的内容是文档型的，可以对某些字段建立索引，实现关系数据库的某些功能
键值数据库	Tokyo Cabinet/Tyrant、Berkeley DB、MemcacheDB、Redis	可以通过键快速查询到其值，值的数据类型比较自由
图数据库	Neo4J、FlockDB	传统的关系数据库不适合表示图数据结构。图数据库适合表示和存储图形关系的数据
对象存储	db4o、Versant	通过类似面向对象语言的语法操作数据库，通过对象的方式存取数据
xml 数据库	Berkeley DB XML、BaseX	高效的存储 XML 数据，支持 XML 的内部查询语法，如 XQuery、Xpath

目前，最为流行，使用最为广泛的仍然是关系数据库，而 SQL 也成为数据库

的国际标准。很多新的 NoSQL 数据库语言也是在 SQL 的基础上兼容和扩展的。OD-SQL 作为 SQL 的继承和发展，也在不断探索新的功能以便满足用户需求。

在这些不同的数据库中，数据库的语言也具有各自不同的特点。下面结合不同类型的数据，介绍不同数据库语言的风格特点。

(1) 层次数据库语言。层次数据库是最早研制成功的数据库系统，其中最成功的 IMS 由 IBM 研制，并于 1969 年投入运行。它是在操作系统支持下运行的，使用的宿主语言有汇编语言、PL/1、COBOL 等。应用程序是以宿主语言为基础加上 DL/I 语句组成。DL/I 语句实际上是宿主语言的调用语句。每一个这样的调用语句都对应一个用宿主语言编写的子程序来完成对数据库的某种操纵功能。一个汇编语言的数据库控制块定义如下。

```
PRINT   NOGEN
DBD     NAME=COLLEGE, ACCESS=HIDAM
DATASET   DD1=COL, DEVICE=3380
SEGM    NAME=COLLEGESEG, PARENT=0, BYTES=10
FIELD   NAME=(COLLEGE, SEQ, U),BYTES=10,START=1,TYPE=C
SEGM    NAME=DEPARTMENTSEG, PARENT=LIBSEG,BYTES=5
FIELD   NAME=(DEPARTMENT, SEQ, U),BYTES=10,START=1,TYPE=C
SEGM    NAME=OFFICESEG, PARENT=LIBSEG,BYTES=9
FIELD   NAME=(OFFICE, SEQ),BYTES=8,START=1,TYPE=C
DBDGEN
FINISH
END
```

以上汇编语言创建了一个物理结构，其中 COLLEGE 是根段，DEPARTMENT 和 OFFICE 是子段。第一个 DBD 宏语句标识数据库。我们需要提及 DL/I 访问该数据库的 NAME 和 ACCESS。第二个 DATASET 宏语句标识包含的文件数据库。在使用 SEGM 宏语句定义段类型时，我们需要指定该段 PARENT。如果它是根段，则 PARENT = 0。以下是 DL/I 调用 COBOL 的使用方式。

```
IDENTIFICATION DIVISION.
PROGRAM-ID. TEST1.
DATA DIVISION.
WORKING-STORAGE SECTION.
01 DLI-FUNCTIONS.
```

```
     05 DLI-GU        PIC X(4)      VALUE 'GU  '.
     05 DLI-GHU       PIC X(4)      VALUE 'GHU '.
     05 DLI-GN        PIC X(4)      VALUE 'GN  '.
     05 DLI-GHN       PIC X(4)      VALUE 'GHN '.
     05 DLI-GNP       PIC X(4)      VALUE 'GNP '.
     05 DLI-GHNP      PIC X(4)      VALUE 'GHNP'.
     05 DLI-ISRT      PIC X(4)      VALUE 'ISRT'.
     05 DLI-DLET      PIC X(4)      VALUE 'DLET'.
     05 DLI-REPL      PIC X(4)      VALUE 'REPL'.
     05 DLI-CHKP      PIC X(4)      VALUE 'CHKP'.
     05 DLI-XRST      PIC X(4)      VALUE 'XRST'.
     05 DLI-PCB       PIC X(4)      VALUE 'PCB '.
01  SEGMENT-I-O-AREA        PIC X(150).
LINKAGE SECTION.
```

以上定义的是 IMS DL/I 的获取函数，用于从数据库中获取数据，如 "GN" 表示 "Get Next"。

```
01  COLLEGE-PCB-MASK.
   05 STD-DBD-NAME           PIC X(8).
   05 STD-SEGMENT-LEVEL      PIC XX.
   05 STD-STATUS-CODE        PIC XX.
   05 STD-PROC-OPTIONS       PIC X(4).
   05 FILLER             PIC S9(5) COMP.
   05 STD-SEGMENT-NAME       PIC X(8).
   05 STD-KEY-LENGTH         PIC S9(5) COMP.
   05 STD-NUMB-SENS-SEGS     PIC S9(5) COMP.
   05 STD-KEY            PIC X(11).
PROCEDURE DIVISION.
ENTRY 'DLITCBL' USING COLLEGE-PCB-MASK.
A000-READ-PARA.
110-GET-INVENTORY-SEGMENT.
   CALL 'CBLTDLI' USING DLI-GN
               COLLEGE-PCB-MASK
               SEGMENT-I-O-AREA.
GOBACK.
```

　　上述代码完成将控制从 DL/I 交给 COBOL 的过程, 执行完成后将控制返回给 DL/I。

　　(2) 网状数据库语言。数据库任务小组(Database Task Group, DBTG)给出的数据库系统设计是网状数据库的代表之一。1969 年, 美国的数据系统语言会议(Conference on Data Systems Languages, CODASYL)提出一份报告。根据数据库任务小组报告实现的系统一般称为 DBTG 系统。现有的网状数据库系统大都采用 DBTG 方案。DBTG 系统是典型的子模式、模式、存储模式三级结构体系。相应的 DDL 称为子模式定义语言、模式定义语言、设备介质控制语言。此外, DBTG 还有数据操作语言 DML。1986 年, 美国国家标准学会(American National Standards Institute, ANSI)通过网状数据库语言和 SQL 两个数据库语言的美国标准。随后国际标准化组织(International Organization for Standardization, ISO)也对网状数据库语言做了相应的标准。用网状数据库语言编写的程序经过编译和主语言编译的程序链接, 形成数据库系统程序。

　　网状数据库语言的模式定义语言如下。

```
SCHEMA School
{RECORD student
  {
     ITEM name VARCHAR
     ITEM age INT
     ITEM sex BOOL
  }
SET system
  OWNER {SYSTEM}
  {
    MEMBER student
  }
}
```

　　以下是网状数据库语言中的 FIND 语句, 如果要连续查询多条记录, 可以使用 FOR 语句配合使用。

```
FIND NEXT student WHERE age > 18
```

　　可以看出, 网状数据库语言从语言层面来说具有现代 SQL 的雏形。虽然网状数据库语言和 SQL 类似，但是网状数据库语言和 SQL 在数据模型和访问方式上有本质的不同。

(3) 关系数据库语言。从 1970 年埃德加·弗兰克·科德提出关系模型以来，1986 年发布第一个 SQL 标准，SQL 已成为关系数据库语言的代名词。SQL 是一种关系数据库的子语言，查询示例如下。

```
CREATE TABLE Branch
{
    branchNo INT PRIMARY KEY,
    street VARCHAR,
    city VARCHAR,
    postcode VARCHAR
}
/*查询示例*/
SELECT * FROM Branch WHERE city='London'
```

(4) 面向对象数据库语言。早期关系数据库缺乏对复杂数据类型结构的支持，无法表达复杂结构对象的操作语义，面向对象数据库应运而生。面向对象数据库的标准化工作主要有三个组织在进行。美国国家标准学会完成"面向对象数据库任务组(Object Oriented Database Task Group，OODBTG)最终报告"，ISO 制定 SQL3 的规范，由美国电话电报公司、惠普等计算机厂商组成的 OMG 提出公共对象请求代理构架(common object request broker architecture，CORBA)2.0。由于面向对象数据库没有统一的标准，因此面向对象数据库语言也没有得到较好实现。面向对象数据库有以下几个发展方向，全新的模型和语言，例如 DAPLEX 是基于函数的语言，Galieo 是强类型概念数据库语言；扩展已有数据库兼容面向对象，例如在 SQL 中加入面向对象的机制；扩展面向对象语言使之具有数据库功能，例如 C#和 Java 中的 LINQ 机制；提供可扩充的面向对象功能的数据库管理系统，例如 ONTOS 数据库提供 C++客户端用于支持数据库操作；把面向对象语言嵌入传统宿主语言中，例如把面向对象 SQL 嵌入 C 语言等，典型的系统有 O2 等。以下是 O2 数据库语言的示例。

```
/*以下使用 O2 定义一个 employee 对象，及嵌套类*/
ADD CLASS Employee
  TPYE TUPLE(
  address: Address, //Address 为一个类
```

```
    employeeName: Name,  //Name 为一个类
    manager: Employee   //指向自身的类
ADD CLASS Address
    TPYE TUPLE (
     country: STRING,   //国籍
     city: STRING,      //城市
     number: INTEGER,   //编号
     street: STRING    //街道)

/*O2 中的查询。如查询中国员工可以如下*/
co2{ o2 Employee x;
    FOR (x IN Employes)
     WHEN (*x.address.country=='China')
     }
```

(5) 对象关系数据库语言。由于面向对象缺乏坚实的形式化理论基础，人们更倾向于在关系数据库的基础上支持面向对象的特征。因此，对象关系型数据库有很多的实现，如 Postgres、Informix。一般来说，对象关系数据库语言支持完整的SQL，同时支持面向对象的特征，如 ADT，对象之间的继承关系、包含关系，对象的封装，对象在数据库中的可持久性，对象的消息驱动特性，对象的多态性等。

```
/*对象关系数据库通常是在关系的基础上加上面向对象的特征,如 Postgres
中, 最常见的是表继承*/
CREATE TABLE music(
    name VARCHAR,
    author VARCHAR,
    genere VARCHAR
);
CREATE TABLE classic(  /*古典音乐*/
    time DATETIME
) INHERITS(music);
/*对于 classic 继承了 music,表 classic 的数据中包含父表中的属性*/
```

(6) OD-SQL。关系模型思想和面向对象思想的不一致性导致对象关系数据库系统中的关系模型和面向对象模型生硬地组合在一起，并没有真正地发挥出面向

对象的优势，而对象代理模型则将二者进行了完美的结合。OD-SQL 既具有 SQL 特征又具有面向对象特征。它在完全支持 SQL 的基础上，对 SQL 进行了扩展，通过代理机制在对象和关系之间建立联系。目前支持 OD-SQL 的数据库管理系统 TOTEM 已经发展到 2.0 版本。

```
/*对象代理数据库的最大的特点就是代理机制,以下是一个类和代理类的示例*/
CREATE CLASS Singer(
    singer_id INT PRIMARY,
    singer_name VARCHAR,
    sex VARCHAR,
    nationality VARCHAR,
    introduction VARCHAR
);
CREATE SELECTDEPUTYCLASS Male_singer( /*男性歌手，不扩展属性*/
) AS
(SELECT * FROM Singer WHERE sex='男')
```

　　传统的数据库语言及其特点如表 4-2 所示。不同的数据库管理系统提供不同的管理接口给用户。例如，典型的层次数据库管理系统、网状数据库管理系统和关系数据库管理系统都有自己独特的语言结构。从独立性来说，这些数据库语言可以分为过程性语言和非过程性语言。过程性语言是以数据的代数关系为基础设计的数据库语言，用户不但需要定义数据，而且要说明获取这些数据的过程，如网状数据库的 DBTG 模型和层次数据库 IMS 的 DL/I 语言，需要用户对数据的存储细节过多的参与。非过程性语言只需要用户说明需要的数据，对数据的获取和访问则由数据库管理系统完成，如关系数据库的 SQL 则是此类的典型代表。20 世纪 90 年代后，随着面向对象思想的流行，考虑关系数据库的一些缺陷，数据库科学家借鉴和吸收面向对象的方法和技术，提出面向对象的数据模型，相应地也推出面向对象的数据库语言。面向对象模型在数据库领域的应用一度引发学术界的深入研究和讨论。为了融合关系模型和面向对象思想学术界提出很多不同的方案，其中典型的有对象代理模型。

表 4-2　传统的数据库语言及其特点

数据模型	典型的数据库或标准	语言特点
层次模型	IMS/VS DL/I	宿主型语言,在汇编语言或早期的高级语言上进行扩展。DDL 是汇编语言的宏语句;数据操作语言就是汇编语言的 call 指令,调用数据操作
网状模型	DBTG、NDL	仍然是过程化的语言,但是出现非过程化的特征,例如网状数据库语言定义了和 SQL 类似的关键字,但是需要编译并和主语言程序链接,共同实现数据库管理系统功能
关系模型	Oracle、MS-Sql Server、MySql	以 SQL 为主要的语言,以关系代数为基础的集合性语言,语言简单灵活,但是也有很多的约束和限制,是一种非过程化语言
面向对象模型	OODBS、O2	支持面向对象的抽象数据定义、继承、多态等特征,受到 C++语言的影响较大
对象关系模型	PostgreSql、Informix	结合面向对象和 SQL,使数据库既能支持传统的 SQL,也能兼容面向对象特征
对象代理模型	TOTEM	支持 SQL 和面向对象的特征。扩展 SQL,以高效灵活的方式管理数据,如跨类查询、更新迁移等

4.2　SQL 标准

SQL[1]是使用最广泛的数据库语言,也是关系数据库的标准的交互语言。随着关系数据库在全世界的广泛使用,SQL 已经成为工业界使用最基本的数据库语言。

4.2.1　SQL 的发展历程

1970 年,IBM 的埃德加·弗兰克·科德提出关系数据模型[2]。1972 年,IBM 开始研制实验型关系数据库管理系统 System R。其查询语言称为 SQUARE 语言,使用了较多的数学符号。1974 年,博伊斯和张伯伦把 SQUARE 修改为 SEQUEL 语言,去掉了 SQUARE 中的数学符号,并在 IBM 研制的关系数据库系统 System R 上实现。由于它具有功能丰富、使用方便灵活、语言简洁易学等突出的优点,深受计算机工业界和计算机用户的欢迎。

在认识到关系模型的诸多优越性后,许多厂商纷纷研制关系数据库管理系统,如 Oracle、DB2、Sybase 等。这些数据库管理系统的操纵语言也以 SQL 为参照。1980 年 10 月,经 ANSI 的数据库委员会批准,SQL 成为关系数据库语言的美国标准,同年公布标准 SQL。1986 年 10 月,ANSI 发布《数据库语言 SQL》,我们称其为"SQL-86"标准。1987 年 6 月, 国际标准化组织采纳 SQL 作为关系数据库语言的国际标准。1989 年 10 月, ANSI 颁布增强完整性特征的"SQL-89"标准。1992 年, 国际标准化组织发布 SQL-92 国际标准。尽管不同的关系数据库使用的 SQL 版本有一些差异, 但大多数都遵循 ANSI SQL 标准。最新的标准是 SQL-2019。

在 SQL 发展的过程中, 重要的里程碑版本有 SQL-92、SQL-99、SQL-2016 和 SQL-2019。下面对这些版本作简要的介绍。

(1) SQL92 标准, 也称为 SQL2, 对应的国际标准编号为 ISO/IEC 9075: 1992, 是对 ISO/IEC 9075: 1989 标准的发展, 并取代 SQL89 标准。SQL92 标准增加了大量的新特性和功能, 如更多的数据类型、支持对模式的操作、临时表和对标量的操作。该标准分为入门级、过渡级、中间级、完备级。Oracle 7.0 于 1993 年通过 SQL92 入门级合规性验证。该标准对数据库工业界产生了深远的影响, 如 Oracle 9i 及更高的版本使用兼容 SQL/92 的标准。

(2) SQL99 标准, 又称为 SQL3。与 SQL92 相比的一个重大改进是, SQL99 标准增加了对面向对象的支持。在 SQL99 中, 数据类型增加了大对象数据类型, 用于存储大对象数据; 增加了布尔、数组、行等数据类型。对于面向对象部分, 用户可以使用结构化 UDT 自定义新的数据类型, 以及函数和方法。其中, 函数通过重载支持编译时的多态性, 而方法通过动态联编实现运行时的多态性; 提出子表和超表的概念, 其中子类的类型表和父类的类型表就是子表和超表的关系, 子表继承超表的列, 同时可以增加属于自己的列。

(3) 2016 年 12 月 14 日, ISO/IEC 发布了最新版本的数据库语言 SQL-2016 标准。其中的主要新特性包括行模式识别、支持 JSON 对象、多态表函数、额外的分析功能。行模式识别使用 MATCH_RECOGNIZE 子句指定一个匹配多行的模式, 可以对这些匹配的行组进行过滤、分组和聚合操作。对于标签和数据组成的 JSON 对象, SQL-2016 标准提供对 JSON 对象的存储与检索、将 JSON 对象表示成 SQL 数据、将 SQL 数据表示成 JSON 对象、添加 JSON 对象的 SQL 支持等功能, 允许将 JSON 数据与已有的应用进行集成。这样可以提高安全性, 集成数据库事务, 并提高开发者效率。表函数是指返回结果为一个表的函数。多态表函数是一种用户定义的函数, 可以在 FROM 子句中使用。它们接收表类型的参数, 返回一个生成的表。表的行数据类型可以在调用时指定。多态表函数允许开发人员利用动态 SQL 创建强大而复杂的自定义函数。此外, SQL-2016 增加了额外的分析功能, 包括三角函数、对数函数。这些分析函数支持在已有的 SQL 应用中进行复杂的计算, 同时可以为以后的多维数组提供支持。

(4) 2019 年 6 月, SQL 标准 ISO/IEC 9075-15: 2019 正式发布。它在 SQL-2016 的基础上增加了对多维数组的支持。多维数组是各种科学和工程数据的核心基础结构。大部分的编程语言，如 C/C++、Java、Python、R 等，都提供数组类型和相关操作的支持。该版本允许存储、访问和处理多维数组。这表明 SQL 能解码图像，可以通过像素坐标直接访问和处理图像区域。

目前，图数据库 Neo4j 正推动下一次标准化进程达到一个关键的里程碑。为创建新标准图查询语言(graph query language，GQL)而进行的投票正在进行中。如果投票通过，定义这个新数据库语言的规范性文档将在未来几年内编写完成。GQL 不是 SQL 的扩展，而是专门为处理图形结构而设计的一种新语言。尽管如此，SQL 和 GQL 之间还是存在一些交叉引用。一方面，GQL 将通过引用 SQL 标准继承 SQL 的一些属性。另一方面，SQL 也将直接提供一些 GQL 功能。

总之，SQL 标准也在不断扩充新的语言特性，支持更新的技术特性以适应时代的发展和变革。

4.2.2 关系数据库语言的构成

数据库语言是不同于功能性程序设计语言的高级程序语言。它具有高度的抽象性和逻辑性。在关系数据库的长期发展和影响中，形成数据库语言的组织结构。一般来说，关系数据库语言就是指 SQL。

早期 SQL 的构成一般包含 DDL、数据查询语言(data query language，DQL)、DML 和数据控制语言(data control language，DCL)四个部分[2]。随着 SQL 的不断发展和扩充，其语言中也不断加入了新的元素和特点。下面结合较新且较常用的一些功能介绍 SQL 的组成。

(1) DDL。一般用于定义数据库中的各种对象，确定对象数据之间的联系和约束，如定义数据库、表、索引、键等。

(2) DQL。一般用于从数据库对象中获得数据，确定返回数据的方式。例如，在传统的关系数据库中，保留字 SELECT 是 DQL 用得最多的动词，其他 DQL 常用的保留字有 WHERE、ORDER BY、GROUP BY、HAVING。这些 DQL 保留字常与其他类型的 SQL 语句一起使用。

(3) DML。用于对数据进行增、删、改、查操作。例如，在关系数据库中，这类语句包括动词 INSERT、UPDATE、DELETE。

(4) DCL 一般用于对数据库的安全访问控制。例如，在传统的 SQL 中，这类语言的语句通过 GRANT 或 REVOKE 命令获得许可，确定单个用户和用户组对数据库对象的访问。

(5) 事务处理语言(transaction processing language，TPL)，也称事务控制语言。它确保被 DML 语句影响的表的所有行及时得以更新。

(6) 游标控制语言(cursor control language，CCL)。用于对一个或多个表的单独行进行操作。

不管是传统的数据库管理系统，还是新型的数据库管理技术，绝大部分数据库语言的定义都遵循上述体系结构划分。

4.2.3 OD-SQL 与 SQL 的关系

OD-SQL 主要基于对象代理代数设计，用于表述复杂数据的语义关联结构。OD-SQL 在传统的关系数据库语言(SQL)的基础上进行扩展，增加了对象代理数据模型的特征。

总的来说，OD-SQL 有以下的特点。

(1) 与 SQL 一致的语法风格。OD-SQL 是 SQL 的一脉相承和发展。它兼容 SQL 的语法特点。例如，查询语句也采用 SELECT、FROM 动词，在进行基本类的查询时，SQL 语法的代码和 OD-SQL 基本一致。此外，OD-SQL 中的其他语法单元，如数据的定义、数据的操作等都和 SQL 类似。因此，初学者可以很快地从 SQL 转入 OD-SQL。

(2) 沿用 SQL 的基本数据类型、操作符和表达式的概念。TOTEM 中的基本数据类型、运算符完全兼容 SQL。在具体实现中，兼容 Postgres 的数据类型、运算符。

① 基本数据类型包含数值数据类型、货币、字符、日期时间、布尔、枚举、几何、网络地址、位串、文本搜索类型、通用唯一识别码类型、XML 类型、JSON 类型、数组类型和复合数据类型。

② 运算符包含算术运算符、比较运算符、逻辑运算符、按位运算符。

(3) OD-SQL 可以使用传统的 SQL 方式进行数据的建模和增删改查。当数据完全以基本类建模时，数据关系退化为关系模式。此时，数据的访问完全基于关系数据库的 SQL 语句进行。

(4) 在 SQL 的基础上加入面向对象的特征。不同于 SQL 中的元组是基本单元，OD-SQL 的基本单元是对象，通过 SQL 来管理数据对象，使 OD-SQL 将 SQL 的易用性和面向对象的有效数据组织性结合起来，成为一种高效的数据管理语言。

(5) 灵活高效的代理机制。OD-SQL 中灵活的代理机制取代了面向对象的继承机制，通过底层的双向指针访问数据对象，使 OD-SQL 不需要维护庞大冗余的对象继承体系，没有额外的冗余。

在 TOTEM 中，数据的底层组织方式发生了根本的变化。不同于关系数据库中的组织，面向对象数据库中的数据都是以对象为单位组织，因此在设计 OD-SQL 时，为了方便操作数据对象，我们设计了 OD-SQL 的独特分类体系结构。与关系数据库语言的分类不同，TOTEM 采用更简单的语言分类方式，将 OD-SQL 分为以下两个部分。

(1) DDL。主要用于管理数据对象的模式，包括模式的创建、删除、修改等。

这里的数据定义类似于面向对象的数据类定义。不同的是，类的操作采用继承体系结构，而 TOTEM 中数据类的操作基于更加灵活的代理体系结构。

(2) DML。用于管理数据对象，包括数据的增删改查等操作。TOTEM 中数据的组织是基于对象和对象集合完成的，因此可以方便地通过对象来调用成员属性的方法。下面介绍 TOTEM 中的 DDL 和 DML。

4.3　对象代理数据库定义语言

由于 TOTEM 基于面向对象的概念，其中的模式以类为基础，因此 TOTEM 中的定义语言也结合了面向对象数据库定义语言的特征。传统面向对象数据库定义语言(如 O2 语言[3])受面向对象的编程语言(如 C++)风格的影响，使数据的定义语言和关系数据定义有很大的不同。对象代理数据库定义语言，兼容 SQL 数据定义的语法风格实现对象代理模型。对象代理数据库定义语言主要包括对基本类和代理类的定义和删除。

4.3.1　数据库的创建和删除

TOTEM 中的数据是以类来组织的，而类对象又是以某个具体的数据库对象来组织的。因此，在定义类和对象之前，需要先创建数据库。创建和删除数据库的语法兼容关系型数据库的语法。

1. 创建数据库。

创建数据库使用"CREATE DATABASE"关键字，其语法如下。

```
CREATE DATABASE <db_name>;
```

其中，<db_name>是数据库的名字。

2. 删除数据库。

删除数据库需要使用"DROP DATABASE"关键字，其语法如下。

```
DROP DATABASE <db_name>;
```

删除数据库时，数据库中的对象包括基本类、代理类及其对象都会被一起删除。

例 4.1　使用 CREATE 和 DROP 关键字创建一个数据库对象 MusicBase 并

删除。

```
CREATE DATABASE MusicBase;  /*创建数据库*/
DROP DATABASE MusicBase; /*删除数据库*/
```

4.3.2　基本类的定义

在 TOTEM 中，类可以分为基本类和代理类。基本类是没有源类的类，没有代理关系，其所有的属性都由自己定义。基本类本质上与关系表类似，但是它可以通过定义方法，实现数据的操作功能。基本类通过属性和方法定义一个类的类名、属性和行为，实现面向对象中类的封装操作。属性的定义和 SQL 中关系表字段的定义一致，可以指定属性名和属性类型，各种数据约束和缺省值的设计；方法由方法名、参数、返回值类型和方法体构成。基本类具体的格式如下。

```
CREATE CLASS <class_name>
({<attr> <type> [<attr_constrain>]},
[<class_constrain>])
[METHOD {<method_definition>}];
```

其中，<class_name>为定义的基本类的名字；<attr>为属性名；<type>为属性的数据类型，每个项定义一个属性；<attr_constrain>为各种属性约束语句；<class_constrain>为各种类约束语句；<method_definition>为方法定义语句，由关键字 METHOD 定义。

一个方法定义子句中可以有多个方法定义体，它们之间用逗号隔开。其命令形式如下。

```
<method_definition>: : =
<method_name>({<parameter_type>})
RETURNS<return_type>
AS '<method_body>' LANGUAGE ' <language>' ;
```

其中，<method_name>为方法名，方法的参数不需要定义名字，只需要将其数据类型列在参数表中即可；<parameter_type>为输入参数的数据类型；<return_type>为方法返回结果的数据类型；<method_body>为方法体(程序代码)；<language>为方法体使用的语言，如 C 语言或 SQL 等。

如果省略方法定义子句，则表示不为类定义任何方法。

例 **4.2**　定义一个基本类 Music 表示歌曲。它有 8 个属性，分别是歌曲的编号(mid)、歌曲的名字(name)、歌曲的风格或类型(style)、歌曲的保存格式(format)、歌曲的大小(size)、歌曲的内容(content)、歌曲的创作日期(createdate)和点击量(hits)。该基本类还有一个方法 getage，用来计算音乐从创作到现在有多少年了，实现的方法是用当前的年份减去音乐创作的年份。其定义语句如下。

```
CREATE   CLASS  Music
(
 mid     INT     NOT NULL UNIQUE,
 name     VARCHAR    NOT NULL,
 style    VARCHAR  NOT NULL ,
 format   VARCHAR,
 size LONGINT,
 content VARCHAR,
 price    MONEY,   /*货币型数据，表示该音乐的定价*/
 createdate DATETIME,
 hits int
)
METHOD
( CREATE getage() RETURNS INT AS
 'select CURYEAR-createdate :: INTEGER'  LANGUAGE 'sql');
```

其中，歌曲的风格 style 主要保存是歌曲的曲风，如流行歌曲、民谣、校园等各种风格；歌曲的保存格式 format 指当前歌曲在计算机中的保存格式，如 mp3、au 等；size 用来存放歌曲所占用的存储空间；content 存放的是实际歌曲文件保存在存储器中的位置；createdate 表示歌曲的创作时间；hits 表示点击量。

在 Music 类的方法 getage 中，CURYEAR 表示当前年份。getage 方法没有参数，计算当前年份和歌曲创作年份的差距，并以 INT 类型返回值。createdate 表示对数据属性的引用。

例 **4.3**　定义一个基本类 Singer 表示歌手类，歌手有 6 个属性，分别是歌手的编号(singer_id)、歌手的名字(singer_name)、性别(sex)、出生日期(birthday)、国籍(nationality)和简介(introduction)。其定义语句如下。

```
CREATE CLASS Singer(
   singer_id INT PRIMARY,
```

```
singer_name VARCHAR,
sex VARCHAR,
birthday DATETIME,
nationality VARCHAR,
introduction VARCHAR
);
```

可以看出，在对象代理数据库中定义基本类的方式和在关系数据库中定义数据表的方式基本一样。在关系数据库中，定义表是 CREATE TABLE，而在对象代理数据库中变成 CREATE CLASS。TOTEM 遵循面向对象的思想，数据定义就是类的定义，而以类定义的模式存储的数据则是对象。同时，TOTEM 中是可以定义方法的。这些方法就像面向对象程序设计语言中的方法一样，定义了数据对象的行为和操作。

4.3.3　代理类的定义

代理类也是一个类，但是其中必然有部分属性来自其他类。此时该类被称为代理类，而为它提供属性来源的类则称为源类。源类和代理类形成代理关系。基本类可以是其他类的源类，而代理类代理其他类，也可以是由它代理出的类的源类，即代理类也可以被代理。从基本类出发沿着代理关系一直代理，形成代理链。在代理链上，代理类中的对象通过双向指针互相连接，使代理链上代理类的实例能互相访问。当各种代理关系创建时，不同的代理链交叉形成代理关系网络。

代理类的定义如下。

```
CREATE[IMPRECISE]
SELECTDEPUTYCLASS|JOINDEPUTYCLASS|UNIONDEPUTYCLASS|GROUP
DEPUTYCLASS
<class_name>
[({<attr> <type> [<attr_constrain>]}, [<class_constrain>])]
AS <deputy_rule>
[WRITE({<write_expr>})]
[METHOD {<method_definition>}];
```

与基本类一样，代理类的定义也使用 CREATE 和<class_name>定义一个指定名称的类。它和基本类一样，也可以定义自己的属性。这些属性被称为实属性。代理类也可以有自己的方法。代理类的方法定义和基本类的方法定义一致。下面通过一个示例来说明代理类的创建。

例 4.4　为 Music 建立一个选择代理类。新歌类 FreshMusic 表示所有的新歌。它选择所有创作时间小于 1 年的音乐,为这种新歌打上标签,并由函数调用生成 *age* 虚属性。

```
CREATE SELECTDEPUTYCLASS FreshMusic
(
label VARCHAR []   /*为音乐打上标签,可以有多个标签*/
 )
AS
 (SELECT name, getAge() AS age
FROM Music
WHERE age <= 1)
```

上述类仅定义实属性 label。它是一个数组型的数据,用于给音乐打上标签(一个音乐可能有很多标签,如 90 后、二次元等)。通过代理规则而来的 name 和 age 属性是在 Music 类的属性集合上选择的属性。对于 FreshMusic 类的对象来说,name 和 age 是虚属性。这些属性代理来自 Music 类,它们的值存放在 Music 类的存储空间。从面向对象的观点来看,FreshMusic 类的对象也是 Music 类型的对象,其中通过代理关系代理自源类的属性值,存放在源类的存储空间。它自己定义的属性,如 label 属性是该代理类的实属性,存放在该代理类的空间。在 TOTEM 的实现中,代理类的对象是源类某些对象在属性或行为上的扩展和延伸,源类对象和代理类对象之间的联系在底层实现中通过双向指针关联。

除此之外,上面的定义包含以下几个不同的部分。

(1) 代理类型。创建一个代理类时,必须选择四个关键字 SELECTDEPUTYCLASS、JOINDEPUTYCLASS、UNIONDEPUTYCLASS 和 GROUPDEPUTYCLASS 中的任何一种。这四个关键字表示创建代理类的类型分别为选择代理类、连接代理类、合并代理类、分组代理类。四种不同类型的代理类根据不同的代理规则表示不同的语义,在创建代理类时根据需要进行选择。

① 选择代理类是最简单且常用的代理类型,允许从一个源类上导出代理类,并且代理类的每个对象都必须对应且只对应一个源对象。选择代理的语义是根据不同的条件,从源类中选择符合这些条件的对象,形成一种新的类。这些类有不同于源类中其他对象的共性。创建选择代理类的代理规则一般是一个带 WHERE 子句的 SELECT 语句。例 4.3 给出了选择代理类的示例,代理类 FreshMusic 表示在 Music 类中选择出创作时间在一年内的音乐作为新歌。

例 4.5 以例 4.4 中的示例创建新的代理类。在新歌中,我们需要将标签为"伤感"和"网络"的歌曲选择出来,形成"网络伤感新歌"类。

```
CREATE SELECTDEPUTYCLASS SentimentalAndWeb
(
/*不做属性扩展,仅表示一种类型*/
 )
AS
 (SELECT name, FROM FreshMusic
WHERE '伤感'=ANY(label) and '网络'=ANY(label))
/*注意'=ANY'运算符用于判断某个值是否出现在数组字段数据中*/
```

② 合并代理类对多个类的对象做并集。它允许从多个不同的源类进行代理操作,每个源类在合并代理类中都拥有代理对象。合并代理类是将多个类中具有相同属性的对象合并为一种新的类型,是在不同类的对象中提取共性,进一步的抽象。由于不同源类的模式不同,对象的属性也不尽相同,但是为了提取更抽象的特征,可以通过切换操作将它们的代理对象模式统一起来。在实际中,只要进行集合操作的对象数据类型相同,或者可以通过切换操作转变为一致类型,就可以完成集合并操作。以下示例说明了合并操作的应用场景。

例 4.6 假设目前的音乐系统中还有一类作品音乐短片(music video, MV),其在播放音乐时也能同时播放视频。假设 MV 的定义如下。

```
CREATE  CLASS  MV
(
mv_id INT    NOT NULL UNIQUE,
name   VARCHAR    NOT NULL,
format VARCHAR,
size LONGINT,
content  VARCHAR,
createdate DATETIME,
maker VARCHAR,
music_id INT  /*表明 MV 对应了哪一首歌曲*/
) ;
```

由 MV 定义可以看到,在基本类 MV 中的属性和 Music 并不完全相同。当需要查看并列出音乐系统中所有的作品时可以创建一个合并代理类 Media 来表示这一语义。

```
CREATE  UNIONDEPUTYCLASS  Media
(
)
AS(
SELECT name, format, content from Music UNION SELECT name,
format, content FROM MV
);
```

可以看到，尽管 Music 和 MV 是两类完全不同的对象，模式也不一样，但是 Music 和 MV 的属性中有相同的属性 name、format 和 content。两个类中不同的对象在这些属性上可以视作同一种类，因此可以选择对象的这些属性合并成新的类。

在实际应用中，可以通过切换表达式把概念上相近，但是数据类型不同的属性进行转换，然后进行合并代理操作。合并代理操作相当于抽象了不同种类的对象，提取了不同类之间的共性。

③ 连接代理类和关系模型中的连接操作比较类似，是从多个源类中根据各种属性之间的关联，连接组合成新的语义关系而生成的代理类。连接代理类中的一个代理对象必须在所有的源类中都有一个且仅有一个源对象，即连接代理类的对象是根据某种连接操作连接形成的唯一一个对象。这个对象组合了所有源类中对应的对象而成。下面通过一个具体的实例说明连接代理类的使用。

例 4.7　考虑音乐系统中的一类场景，当听到某首歌曲的时候，需要找出与这首歌对应的 MV。在实际应用中，一首音乐可能对应多个 MV。此时，我们需要创建新的 MusicMV 类来表示这种语义关系。

```
CREATE  JOINDEPUTYCLASS  MusicMv
(
  hits int    /*表示观看次数*/
)
AS(
SELECT  Music.name,  Music.content,  Mv.name,  Mv.content
from Music, Mv
WHERE Music.mid=MV.music_id
) ;
```

我们可以看到，将 Music 类和 MV 类通过音乐编号关联起来了。在音乐系统中，一般来说，MV 的存在需要对应其代表的歌曲或音乐。本例通过在两个类中做连接，连接的条件是"Music.mid=MV.music_id"。当创建好 MusicMV 时，该类为每一个满足代理规则中的连接条件的对象创建一个代理对象。该代理对象通过双向指针同时指向两个源类中参与连接的对象。

④ 分组代理类在创建时，首先将一个源类中的对象分成若干不相交的组。这些不同的组从宏观上可以看作不同的对象。在创建分组代理类时，为每一组源对象派生一个代理对象。分组代理操作是根据某个或多个属性值的不同来创建一个新的类。这个新类的语义是将选择的这些属性上的不同的值作为不同的对象。分组代理类的本质也是分类，它适用于在事先未知类别，根据对象具体的数值进行分类的场景。下面通过一个实例说明分组代理类的使用。

例 4.8 在音乐系统中，音乐的归类是一个比较难的问题，即使音乐家也难以对音乐进行准确的归类。在实际应用中，不妨根据用户对音乐进行分类的实际创建音乐的类别。在例 4.2 中创建的 Music 类中，属性 style 是用于设置音乐属性的，可以基于这个属性进行分组，从而得到当前音乐系统中的音乐类型。

```
CREATE  GROUPDEPUTYCLASS  MusicStyle
(
  introduce VARCHAR    /*该种音乐类型的介绍*/
)
AS (
SELECT count(*) AS cnt, style FROM Music GROUP BY style
);
```

假设在我们的音乐系统中有表 4-3 所示的 5 个音乐对象。这 5 个对象的 style 属性值可以分为三种类型，即 PopMusic、FolkMusic、ClassicMusic。此时，这三种类型可以看作三种音乐类型的对象。当创建 MusicStyle 代理类的时候，该代理类中自然有三个对象，分别指向属性值为 PopMusic、FolkMusic、ClassicMusic 对应的对象，形成"一对多"的关系。由于该分组代理类上有聚集操作，PopMusic、FolkMusic、ClassicMusic 的对象的"cnt"属性分别为 3、1、1，表示三种类型音乐的数目。分组代理类实际上相当于将 style 列的值去重并形成新的对象。

表 4-3 示例表格数据 1

mid	name	Style	format	…
1	That Girl	PopMusic	mp3	…
2	Move Your Body	FolkMusic	wav	…

mid	name	Style	format	…
3	Hello My Love	PopMusic	mp3	…
4	See You Again	PopMusic	mp3	…
5	Beautiful Now	ClassicMusic	ape	…
…	…	…	…	…

　　(2) 代理规则。在对象代理代数中,派生代理类操作的一个共同点就是必须声明一定的谓词限定被选择的源对象。选择谓词可以看作以源类属性为参数的布尔函数,其功能和一般查询时的选择条件类似。在定义代理类时,任何一个源对象或源对象的组合,只有当它符合声明的选择谓词时,才会生成代理对象。我们把这种定义在代理类上的各种选择谓词操作统称为代理规则。除了选择谓词,还有组合谓词和分组谓词,在代理规则中使用这些谓词组合可以得到更多的语义。

　　代理规则是一个不包含子查询的完整 SELECT 子句。它定义了代理类对于其源类的代理方式,是定义代理类命令中必须声明的部分。SELECT 子句中的目标表达式定义了代理类虚属性的模式及其读切换操作。FROM 子句声明了代理类的源类。WHERE 子句是代理约束,限定了要代理的源对象。GROUP 子句和 HAVING 子句声明了分组代理时对源类的分组方式和选择条件。

　　代理规则通过数学表达式声明源类外延的一个对象子集为代理的目标源对象。例如,可以根据源类"Music"的"style"属性将其对象集合分为"古典音乐"和"流行音乐"两个代理类,也可以按照音乐的"格式"把音乐分成"mp3 格式"和"wav 格式"等。这些明确定义的代理规则可以精确地划分源对象,不会产生歧义,而且代理规则还是对象操作时进行更新迁移的依据。

　　在实际建模过程中,并不是所有代理类的外延都可以用严格的数学约束来定义。具体有以下几种情况。

　　① 源对象缺乏用来定义约束的属性。如果没有必需的输入属性,当然无法定义明确的约束条件。例如,当"音乐"类中没有记录某个音乐的地区属性时,则无法按照"地区"对音乐进行分类。

　　② 选择谓词无法或者很难用数学方式描述。现实生活中有些模糊概念,很难用简单的数学公式来描述。例如,在定义"好听的音乐"这个代理类时,如何用数学公式描述"好听"这个概念呢? 如果按歌曲评分的高低划分,多少分才是最合适的呢? 假如设定平均分大于 85 分为好听的标准,那么平均分为 84.5 分的音乐就不好听了吗? 现实生活中都是在对某个音乐在各个方面的综合评价后,才能对其好听与否进行判断。这些用模糊概念确定的集合在建模时就只能用枚举的方

式来定义了。

③ 需要为源对象生成多个同类的代理对象。定义代理类时，如果源对象符合代理规则就一定会产生且仅只产生一个代理对象。但是，有些情况下某个源对象需要在同一个代理类中反复生成多个代理对象。例如，为了表示"歌手"演唱"歌曲"这种关系，需要在"歌手"和"歌曲"两个类的基础上创建一个新的"演唱"代理类。这个代理类由歌手类和歌曲类连接而成，是一个连接代理类。在默认情况下，连接代理类中的代理对象是满足连接关系的两个类对象的笛卡儿积。按照这种默认的语义，演唱代理类中的对象表示的语义是所有的歌曲都被所有的歌手演唱过。但是，实际情况是歌手演唱了某些歌曲，相对于全部歌曲来说，一个歌手演唱哪些歌曲并没有明确的谓词来定义。因此，严格代理类并不能表示所有的语义。

为了弥补严格代理规则在建模时的不足，对象代理模型引入了宽松代理类。

(3) 宽松代理类。宽松代理类是为了满足实际建模需求而衍生的一种代理类产生和处理的特殊方式。上述四种代理类可以和 IMPRECISE 关键字组合使用，当没有使用 IMPRECISE 关键字时形成的代理类是严格代理类。此时，代理类的创建必须严格遵守代理规则，代理类中的对象必须严格依照代理规则创建；反之，如果在 CREATE 和 DEPUTYCLASS 关键字之间加上 IMPRECISE 关键字，表明该代理类是宽松代理。宽松代理类的实例则需要手动创建。

宽松代理类只定义代理类的继承属性、切换操作和扩展属性与方法，但是不声明任何的代理规则。宽松代理类的实例不是在类定义时自动产生的，而是根据应用需要逐渐添加的。因为可以根据应用使用不同的选择谓词来选择对象，所以宽松代理类最终可以为符合要求的源对象逐步地派生代理对象，而且可以为同一个源对象重复派生多个代理对象。同时，由于没有明确的代理规则，宽松代理类在更新迁移时不会出现代理对象动态变化，即由更新后的源对象变得满足或者不满足代理规则，导致代理对象生成或消亡的情况。

具体地，宽松代理操作可以附加在选择、合并、连接代理操作上形成三种宽松代理类。有的数据库研究认为，分组代理操作必须依赖严格的分组谓词对源类对象进行组划分，因此不能定义宽松代理类。在实际操作中，可以先为源类创建其他形式的宽松代理类，并扩展分组属性，在其上根据扩展的分组属性建立分组代理类，从而间接地定义宽松分组代理类。需要注意的是，在创建宽松代理类时不能声明 WHERE 子句，不能声明任何语义约束。宽松代理类创建后也不会有任何对象，其对象只能在创建后利用 ADD INTO 命令对其追加对象。

例 4.9　一首歌曲被多个歌手演唱，而一个歌手也可能唱多首歌曲。现在需要建立"歌手演唱歌曲"这一语义关系。在这样的代理关系中，没有明显的代理规则，则可以选用宽松代理类。

```
CREATE IMPRECISE JOINDEPUTYCLASS Singing
(
time datetime  /*演唱时间*/
 )
AS
 (SELECT Music.*, Singer.* FROM Music, Singer
)
```

　　在上述类的定义中，time 是实属性，表示每一次演唱的演唱时间。代理规则中没有给出明确的选定关系，而是直接指明代理类的源类 Music 和 Singer。此时，在定义的声明语句中增加了 IMPRECISE 关键字，所以当创建代理类 Singing 后，代理类中没有任何对象，需要显式地添加对象到宽松代理类。严格代理类在创建后，代理规则产生的对象在严格代理类中。如果创建上述代理类时没有使用"IMPRECISE"关键字，那么创建的是严格代理类。根据代理规则，Music 和 Singer 中的对象需要做笛卡儿积，此时代理类会根据两个源类中对象笛卡儿积的结果创建对象。

　　(4) 写操作和写切换表达式。在代理类的定义部分，可选的子句 WRITE({<write_expr>})声明在某些虚属性上定义写操作。

　　一个写操作的定义如下，即

$$source.attr = expression$$

其中，source 表示某个源类的名字；attr 表示源类中某个属性的名字；expression 是与 source.attr 对应的虚属性上的一个表达式。

　　等式左边是定义的代理类的某个源类的一个属性，右边是代理类中关于等式左边源类的属性对应的虚属性的一个表达式。它的含义是，当对虚属性进行值的修改时，将新值按照等式右边的表达式进行计算，然后写入等式左边声明的源类对象的属性上。

　　某个虚属性的写操作在逻辑上应该是其读操作的逆表达式，但是系统并没有严格的约束来确保这种可逆性，只有用户在定义时自己决定。实际上，用户完全可以定义一个不与读操作可逆的表达式作为写操作。

　　例 4.10　考虑音乐系统对会员的折扣情况，可能会出现一类打折的音乐。其定义语句如下。

```
CREATE SELECTDEPUTYCLASS DiscountedMusic
(
```

```
    count int /*音乐打折之后，只能收听有限次数，-1 表示无限次*/
)
As
(SELECT name, price * rate AS newprice FROM Music)
WRITE Music.price = newprice / rate
```

在以上定义中，我们定义了一个虚属性 newprice，它的值为 price * rate，其中 rate 表示(0～1)之间的固定常数。在 DiscountedMusic 类中使用虚属性 newprice 时，可以当作一个实属性使用。假设在实际音乐系统的运营中，需要调整某个音乐的价格，使其满足打折后的价格等于某个特定的值。此时，我们不需要去源类中更改音乐的价格，只需要直接将打折后新的价格(虚属性)调整为目标值。代理类中定义的 WRITE 写操作会自动更新与虚属性对应的源类中的实属性。

为了方便起见，直接更新 DiscountedMusic 类中的 newprice 虚属性，可以直接使用 UPDATE 语句将 DiscountedMusic 的 newprice 更改，那么其对应的源类 Music 中的实属性 price 也会根据写操作做相应的修改。

4.3.4　代理继承和代理覆盖

代理类创建后，代理类的实例就是源类对象的代理，并做了相关的扩展。其本质是一种继承关系，即代理类的对象可以访问代理规则中通过 SELECT 子句投影的属性。例如，在例 4.7 中，代理类 MusicMV 在创建时明确限定了代理自源类 Music 和 MV 的属性，即 Music.name、Music.content、MV.name、MV.content，其对象就只能访问这些属性。在例 4.9 中，在创建 Singing 代理类时，代理属性的限定为"*"，其对象可以访问来自源类的所有属性。

一种比较特别的情况是，当代理类的属性和源类的属性同名时，代理类的属性会发生覆盖。此时，通过代理类只能访问代理类的同名属性，而不能访问源类的同名属性。如果需要访问源类的同名属性，则需要通过路径表达式对源类的同名属性进行访问。

例 4.11　在例 4.3 中，我们定义了 Singer 类。在该类的属性中，nationality 表示歌手的国籍，假设我们另外定义了俄罗斯歌手 RussiaSinger。

```
CREATE SELECTDEPUTYCLASS RussiaSinger (
  nationality varchar /*表示俄罗斯国内民族*/
)AS (
   SELECT * FROM Singer WHERE nationality='Russia'
);
```

我们可以使用如下 nationality 属性。

```
/*在RussiaSinger类中使用nationality表示俄罗斯国内的民族*/
SELECT * FROM RussiaSinger WHERE nationality='Ukraine'

/*在Singer类中使用nationality表示国籍*/
SELECT * FROM Singer WHERE nationality='Ukraine'

/* 如果在RussiaSinger类中访问Singer类的国籍属性nationality,
则需要使用路径表达式, 路径表达式是"->", 表示从一个类到另一个类的跨
类访问 */
SELECT * FROM RussiaSinger WHERE (RussiaSinger->Singer).
nationality='Russia'
```

4.3.5 类的删除

通过删除类的命令, 用户可以将任何类(基本类或代理类)从数据库中删除。当一个类被删除时, 其中的数据也会被删除。同时, 以该类建立的代理类和代理类的对象都会被一起删除, 所以在进行类的删除时需要重复确认。

基本类和代理类都使用相同的删除语句。具体的语法如下。

```
DROP CLASS <class_name>
```

其中, <class_name>表示要删除的类的类名。

例 4.12　删除 FreshMusic 类和删除源类 Music。

```
DROP CLASS FreshMusic  /*删除代理类, 不影响其源类Music*/
DROP CLASS Music   /*删除源类, 建立在其上的所有代理类也全部一起
                       删除*/
```

4.4　数据库模式演化

随着应用需求的不断变化, 应用程序的实际功能是不断变化和发展的。这也导致支撑应用的数据模式在不断地变化和发展。当数据模式不断发生变化的时候, 对原有的数据和由数据修改引起的原有系统功能的变化, 提出了新的挑战。在实际应用中, 需要确保现有的数据与更改后的模式保持一致, 或者现有的一部分数

据作为更改过程的一部分被显式地删除。

4.4.1　模式演化概念

数据库模式演化要求在执行数据库模式更改时保留当前数据。从形式上讲，数据库模式演化是数据库系统在不丢失现有数据的情况下对数据库模式进行修改。模式演化也涉及视图更新问题。

模式演化概念与信息容量的概念强烈相关。一种特殊的模式演化是无损演化，当且仅当要修改的新模式的信息容量超过现有模式的信息容量时，发生无损演化。其形式化的定义是，设 $I(S)$ 表示当前模式的信息容量，$I(N)$ 表示要演化到的新模式的信息容量，那么无损模式演化的条件为

$$I(S) \leqslant I(N) \tag{4.1}$$

对于理想的数据库模式演化来说，我们希望达到无损演化，既不损失原有的数据，又能适应应用需求的变化。

4.4.2　模式演化分类

模式演化最早在关系模型的数据库中提出，主要有四种类型的数据库模式演化。每一种模式演化都会带来一系列的问题。

(1) 属性演化。当向数据库的关系中添加属性、删除属性，或重命名一个属性时产生的模式修改称为属性演化。在属性演化时，原有数据模式中的数据在新版本的模式中进行处理，例如有时删除一个属性后添加一个属性可能等价于重命名属性。

(2) 域演化。当属性上定义的域被修改时发生域演化，即当属性的数据类型发生变化的时候，域演化会发生一些数据精度问题。例如，当整型的属性被转换为实数时，数据的精度增加；字符属性的长度被缩短时，数据会被截断。

(3) 关系演化。关系演化指数据库中关系发生变化，如关系的定义、删除、分解、合并。关系的演化是不可逆的，因此进行相关操作时要慎重。

(4) 键演化。键演化有两类比较具体的演化，当主键的结构被修改、添加、删除一个外键时，发生键演化。键演化有可能是非常复杂的，例如当从主键中删除属性可能不会违反当前数据主键唯一性约束，如果违反则可以拒绝修改。

一个数据模式的修改可能涉及多个类型的模式演化，如更改键属性的域。这些变化也可能反映在系统的概念模型中。例如，在 ER 图中，添加一个实体将导致在底层关系模型中添加一个关系；删除一对多关系将删除外键约束。

随着数据库技术的发展，面向对象数据库也存在模式演化的问题。面向对象数据库的模式演化[4]在关系模型的模式演化基础上也有自己的演化特点。一般来

说，面向对象数据库的模式演化主要有以下两种类型。

(1) 类继承体系的演化。类继承体系的演化主要指类的继承体系之间关系的变化。在面向对象的继承关系中，形成一个有向无环图。在这个有向无环图中添加、删除或修改结点对应的类，会发生类继承体系演化。

(2) 类版本的演化。类版本的演化主要指类内部的变化。具体指，类的属性和方法的增加或删除、属性和方法的重命名或重定义等。

对象代理模型是在关系模型和面向对象模型的基础上发展起来的。它是为了寻求关系模型和面向对象模型之间一致性的语义表达产生的。TOTEM 中也存在模式演化问题。综合关系数据库和面向对象数据库的模式演化信息及对象代理自身的特点，对象代理数据库的模式演化主要有以下两种类型。

(1) 代理体系演化。代理体系演化主要指在类的代理层次中，类与类之间的代理关系发生变化。从基本类和代理类的定义可以看出，类之间代理关系的变化主要是代理规则的变化。代理规则的变化可以体现在选择不同的源类及源类中的属性、对象选择条件的变化、连接条件的变化或分组条件的变化。

(2) 类演化。类演化指的是类自身的变化，如属性的变化，包括属性名的变化、属性域的变化，以及方法的变化等。

在各种模型的数据库中，模式演化会导致复杂的数据问题，甚至数据错误。因此，在关系或面向对象数据库中，需要按照一定的规则进行模式演化。在对象代理模型中，由于对象代理的天然语义性，可以在初始设计的时候就尽可能避免模式演化带来的问题。在对象代理模型中，数据模式具有关联性，数据的底层也通过双向指针连接，可以使数据模式演化更加灵活。

4.4.3　模式演化处理

数据库是各种应用系统的核心，所有的开发过程都需要围绕数据库进行。在数据库的模式跟随业务的不断发展而演进的过程中，势必给应用程序带来很大的影响，导致应用程序需要对数据库中的代码做相应的修改，甚至重新设计。为了减小修改幅度和模式修改带来的问题，应用程序一般不直接与数据库中的表或类进行交互，而是通过创建视图作为应用程序和数据库模式之间的适配器。当模式修改的时候，可以通过视图尽量减少模式演化带来的影响，从而尽量少地修改原有的应用程序。

一旦模式更改被接受，常见的过程是将底层实例强制到新结构中。由于旧的模式已经过时，因此这几乎没有问题，而且概念上也很简单。这会导致无法反转模式修改。在关系数据库中，无损模式演化的解决方案是将模式演化与数据库视图工具相结合。当新的需求要求为特定用户更新模式时，用户指定的模式将更改为个人视图，而不是共享的基本模式。在面向对象数据库中，不同的层次进行模式更新时需要遵照一定的规则进行，最大限度地减轻模式演化带来的负面影响。

众所周知，关系模型中的视图只是表数据的一个副本，而不是直接对表数据的引用。在面向对象模型上，视图的管理和维护没有统一的标准。按照各种方法形成的视图维护起来也比较麻烦，基于各种规则进行模式演化在限制演化性能的同时也不可能考虑所有可能的情况。因此，建立一种好的机制解决模式演化带来的影响也是学术界的研究热点。对象代理数据库由于其灵活高效的代理机制，以及在底层实现时数据之间的双向指针，天然可以适应模式演化。

在解决面向对象模式演化带来的问题上，学界提出很多种方法，比较经典的范例是从以下三个角度进行。

(1) 数据级演化。数据级演化一般指的是在数据实例上的演化。数据级演化一般考虑如下问题，当子类的实例泛化成父类的实例时，是否删除子类，如何处理子类中多余的属性值；当父类的实例特化成子类实例时，是否删除父类并如何处理缺失值；OID 的创建、删除、保留操作。这些问题可以通过实例版本化解决。

(2) 模式级演化。模式级演化一般指的是数据模式的变化。当模式的属性、行为发生变化时会引起模式突变。这会给数据的一致性带来很大的问题。在面向对象数据库系统中，对模式级的突变有很大的限制。例如，O2 系统支持基本的模式更新，但是用户必须自己编程手动转换类的实例；数据库 GemStone 只支持继承体系中叶子结点上的模式突变。在面向对象数据库中，模式级演化的问题可以通过模式版本化解决。

(3) 模型级演化。模型级演化一般指的是数据的概念模型发生变化。这类演化一般是指应用的需求发生大的变动时，整个数据模型发生变化。这类问题不是数据库模式演化关注的重点。

在对象代理模型中，三种类型的演化都有自己独特的解决方案。

4.4.4 对象代理数据库模式演化处理

在对象代理模型中，数据的创建通过代理机制进行管理。当需要进行模式演化时，有两种方式，一种是通过建立代理类的方式进行；另一种是通过切换表达式的方式进行。

定理 4.1 TOTEM 中的模式演化都是无损模式演化。

证明 假设 TOTEM 上的某个模式 S 需要演化到新模式 N，设 $I(S)$ 为源类的信息容量，$I_D(N)$ 表示通过代理类形成新类模式的信息容量，$I_S(S)$ 表示在源类进行切换表达式后的模式信息容量。

(1) 根据对象代理代数的定义，切换表达式不产生新的模式信息，而是对原有模式做视图变换，即 $I_S(S) = I(S)$。

(2) 当派生新的类时, 源类的数据对象依然可以通过代理类的对象的双向指针访问, 这意味着 $I_D(N) \geqslant I(S)$。

综上, TOTEM 的模式演化操作能满足无损演化的条件式(4.1), 从理论上证明 TOTEM 能够满足无损模式演化, 因此在 TOTEM 上进行模式演化是安全的。

对象代理模型不同于关系数据模型, 而是与面向对象模型比较接近。其中的数据模式都以类来组织, 数据是类的对象。代理在对象之间建立语义关系。这种语义关系的建立一方面可以用于语义扩展, 表达更丰富的语义, 另一方面可以通过版本化和部分视图(虚属性和实属性结合)解决数据模式演化带来的问题。

(1) 代理体系演化。代理体系演化指类与类之间的关系(包括类的名字)发生变化时, 数据库模式的演化, 典型的如代理规则发生变化时, 代理体系会发生变化。此外, 类名的修改也可能导致代理体系发生变化。代理体系的演化可能涉及整个代理链中类的代理合法问题。

例 4.13　考虑音乐类 Music, 根据需要创建热门音乐类 HotMusic, 约定点击量超过 1000 的是热门音乐, 可以使用如下定义。

```
CREATE SELECTDEPUTYCLASS HotMusic(
    brief VARCHAR    /*歌曲简介*/
)AS(
    SELECT * FROM Music WHERE hits > 1000
);
```

如果规定热门歌曲点击量超过 1000, 且推出不超过一年, 那么代理规则就发生变化。由于原来的 HotMusic 类已经被一些业务应用, 因此我们只需要在原有 HotMusic 类的基础上选择。

```
CREATE SELECTDEPUTYCLASS HotFreshMusic(
    /*不扩展属性, 只选择对象*/
)AS(
    SELECT * FROM HotMusic WHERE getage() <= 1
);
```

当应用需求代理类的代理规则发生变化时, 如果随意改动代理规则或类的定义, 那么会导致数据语义不一致问题。对象代理数据库对这类问题一般是推荐用户保留当前模式, 因为当前的模式代表一定历史时期的需求, 进而创建新的代理类来适应代理规则的变化。例如, 在例 4.13 的需求中, 可以根据需要创建一个代理条件为 getage() <= 1 的代理类, 保持 HotMusic 类不变。

(2) 类演化。类演化主要指 TOTEM 中类的定义根据需要发生改变，包括类属性的演化、属性的域演化。类的定义和删除可以通过模式定义语言进行。对于数据完整性和一致性的要求，对象代理模型不要轻易删除一个类，而是将该类作为版本一直保存，最大化地兼容原有的应用。同时，根据需要再去定义新类的版本，形成一种模式版本化机制。

① 属性演化。我们分别考虑添加属性、删除属性和重命名属性三种情况。

第一，当需要添加新的属性时，可以通过选择代理类实现。如果源类 S 中没有属性 A，可以创建 S 的代理类 D。在 D 中追加实属性 A，那么在 S 类中要访问 D 的属性 A 可以通过 $(S \to D).A$ 来访问。其中，"$\to$"是路径符号，表示从源类到代理类或从代理类到源类的一个物理连接。

第二，当删除部分属性时，可以创建选择代理类，在代理规则中屏蔽要删除的属性。这样，新的应用通过代理类来访问数据，而旧的应用使用源类访问数据，可以减少模式演化带来的影响。

第三，当对属性进行重命名时，可以通过选择代理类的切换表达式进行。例如，源类 S 中的属性 A，现在需要重命名为 B，可以创建 S 的代理类 D，在 D 中将 A 使用切换表达式指定别名为 B。在 S 类中要访问 B 这个属性名，可以通过 $(S \to D).B$ 访问。

② 域演化。域演化主要指类属性的数据类型发生变化时的模式修改操作。在对象代理模型中，代理类和源类的对象通过双向指针相连接，但是本质上，代理类和源类有各自的命名空间。因此，我们要实现域演化可以创建选择代理类，定义名字相同但数据类型不同的属性。此时，代理类中定义的属性与源类中的域演化属性同名。同名属性需要通过类名和路径表达式访问。源类和代理类中的同名属性和面向对象中子类父类同名属性类似。

综上所述，在语言层面上，对象代理模型根据不同的语义和需要建立代理类满足模式更新的需要，同时保留原有的模式兼容原有应用的需求，形成一种基于代理类、虚属性的多版本机制。在微观层面，通过对象的双向指针和更新迁移机制维护数据对象修改时带来的数据一致性问题，可以解决对象演化带来的问题。下面给出 TOTEM 模式演化的示例。

例 4.14　在已有音乐管理系统的基础上，需要开发专门的歌唱功能，提供给人们听唱流行歌曲。对类型为 PopMusic 的音乐做相关的处理，由于歌曲类与一般的音乐不同，广义上的音乐包含旋律。流行歌曲包含歌词属性，需要单独对流行歌曲的歌词做相关的扩展，同时保证基于原有的 Music 应用功能不受影响。

在原有 Music 的基础上，对类型为 PopMusic 的音乐做专门的处理。此时，可以使用选择代理类，单独将 PopMusic 的音乐归为一类，然后再做数据的扩展。其模式演化操作可以使用一个选择代理类实现。

```
CREATE SELECTDEPUTYCLASS PopMusic
(
    lyric  varchar  /*扩展出的新的属性*/
)
As
{select * from Music where style='popmusic'}
```

创建出的类的对象使用如图 4-1 所示。

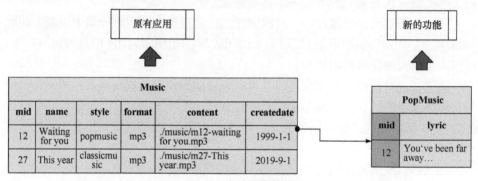

图 4-1　类的对象使用

随着系统应用需求的增加，可以在不影响原有数据的基础上创建代理类增加模式，既保证了原有数据支持的系统功能的运行，新的模式类中的部分数据也来自原有的数据，节省存储空间。

为了兼容传统的关系模式，TOTEM 的实现仍然支持主键和外键的概念，但是对象代理模型本身不主张主键和外键的概念。其中，主键可以通过对象代理数据模型中的内部机制 OID 实现。在 TOTEM 基础服务上，OID 是自动维护的。因此，TOTEM 中不存在主键和外键的演化问题。

上面介绍了 TOTEM 中各种模式演化情形，但是在实际应用中，模式演化往往很少单独出现，而是以上各种情况的组合。以传统的面向对象数据库为例，类演化中的属性重命名往往伴随着属性域演化，可能导致基于该类的继承体系发生变化，导致整个继承体系的失败。在 TOTEM 中，通过精确创建针对某个属性的代理类可以保持类版本的多样化，即实现模式演化中的按需修改，使 TOTEM 中实现模式演化显得更加容易且自然。

4.5　对象代理数据库操作语言

数据库操作语言主要涉及数据增、删、改、查等操作。TOTEM 是在关系数据库和面向对象数据库的基础上发展而来的，它的数据操作语言也兼容上述两种数据库的语言特征。在关系数据库中，数据以元组为基本单位。元组数据的增、删、改操作主要通过非过程化语言，如插入、删除、更新等语句进行。在面向对象数据库[5]中，数据以对象来组织，将这些对象持久化到数据库中进行修改和删除的操作类似高级语言中对对象的操作。OD-SQL 吸取了 SQL 和面向对象数据库语言的一些特点，综合了二者之间的长处，设计了兼容 SQL 的对象操作语言，可用于对象的创建、更新、删除。

4.5.1　对象的创建

对象的创建语句即对象的添加语句。这类语句向数据库添加数据对象。由于对象代理机制的设置，基本类对象的创建、严格代理类对象的创建和宽松代理类对象的创建都是不同的。

1. 基本类和严格代理类对象的创建

在 TOTEM 中，基本类一般作为其他代理类的源类，是数据库中的根类，其他代理关系存在的基础。因此，基本类中的对象需要由用户手动创建。严格代理类的对象是严格按照代理关系形成的类，有两种情况会创建严格代理类的对象。

① 严格代理类被创建时，由数据库基础服务自动依据基本类中满足代理规则的对象创建该严格代理类的对象。每一个严格代理类的对象都有源类的对象与之对应。

② 添加基本类的对象且满足严格代理类的代理规则时，自动在满足代理规则的严格代理类中创建实例。

当严格代理类的对象被创建后，该对象的所有实属性值均为空值或默认值。如果要存储实际数据，则需要借助后面的对象更新语句进行。

因此，有且仅有基本类需要直接由用户手动创建对象。创建对象相当于向数据库中添加一个基本类的对象数据。该过程使用 INSERT 语句进行，其格式如下。

```
INSERT INTO baseclassname[(attribute1[,…])] VALUES(value1 [,…])
```

其中，baseclassname 表示基本类的类名；attribute1 表示需要插入对象的属性；

value1 表示对应的 attribute1 的值；[, …]表示其他属性及其值。

可以看到，在对象代理数据库中向基本类添加数据的用法和在关系数据库中的向表中插入数据的语句一样。

例 4.15　向数据库中添加两首音乐。该操作为基本类 Music 创建两个对象，可以使用下面的语句进行。

```
INSERT INTO Music VALUES(12, 'Waiting for you', 'popmusic',
'mp3','./music/m12-waiting for you.mp3', '1999-1-1')
INSERT INTO Music VALUES(27, 'This year', 'classicmusic'
'mp3','./music/m27-This year.mp3', '2019-10-1');
```

前面提到代理类的对象会依据代理规则创建，因此基本类中对象的变化会引起代理类中的对象的变化。这些变化由 TOTEM 基础服务中的更新迁移机制自动完成。基本类的对象一旦创建，系统立即检查它们是否符合建立在基本类上代理类的代理规则。如果创建的基本类的对象满足代理规则，则系统为该基本类的对象创建代理对象，并用双向指针将它们连接起来。双向指针是 TOTEM 的底层实现机制，对程序员来说是透明的。双向指针的设计使代理类和源类的数据互相关联，并且可以互相访问。在一个代理体系结构中，数据互相连接，形成访问数据的路径，因此为以路径表达式为基础的数据查询提供了前提。

如图 4-2 所示，基本类 Music 类上有两个选择代理类 FreshMusic 类(例 4.4)和 PopMusic 类(例 4.14)。假设当前日期是"2020 年 9 月 1 日"，插入数据的第二个

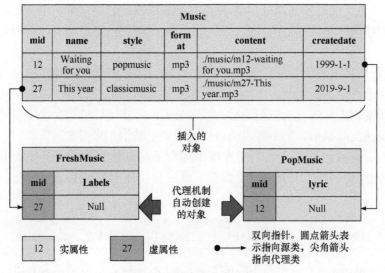

图 4-2　创建基本类对象

Music 对象满足 FreshMusic 的代理规则。插入的第一个对象的 Style 值是 "popmusic"，满足 PopMusic 的代理规则。因此，根据对象代理机制，需要在 FreshMusic 类中为第二个数据对象创建代理对象。同时，需要在 PopMusic 类中为第一个数据对象创建代理对象。此时，这两个对象的代理对象创建后，代理类中的实例对应的属性值均为空值。需要通过更新操作进行填充。

2. 宽松代理类对象的创建

宽松代理类没有任何代理约束规则，因此在创建宽松代理类时，更新迁移模块不会自动为宽松代理类创建对象。源类对象的变化也不会导致宽松代理类对象的变化。宽松代理类是为解决人们需要自主创建代理类的实例。为此，TOTEM 专门定义了一个特殊的 ADD INTO 语句，用来为宽松代理类创建代理对象。其形式定义如下。

```
ADD [ANY] INTO <target_class>
[FROM <source_class>] WHERE <condition>
WITH <real_attrs> VALUES <value_list>;
```

其中，<target_class>为要创建对象的目标宽松代理类的名字；<source_class>为目标类的源类的名字；<condition>为选择源对象的选择条件；<real_attrs>为要插入缺省值的实属性列表；<value_list>为插入实属性的值。

该语句的含义是从声明的源类中选择符合 WHERE 条件的源对象，并在目标类中为它们创建代理对象，同时按照 WITH 子句中的声明为代理对象的实属性赋值。如果命令声明了 ANY 关键字，那么选择出的任何源对象都会创建代理对象；反之，如果省略 ANY 关键字，那么只有那些在目标类中尚无代理对象的源对象会创建代理对象。换言之，声明 ANY 关键字表示允许为源对象重复创建代理对象。

在向宽松代理类中添加对象时，虽然只是对宽松代理类中的实属性进行操作，但是添加的对象和源类之间存在语义关系。因此，有必要为添加的对象指明源类中的联系，以便在查询数据的时候，通过双向指针和跨类查询根据语义访问需要的数据。FROM 子句就是用来完成这个操作的。FROM 子句用于指出宽松代理类代理的源类。

例 4.16　可以用下面的命令给例 4.3 中的类 Singing 增加对象。

```
ADD ANY INTO Singing FROM Music, Singer WHERE
Music.name='Waiting for you' AND Singer.name=' gordon lightfoot'
```

上述代码为"gordon lightfoot"演唱"Waiting for you"这首歌曲增加了一个对象。实属性 time 此时为空，需要使用 UPDATE 语句对 time 的值进行更新。其更新的方式和普通数据 UPDATE 的更新一样。

可以用下面的命令给例 4.3 中的类 Singing 增加对象，在增加对象的同时为该对象的实属性 time 赋值。

```
ADD ANY INTO Singing FROM Music, Singer WHERE
Music.name='That Girl' AND Singer.name=' gordon lightfoot'
WITH
time VALUES '2003-6-9'
```

上述代码为"gordon lightfoot"演唱"That Girl"这首歌曲增加了一个对象，同时为该对象的实属性 time 赋值"2003-6-9"。这个操作可以避免后期继续为代理类的对象赋值的操作。

在宽松代理类中使用 ADD INTO 语句可在添加对象的同时为该对象和源类中满足代理关系的对象建立双向指针的联系，使源类和宽松代理类的对象在访问起来和严格代理类中的访问方式一样。例如，在例 4.16 中创建的宽松代理类的对象，有双向指针指向 Music 类中 name 属性为"Waiting for you"的对象，也有双向指针指向 Singer 类的"gordon lightfoot"的对象。

4.5.2　对象的更新

TOTEM 可以更新对象的实属性和可写操作的虚属性。更新对象的命令格式如下。

```
UPDATE <classname> SET <attribute1> = <value1>[, …]
[WHERE <contidion_expression>];
```

可以看到，在 TOTEM 中更新数据对象的语句和标准 SQL 中的 UPDATE 命令在形式上完全一样。其中，<classname>表示待更新的类名，<attribute1>和<value1>分别表示要更新的属性名和属性值，<contidion_expression>表示可以根据一定的条件进行更新。

在执行更新对象操作后，更新迁移模块会自动调整源类和代理类对象之间的关系。如果有的对象在更新前满足某些代理规则，更新后却不满足这些代理规则，或者有的对象在更新前不满足某些代理规则，更新后符合这些代理规则，更新迁移模块会自动判断对象的更新给代理类带来的影响，进而解除或建立对象之间的双向指针联系。对象的更新涉及对实属性和虚属性的更新。

1. 更新实属性

实属性包括基本类的所有属性和代理类的扩展属性。因为实属性拥有存储空间，是实际存在的属性，因此可以对它们直接进行更新操作。例如，下面的更新命令。

```
UPDATE Music SET style = style||'popmusic' WHERE mid = 27;
```

这个语句在编号为"27"的音乐的 style 属性上加入了"popmusic"类型，表示 music 27 既是新音乐，也是流行音乐。因此，系统将为它在 popmusic 类中创建一个代理对象。如图 4-3 所示，由于 popmusic 代理类定义时没有指定 lyric 属性的默认值，自动创建的代理对象的实属性为空。

实属性的更新操作对于代理对象十分重要。因为(严格的)代理对象的插入操作是由更新迁移模块自动完成的，所以在刚创建时它们的扩展属性的值都是缺省值或空值，只有通过更新操作才能为代理对象的扩展属性赋值。

2. 更新虚属性

由于虚属性自身没有存储空间，因此不能直接更新。如果虚属性是可写的，那么对虚属性的更新操作将调用写操作修改相应源对象的属性值，从而间接达到修改虚属性的目的。这里要注意的是，虚属性的可写指的是在定义代理类时，通过 WRITE 子句显式定义虚属性对应的源类中实属性的更新表达式。

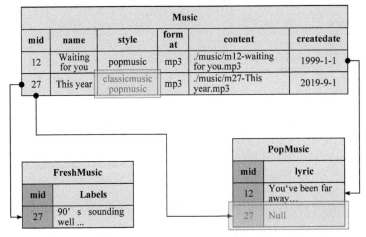

图 4-3　更新实属性

虚属性更新的过程比较复杂，但是写操作的定义指明了虚属性的更新实际上是对实属性进行更新，用户完全可以将其当作一个可写的属性来使用，因此完全兼容 UPDATE 命令。

例 4.17 考虑例 4.10 中的 DiscountedMusic 类，其中有一个属性 newprice。该属性通过切换表达式(price * rate)形成一个虚拟属性，它的值由源类中的 price 属性决定。为了让用户访问数据的方便，定义写操作为

WRITE Music.price = newprice/rate

该写操作定义了虚属性 newprice 对应该代理类中使用的源类的属性 price 的更新操作，当更新 newprice 时，price 可以相应的更新。因此，可以更新 newprice 的值反向更新 price。假设在实际应用中，我们发现歌曲"That Girl"的折扣价需要增加 2 元，可以使用如下的操作修改。

```
UPDATE DiscountedMusic SET newprice = newprice+2 WHERE
name = 'That Girl';
```

这个命令的目的是将 name 为"That Girl"的歌曲的折扣价增加 2 元，在折扣不变的情况下，歌曲"That Girl"的价格需要在原来的基础上有相应的变动，更新歌曲"That Girl"的 newprice，实际上就是在更新该歌曲的 price。更新虚属性如图 4-4 所示，假设歌曲"That Girl"的原价为 20 元，折扣率 rate 为 0.8，则打折后的价格为 16 元。现在发现打折后价格过低，需要增加 2 元，且保持折扣率不变，那么源类 Music 中"That Girl"对象的 Price 属性要变为 22.5 元。

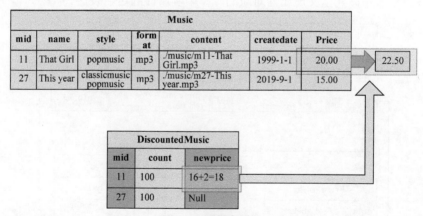

图 4-4　更新虚属性

特别注意，newprice = newprice+2 这个表达式，newprice 指向的是一个操作：

newprice=Music.price * rate。根据 newprice 更新 Music 类中的 price 时，需要根据写操作计算 price 的值。如果没有定义写操作，根据虚属性则不能更新源类中实属性的值。虚属性的写操作连接了数据的存储和数据的表示，在二者之间保持数据的一致，以人们容易理解的数据形式更新数据库中的数据。

3. 更新迁移

更新迁移是对象代理数据库的一大特色，当源类数据对象的值在生命周期内发生变化时，会导致代理链中代理类的对象发生改变。

例 4.18　考虑 Music 类和 FreshMusic 类中的对象，假定现在是 2020 年 9 月 1 日，当前 Music 类如表 4-4 中的数据对象所示。

表 4-4　示例数据 2

mid	name	Style	createdate	...
1	That Girl	PopMusic	2019-10-1	...
2	Move Your Body	FolkMusic	2019-12-5	...
3	Hello My Love	PopMusic	2018-11-15	...
4	See You Again	PopMusic	2008-7-6	...
5	Beautiful Now	ClassicMusic	2019-11-18	...
...	...	...	...	

根据 FreshMusic 的定义，FreshMusic 类是选择 Music 中的举例当前创作日期小于 1 年的音乐形成的代理类。当前 FreshMusic 类中的对象如表 4-5 中的数据所示。

表 4-5　示例数据 3

mid	name	Style	createdate	...
1	That Girl	PopMusic	2019-10-1	...
2	Move Your Body	FolkMusic	2019-12-5	...
5	Beautiful Now	ClassicMusic	2019-11-18	...
...	...	...	...	

随着时间的增长，假如到了 2021 年 10 月 2 日，那么 FreshMusic 类中名为"That Girl"的音乐就不满足要求了。此时，该对象就不再属于 FreshMusic 类。

更新迁移操作是自动进行的，对程序员来说透明，它体现数据库中数据的变化带来的语义变化。数据库基础服务使用更新迁移机制，维护数据的语义一致性。当数据发生变化时，数据库底层服务自动更新数据对象，并维护数据对象的双向指针。

4.5.3　对象的删除

TOTEM 只允许删除基本类对象和宽松代理类对象。删除对象的命令重用标准 SQL 中的 DELETE 命令。当一个对象被删除时，而它又是某个代理类对象的源对象，那么以该对象为起点的代理链的所有下级代理对象都会被自动级联删除。

例 4.19　一个删除对象的示例如下。

```
DELETE FROM Music WHERE mid = 12;
```

删除基本类的对象，直接级联删除与之关联的代理类的对象。例如，删除基本类 Music 的对象"编号为 12 的音乐"将导致所有与它存在代理关系的代理类中的对象被一起删除。删除对象如图 4-5 所示。

值得注意的是，如果删除的是非严格代理类的对象，该代理对象没有进一步的代理关系，即代理对象不是其他对象的源对象，则只删除该代理对象，而不会影响该代理对象的源对象。

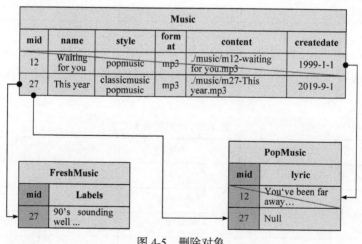

图 4-5　删除对象

4.6　基于切换表达式的基本查询

对象代理模型提出的一个出发点是将关系模型和面向对象模型之间的优势进

行互补，因此对象代理机制也兼容传统关系模式的查询，其中对象代理数据库上的很多语句如代理规则，就是一个直接的关系 SQL 语句。同时，对象代理数据库中的基本查询命令也结合了面向对象数据库中面向对象[5]的特点，在对象代理数据库的查询语句中，数据是以对象为基础进行的。

4.6.1　对象代理数据库的查询语句

传统关系数据库的查询主要通过 SELECT 语句实现。在关系数据库中，SELECT 查询有很详细的定义。在对象代理数据库中，为了便于用户能更快地掌握并使用，在设计查询语句时最大限度的兼容 SQL 标准中查询语句的语法。

SELECT 语句用于从类或代理类中取出若干对象。在 OD-SQL 中，可以将类的概念看作一个表，那么对类的查询语法可以以如下方式进行。

```
SELECT [ ALL | DISTINCT [ ON ( expression [, …] ) ] ]
    * | expression [ AS output_name ] [, …]
    [ FROM from_item [, …] ]
    [ WHERE condition ]
    [ GROUP BY expression [, …] ]
    [ HAVING condition [, …] ]
    [ { UNION | INTERSECT | EXCEPT } [ ALL ] select ]
    [ ORDER BY expression [ ASC | DESC | USING operator ]
[, …] ]
    [ FOR UPDATE [ OF classname [, …] ] ]
    [ LIMIT { count | ALL } ]
    [ OFFSET start ]
```

该语句返回 Objects 和 Count，其中 Objects 表示查询返回对象的结果集，Count 表示返回的对象的计数。

例 4.20　一般的查询示例。

```
SELECT * FROM MaleSinger WHERE age>10 AND age<20
```

这个查询用于选择年龄在 10～20 岁之间的男歌手，用户不需要关心 age 的取值过程，直接把它当作一个本地属性使用就可以了。

尽管 TOTEM 的查询语言和 SQL 查询语句基本一样，但是仍然有其自己的特点。SELECT 语句将从一个或更多类中返回对象。选择的候选对象满足 WHERE 条件，或者如果省略 WHERE 语句，则选择类中的所有对象。

实际上，返回的对象并不是由 FROM/WHERE/GROUP BY/HAVING 子句直接生成的；输出对象是通过给每个选出的对象计算选择投影输出表达式形成的，即可以在输出列表上写一个*表示筛选对象的所有属性。

ALL 是缺省值，表示将返回所有候选对象，包括重复的对象。DISTINCT 将从选择出来的结果集中删除重复。DISTINCT ON 删除匹配所有声明表达式的对象，只保留每个重复集的第一对象。DISTINCT ON 表达式是用和 ORDER BY 项一样的规则来解释的。这里每个重复集的"第一对象"是不可预料的，除非使用 ORDER BY 保证预先希望的对象最先出现。

多个选择查询可以用 UNION、INTERSECT 和 EXCEPT 操作符组合起来，必要时用圆括弧确定这些操作符的顺序。UNION 操作符计算参与查询返回的对象集合。如果没有声明 ALL，那么重复对象被删除。INTERSECT 给出两个查询公共的对象。如果没有声明 ALL，那么重复对象被删除。EXCEPT 给出存在于第一个查询而不存在于第二个查询的对象。如果没有声明 ALL，那么重复对象被删除。FOR UPDATE 子句允许 SELECT 语句对选出的对象执行排他锁。LIMIT 子句允许给用户返回一个查询生成结果的子集。下面对主要的、常用的子句进行解释。

(1) FROM 子句。FROM 子句为 SELECT 声明一个或多个目标类。如果声明多个目标类，则概念上的结果是所有类的笛卡儿积，不过通常会增加限制条件，把返回的对象限制为笛卡儿积的一个小子集。

from_item 表示查询数据的来源，可以是一个类的引用(类名)、子查询，或者是一个 JOIN 子句，格式如下。

```
class_name
    [ [AS] alias[(column_alias_list)]]
(SELECT)
    [AS] alias[(column_alias_list)]
from_item [NATURAL] join_type from_item
    [ONjoin_condition | USING (join_column_list)]
```

当 from_item 是子查询时，即 from_item 是 FORM 子句中出现的子查询。它的输出作用是为这条 SELECT 命令在其生存期创建一个临时类。这个子查询必须用小括弧限定，并且必须给它加别名。

与子查询表达式相似，当 from_item 是一个 JOIN 子句时，相当于将多个类按一定的条件构成新的临时类，查询将在这个新的临时类中进行。其中，连接的类型 join_type 可以是[INNER] JOIN、LEFT[OUTER] JOIN、RIGHT[OUTER] JOIN、FULL[OUTER] JOIN、CROSS JOIN 之一。对于 INNER 和 OUTER 连接类型，必须出现 NATURAL ON join_condition 或 USING(join_column_list)之一。对于 CROSS JOIN，上面的项都不能出现。

类似于 WHERE 条件，join_condition 表示条件限制，只不过它只应用于在这条 JOIN 子句里连接的两个 from_item。

join_column_list 表示一个 USING 字段列表(a,b,…)是 ON 条件 left_class.a = right_class.a AND left_class.b = right_class.b …的缩写。

在 TOTEM 中，查询语句用于选择基本类和代理类中的对象。虽然代理类中的虚属性值没有被实际存储下来，但查询时，系统会调用读操作计算它们的值。因此，用户可以用 SELECT 命令在基本类和代理类上进行任意的查询，就像它们是关系表一样。

OD-SQL 也支持面向对象的特点，具体体现为，在定义对象的模式时，支持定义方法(函数)。这些方法的调用就像面向对象中方法的调用一样。在例 4.10 中，我们使用 MaleSinger 的虚属性 age。该虚属性通过切换表达式定义，它的使用和实属性一样。

(2) WHERE 子句。WHERE 子句是可选的，它的常见形式为

$$WHERE\ boolean\_expr$$

其中，boolean_expr 可以包含任意多个布尔表达式。

表达式通常为

$$expr\ cond\_op\ expr$$

或者是单目表达，即

$$log\_op\ expr$$

其中，cond_op 可以是=、<、<=、>、>=、<>，也可以是条件操作符，如 ALL、ANY、IN、LIKE 等；log_op 可以是 AND、OR、NOT。

SELECT 语句会忽略所有 WHERE 条件不为 TRUE 的对象。

(3) GROUP BY 子句。这也是一个可选的子句。该子句声明了一个分组的类，即

$$GROUP\ BY\ expression\ [,\cdots,]$$

GROUP BY 把所有组合的属性上共享同样值的对象分组作为一个对象。如果 SELECT 子句存在聚集函数，这些聚集函数将计算每个组的所有对象，并为每个组计算一个独立的值。如果没有 GROUP BY(即当聚集函数独立出现时)，聚集函数对选出的所有对象计算出一个数值。若存在 GROUP BY，除了在聚集函数里面，SELECT 输出表达式对任何非组合列的引用都是非法的，因为对一个非组合列会有多于一个可能的返回值。

一个 GROUP BY 中的条目还可以是输出属性的名称或者序号(输出属性即 SELECT 子句中的属性或表达式), 或者是一个从输入属性的数值形成的任意表达式。当存在语义模糊时, 一个 GROUP BY 名称将解释成一个输入属性名称而不是输出属性名称。

(4) HAVING 子句。它是可选的部分, 主要配合 GROUP BY 子句进行条件筛选。HAVING 条件有如下形式, 即

HAVING boolean_expr

其中, boolean_expr 和 WHERE 子句中的布尔表达式一样。

HAVING 子句声明一个从 GROUP BY 子句的结果集中去除了一些不符合 boolean_expr 组后分组的类。HAVING 与 WHERE 不同。WHERE 在应用 GROUP BY 前过滤单独的对象, 而 HAVING 过滤由 GROUP BY 创建的对象。在 boolean_expr 引用的每个列/字段应该清晰地指明一个组的列/字段, 除非引用在一个聚集函数里。

(5) ORDER BY 子句。

ORDER BY expression [ASC | DESC | USING operator] [,⋯]

一个 ORDER BY 项可以是一个输出属性(即 SELECT 子句中的投影属性或表达式)的名字或者序数, 也可以是任何来自输入列值形成的表达式。在出现混淆的场合下, ORDER BY 中的名字将被解释成一个输出名字。序数指的是列/字段按顺序(从左到右)的位置。这个特性可以使没有一个合适名称的列/字段的排序成为可能。这一点可能永远没有用, 因为总是可以通过 AS 子句给一个要计算的列/字段赋予一个名称。例如

SELECT title, date_prod + 1 AS newlen FROM films ORDER BY newlen;

ORDER BY 子句还可以是任意表达式, 包括没有出现在 SELECT 结果列表中的属性。如果一个 ORDER BY 条目是一个匹配结果列和输入列的简单名称, ORDER BY 将把它解释成结果列名称。这和 GROUP BY 在同样情况下做的选择相反。

我们可以给 ORDER BY 子句里每个列/字段加一个关键字 DESC(降序)或 ASC(升序)。如果不声明, ASC 是缺省值。我们还可以声明一个排序操作符实现排序。ASC 等效于使用<, 而 DESC 等效于使用>。在一个域中, 空值排序时排在其他数值前面。换句话说, 升序排序时, 空值排在末尾, 而降序排序时, 空值排在开头。

4.6.2　切换表达式的应用

面向对象数据库将相同数据类型的数据视为一个类，类与类之间根据各种语义关系进行派生。当一个类从它的基类中派生时，基类的一些属性也会被继承[6]，从而子类的对象和基类的对象可以共享一些属性。为了避免冲突，面向对象数据库在实现继承的过程中，一般只支持单一的继承。在继承体系中，子类的属性和父类的属性不能相同，这显然不能满足语义要求。在实际应用中，子类和父类很可能具有一些名字相同，但属于各自独有的属性，子类在继承父类属性时需要对父类的属性做一定的变换。TOTEM 可以很好地解决面向对象数据库的不足。

在 TOTEM 中，代理实际上就是指对一个源对象的所有或部分属性进行一定的切换操作，如换名、运算等，而衍生出另一个代理对象的过程。这些切换操作按照需要对虚属性进行运算，转换成所需要的值。在 TOTEM 中，源对象和代理对象之间由双向指针联系，切换操作会自动获取代理对象中虚属性的值进行运算。

切换表达式指通过一定的 OD-SQL 中合法的操作符连接形成有效的 SQL 表达式，主要用于对对象的属性做变换，从而使表达式的值形成一个新的属性。切换表达式根据其性质分为读切换表达式和写切换表达式。

(1) 读切换表达式。对虚属性或方法进行运算，形成新的属性。该属性是只读的，不能改变原有虚属性的值。

(2) 写切换表达式。写切换表达式主要针对读切换表达式中形成的新属性。当通过新属性改变切换的虚属性时，需要定义写切换表达式。写切换表达式一般在数据定义时，即定义一个类式的 WRITE 子句中定义。

TOTEM 的数据查询中使用的切换表达式通常是读切换表达式，即主要通过将代理自源类中的虚属性进行切换，形成新属性。切换表达式就是该属性通过操作符连接成的表达式，可以在 OD-SQL 查询中当作属性使用。在 OD-SQL 的 SELECT 查询语句中，很多地方都出现表达式，这些场合中的表达式就是读切换表达式。典型的表达式可以出现在 SELECT 子句的属性列表中，也可以出现在 WHERE 子句、GROUP BY 子句、ORDER BY 子句、HAVING 子句等。在很多场合的模式演化中，切换表达式具有非常灵活的作用。例如，同样价值的人民币金额兑换成美元，则可以使用一个切换表达式进行转换。下面结合一个实际的例子说明切换表达式的使用。

例 4.21　假设为所有音乐 Music 类添加一个新的属性 size，表示音乐文件大小，保存的是音乐文件的字节数。根据需要，将 Music 表示成以 MB 或 KB 为单位的如下查询语句。

```
SELECT  name, (size/1024||'KB') FROM Music
```

其中，括号内的部分就是一个切换表达式，用以将大小直接切换成 KB 单位；size 可以通过切换操作转换成不同的单位表示，如图 4-6 所示。size 属性的数值表示音乐所占存储空间的字节数，通过切换操作可以转换成以 KB 或 MB 为单位的表示。

Music						
mid	name	style	format	content	createdate	size
12	Waiting for you	popmusic	mp3	./music/m12-waiting for you.mp3	1999-1-1	30453589
27	This year	classicmusic popmusic	mp3	./music/m27-This year.mp3	2019-9-1	56375682

图 4-6　size 可以通过切换操作转换成不同的单位表示

4.7　基于路径导航的跨类查询

面向对象数据库的类与类之间的继承关系形成一个继承体系结构，而使用对象访问父类对象或子类对象的属性，需要通过类似 C++语言中的成员运算符进行。在一个继承体系中，对象的访问形成访问的路径[7]，面向对象数据库中的查询需要借助路径实现。在传统的面向对象数据库中，路径的每一级可以使用一个谓词来限制导航，并且可以使用一个变量引用查询结果中或查询限定中选择的对象。我们称这种路径表达式为限定路径表达式，它们统一了对象查询的导航和声明。

在面向对象数据库中，系统设计者通常认为，传统的关系数据库中的连接操作不再是必需的，因为对象相互指向，对象导航可以代替连接。对象之间的导航连接非常清晰且直接，可以极大地方便人们对数据的访问和处理。但是，在面向对象数据库中，继承体系的存在，特别是在多重继承的时候，路径表达式可能非常复杂，导致复杂的语法和语义。

TOTEM 扩展了面向对象数据库中的继承关系，将数据之间的继承转换为代理关系，并使用双向指针对对象连接，使数据访问过程能双向进行。同时，TOTEM 查询路径上的限定可以比传统面向对象数据库更灵活，直接在属性上过滤。因此，TOTEM 可以实现比面向对象数据库更加灵活和更有效的数据库查询操作，能够在语义关联的代理类和源类对象之间进行查询。在 TOTEM 中，数据以对象为基本组织单位，而对象又通过其所属类与其他类之间的代理关系关联。这些关联在底层实现时，在数据对象之间建立了能够互相访问的双向指针。数据库中的对象通过双向指针形成对象网络，给数据的访问带来更大的灵活性。对于数据库管理员来说，实现不同类对象之间的查询成为跨类查询，而跨类查询则要借助路径表达式实现。

4.7.1　路径表达式

OD-SQL 查询语句的另一个特点在于路径表达式。在 TOTEM 中，所有相关的对象都由系统维护的双向指针连接在一起，可以十分快捷地从一个对象导航到与其相连的其他对象。这种导航机制使用户可以方便地进行跨类查询。

TOTEM 中路径的概念源自传统面向对象数据库中的路径，但是 TOTEM 提供了比传统面向对象数据库更加灵活的路径表达式。路径可以沿着源类到代理类，也可以沿着代理类返回源类。路径返回源类后，还可以通过双向指针连接到源类的其他子类。TOTEM 这种路径自由灵活的特点，在所有数据对象中形成对象网络。在这个对象网络中，每一条可以访问的路径表达式代表一个特殊的语义。

TOTEM 定义了一个专门的符号->表示对象之间的导航路径。该符号称为路径符。通过路径符连接形成的表达式就是代理路径表达式。代理路径表达式可以使用户对相关的类和代理类直接导航，从当前查询的类出发选择相关类的数据。

一般地，OD-SQL 中路径表达式的形式化定义如下。

```
{<class_exp> ->[…]}<target>.<expression>
```

路径表达式可以从一个类出发，经过若干相关类到达一个目标类，并对目标类中的属性进行计算，然后返回结果。在形式定义中，<class_exp>为类表达式，<target>为目标类，<expression>为基于目标类属性的任意表达式。

class_exp 是类表达式，表示路径表达式上的类。其中位于路径表达式开始的是起始类，位于路径表达式终点的是目标类。

OD-SQL 也支持面向对象数据库中限定的路径表达式。在 OD-SQL 中，限定的路径表达式指的是类表达式中可以有筛选条件，用于从类中筛选合适的对象。筛选条件的表达式需要用{}限定。例如，需要知道妻子为"Anne Lau"的男歌手的国籍，我们可以从 MaleSinger 类出发，选择歌手的国籍。其表达式可以如下。

MaleSinger{wife='Anne Lau'}->Singer.nationality

通过以上表达式，可以很自然地按照语义直接在男歌手类中筛选。按照条件 wife='Anne Lau'过滤符合条件的男歌手。这种路径筛选的方式，既可以增强 OD-SQL 的语义可读性，便于用户进行 SQL 编程；也会进一步缩小查询范围，减少对象访问的次数和对象之间的导航次数，从而提高数据查询和访问的效率。

<expression>是基于目标类<target>的值表达式，即只能返回基于目标类上对象形成的值。它可以是一个单纯的值表达式，表达式中不含聚集函数。表达式的

最外层可以是聚集函数，但是此聚集函数的参数中不能含有其他的聚集函数表达式，即不支持聚集函数嵌套。

在 TOTEM 中，根据各代理类之间不同的代理关系和数据对象之间的双向指针，形成一个具有语义关系的对象网络。在该对象网络中，访问对象之间的数据可能形成很多导航路径。这些导航路径给基于 OD-SQL 的编程带来很大的灵活性，因此需要在书写 OD-SQL 语句时仔细地思考代理类之间的语义关系，选择符合应用场景的最佳路径表达式进行数据访问。

4.7.2　跨类查询

跨类查询就是跨越多个代理类或源类，在不同类的对象之间进行查询。从宏观上来说，跨类查询的实现通过路径表达式实现多个类的跨越。从底层来说，跨类查询借助对象之间的双向指针实现。可以说，路径表达式是双向指针在宏观层面上的反映。

在 TOTEM 中，数据对象的模式就是数据类，包含源类和代理类。源类和代理类是一种相互关联的语义关系。源类和代理类之间的代理规则也决定了两种类的对象访问机制和特点。源类和代理类对象的底层物理实现中也表达了代理规则的这种语义关系。

在设计数据对象的物理存储时，基于代理规则的语义关系的底层物理实现是通过双向指针实现的。双向指针是一种物理地址指针，用来连接源类和代理类对象的物理地址。对象数据以物理地址访问，所以从根本上来说，对象代理机制的数据访问速度优于传统关系数据库和目前较流行的对象关系数据库。双向指针可以保证语义关联的对象能够互相访问。由于指针是双向的，我们既可以从源类的对象访问代理类的对象，也可以从代理类的对象访问源类的对象。

通过对象之间的级联代理，代理链上类的对象能够互相访问。此外，代理关系可以从任何想要的对象上进行，从而在整个对象上形成对象访问网络。在对象网络中，多个不同的对象之间可能存在多条路径。多种路径可以有多种开放访问方式，如深度优先或广度优先的路径访问算法[7]。因此，这里存在两个数据对象之间的最短路径问题，即如何书写两个对象之间可能路径的最短路径表达式。

下面用一个示例说明跨类查询的使用方法。

例 4.22　以下应用场景包括音乐类 Music(mid, name, style, format, content, createdate)、歌手类 Singer(sid, sname, gender, place, birth)、歌唱类 Singsong(sid, mid)，形成歌手演唱歌曲的语义关系。其中，音乐类、歌手类为基本类。我们以宽松连接代理类建立歌唱类，则有如下定义。

```
CREATE IMPRECISE JOINDEPUTYCLASS Singsong ()
As
(
SELECT Music.mid AS mid, Singer.sid AS sid FROM Music, Singer
)
```

可以看出，Singsong 类没有扩展新的属性，而是通过类似连接操作，将两个基本类关联起来。考虑查询演唱"Waiting for you"的歌手是谁？这个查询涉及从音乐类到歌手类，而音乐类和歌手类的关联就是在歌唱信息中。我们可以设计如下查询。

```
SELECT sname FROM Singer
WHERE
(Singer->Singsong->Music).name='Waiting for you'
```

从上面的查询和图 4-7 可以看出，通过路径表达式，可以直接指明数据所在的类，并且可以直接访问其中的数据。这样的机制对传统的关系数据模型来说，语法上更加自然简单，而且数据访问也更高效。

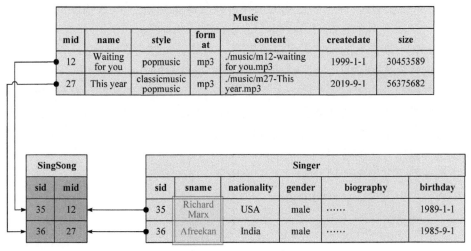

图 4-7 双向指针示例

4.7.3 跨类投影选择

对象代理机制的灵活性决定了 OD-SQL 有更丰富和灵活的表现形式。其中一个重要的特点是对数据对象的直接选择。从上面路径表达式的例子可以看到，通过路径表达式加上条件就可以选择不同的对象。这种限定路径表达式的方式可以直接用于对象的选择动作，在某些场合下可以省略冗长的 WHERE 子句及其条件表达式，以一种语义简洁明了的方式选择数据对象。

从查询语句的定义来看，在整个查询语句中只有 SELECT 子句是必需的，其他的部分，甚至连 FROM 子句都是可选的。这是 OD-SQL 不同于关系数据库语言的一个明显特点。当没有 FROM 子句时，可以直接通过面向对象的方式选择类中对象的属性，同时通过在属性上加条件进行数据的筛选，表达数据的某种限定关系。

一般来说，对象的选择基本的语法如下。

SELECT <expression>[,···,]

该语句表明，SELECT 语句可以直接选择对象，而 expression 是返回对象的表达式。表达式的取值可以是以下情况。

(1) 值表达式。值表达式返回一个常量的值，该值通常用于计算一些复杂的表达式组合关系，或者返回一些系统参数值。

(2) 类表达式。类表达式返回类的对象，与路径表达式类似，类表达式中可以有筛选条件。当有筛选条件时，类后的成员表达式用于返回值，其中成员的作用域被限定为指定的类，一般返回满足筛选条件类的对象。

(3) 路径表达式。路径表达式的选择可以在多个类上进行，表达多个类之间的语义关系，用于多个对象的关联和限定关系。

SELECT 动词后的表达式可以有多个。当多个表达式是类表达式或路径表达式时，这些表达式中的类或路径必须要相同。也就是说，一个 SELECT 语句只能在相同的路径或类上取多个值。这可以保证 SELECT 返回的数据具有相同的语义环境。跨类选择投影的功能在很大程度上可以方便程序员的使用过程，尤其在快速查看一些较小的数据变量时，具有较好的应用效果。下面通过一个示例来演示跨类选择投影方法的使用。

例 4.23　考虑例 4.12 中的一类应用场景，查询演唱'Waiting for you'的歌手是谁？我们可以设计如下查询语句。

```
SELECT (Music{name='Waiting for you'}->Singsong->Singer).
sname
```

可以看到，通过使用跨类查询能够大大简化查询语句。与图 4-6 的示例不同，该例中查询路径的起点是已知条件的类。与关系模式不同，TOTEM 的跨类选择投影这种灵活的对象选择方式，可以避免关系上复杂的连接操作语句，简化数据的获取方式。

4.8 小　结

本章详细介绍了 TOTEM 使用的数据库语言 OD-SQL。OD-SQL 是基于 SQL 设计的，在很多语法层面上兼容 SQL 的标准，便于有关系数据库背景知识的读者快速掌握。在此基础上，详细说明了 TOTEM 中的定义语句、操作语句和查询语句。TOTEM 支持无损的模式演化功能。基于模式演化，数据库可以在系统业务发展的过程中，根据应用的需要变换模式来适应新的要求，这是 TOTEM 的优势。在进行代理关系定义时，默认情况下的代理类都是严格代理类。由于严格代理类的对象只能依据源类创建，在创建代理类时，对象就已经创建好了，因此在严格代理类上只能进行更新操作。对于宽松代理类，即非严格代理类，其对象是按需手动插入的。此外，对于数据的查询，我们分别给出基于集合运算的基本查询和基于路径导航的跨类查询使用方法。

随着数据库技术的发展，传统的 SQL 越来越多地加入了新的技术。许多研究人员和数据库厂商也开始尝试在数据库语言中加入新的特性，如人工智能和大数据技术的日益成熟。人们开始尝试研究数据库语言对机器学习算法、数据清洗等功能的支持。在这些技术中，一个比较可行的方案是数据库语言对 JSON 数据的支持。JSON 数据模式灵活，复杂对象可以存储在单个文档中，无须连接即可实现高效的存储和检索。此外，JSON 是人类可读的、完全自包含的，并且很容易被流行的编程语言调用，如 JavaScript、Python、Java。有的研究已经开始在产品中支持对 JSON 数据的原生支持[8]，提供数据库语言对 JSON 数据的直接查询和访问。在未来的工作中，我们也计划在 OD-SQL 中加入对 JSON 格式数据的支持。相信 JSON 格式的灵活模式与 TOTEM 的灵活性能够产生更丰富的语义表达，更方便地为用户提供高效的数据存储和访问服务。

参 考 文 献

[1] Melton J. SQL language summary. ACM Computing Surveys, 1996, 28(1): 141-143.

[2] Michels J, Hare K, Kulkarni K, et al. The new and improved SQL: 2016 standard. ACM SIGMOD Record, 2018, 47(2): 51-60.

[3] Lécluse C, Richard P. The O2 database programming language//Proceedings of the 15th International Conference on Very Large Data Bases, 1989: 411-422.

[4] Andany J, Léonard M, Palisser C. Management of schema evolution in databases//International Conference on Very Large Data Bases, 1991: 161-170.

[5] Alashqur A M, Su S Y W, Lam H. OQL: A query language for manipulating object-oriented databases//Proceedings of the Fifteenth International Conference on Very Large Data Bases, 1989: 433-442.

[6] Buneman P, Atkinson M. Inheritance and persistence in database programming languages//ACM SIGMOD International Conference on Management of Data, 1986: 4-15.

[7] Gardarin G, Gruser J R, Tang Z H. Cost-based selection of path expression processing algorithms in object-oriented databases//Proceedings of the 22th International Conference on Very Large Data Bases, 1996: 390-401.

[8] Liu Z H, Hammerschmidt B C, Mcmahon D, et al. Native JSON datatype support: maturing SQL and NoSQL convergence in Oracle database // Proceedings of VLDB Endow, 2020: 3059-3071.

第 5 章　对象代理数据库存储管理

数据库模型到数据库管理系统是一个从理论模型到工程技术实现的过程。在这个过程中，如何根据数据库模型的特点进行高效的数据库管理系统设计是数据库管理系统实现过程中的一大挑战和难点。数据的存储管理功能作为数据库管理系统最基本的职能，其设计实现是数据库管理系统的基础，也是数据库管理系统存储管理模块的核心功能。数据库管理系统的存储管理主要包括数据如何在磁盘上持久化存储、如何处理数据在磁盘和内存之间的交换，以及各种为了提高存储效率和支撑高效查询效率做出的优化手段等。

5.1　数据库存储管理简介

在数据库管理系统中，数据的存储介质主要分为内存和外存两种。为了管理大量的数据，数据库管理系统通常以数据文件的形式对数据进行统一组织，并将这些数据文件存储在外存上。在需要对数据查询和操作的时候，为了不让 CPU 长时间等待等，这些需要的数据会被移动到更高速的内存中进行处理，并择机写回外存进行持久化。由于内外存容量和速度之间的差异，如何充分利用内外存的特性对数据进行空间和时间上的控制，成为提高数据库管理系统存储管理效率的一大挑战。

5.1.1　数据库存储管理机制

数据库管理系统的存储管理随着时间不断发展，主要形成两种基本的存储管理范式，即由数据库管理系统直接和底层磁盘设备驱动交互进行存储管理的原始访问模式，以及利用标准操作系统的文件系统接口进行存储管理的间接访问模式[1]。相较于操作系统，数据库管理系统更加了解接收到的工作负载的访问模式。如果能利用这些访问模式的信息改进数据的存储和组织，那么可以有效地减少数据库管理系统在查询处理过程中对数据的非顺序访问，提升数据库管理系统的整体性能。但是，这种方式也存在一些缺点，例如数据库的很多非查询功能，如数据备份，还是需要依赖文件系统的接口。同时，不同操作系统的接口之间也存在不同，数据库管理系统的实现可能存在可移植性问题。例如，对不同的操作系统，存储管理部分的代码需要重新适配。现在的操作系统为了灵活性和扩展性，通常使用虚拟磁盘机制实现多磁盘的灵活管理。此时，原始访问模式的磁盘控制手段反而需要与各种软件系统进行配合，抵消部分原始访问模式带来的优势。综上，现在的数据库管理系统一般都偏向于使用后一种存储管理范式(大部分数据库仍支持原始访问模式处理一些特殊场景，例如进行大规模的基准测试)，即直接利用标准的操作系统文件系统接口管理数据的底层存储。这种存储管理方式不但灵活直观，而且相较于前一种存储管理方式的性能损失也不大。

在数据库管理系统中，存储管理的功能通常由存储管理器完成，主要解决存储介质上数据的组织和数据在外存和内存之间移动过程中的一系列问题。同时，由于数据库上层的查询处理都建立在底层数据存储管理之上，因此存储管理器是数据库管理系统的核心，其效率极大影响着数据库管理系统的综合性能。在一个数据库管理系统中，存储管理器负责与操作系统的文件管理器进行交互。原始数据通过操作系统的文件接口被持久化到磁盘上，同时存储管理器也负责把上层应用传递过来的数据库命令转化为底层文件系统命令，交由操作系统完成。在此过程中，磁盘管理器也会记录所有对磁盘页面的读入和写出情况，以及磁盘上的空闲空间情况，以便需要存储新数据的时候确定存储位置。

具体来说，存储管理器利用操作系统中的文件系统接口，以创建大文件的形式组织数据。当涉及外存的数据存储与处理的时候，为了降低外存速度低带来的影响，存储管理器可以通过计算偏移量处理文件中实际数据存储位置的寻址问题。在这个时候，一个存储数据的文件相当于页面的一个序列，且在现有流行的文件系统中，数据实际物理存储的距离选择也会参考文件数据偏移量间的距离，即尽量保证文件中偏移量相近的数据在物理存储上的位置也相近，在不直接操作磁盘设备接口的情况下尽量模拟高效的原始访问模式，提高数据库管理系统的数据访问效率。

除了管理数据在磁盘内的组织方式，存储管理器还需要管理数据应在何时被写回磁盘。虽然操作系统自带的 I/O 缓存机制可以决定什么时候读入和写出文件数据，但是为了保证数据库的正确性，数据库管理系统不能直接使用操作系统提供的缓存机制。操作系统的缓存机制可能和数据库管理系统的操作逻辑冲突。例如，在关系数据库中，可能会破坏关系数据库中事务的 ACID 特性，而且数据库管理系统如果不能直接控制磁盘写入的时机和顺序，后期就不能保证在软件或硬件故障的情况下能进行正确的恢复。所以，数据库管理系统需要设计自己的数据缓存机制，并对缓存的数据进行管理，一方面保证数据库的正确性和一致性，另一方面提高数据处理的效率。例如，数据库管理系统可以在自身的内存空间中分配一块大的空间构建共享缓存池，提升对数据库页面的访问效率。

5.1.2　数据库存储管理实现

作为数据库管理系统实现的一部分，存储管理器的实现通常需要设计实现一些基本的数据组织结构，如数据文件、数据字典、索引。

　　数据文件的设计主要涉及数据在磁盘中的格式和组织问题，而且与底层的数据模式关系紧密。例如，典型的层次数据库 IMS 的底层数据模式是层次模型，其基本组织单位是段，表示一个实体或一系列相关属性的组合。同时，层次模型的基本关系是段数据之间的父/子关系。一个上层的父段可以有多个下层的子段，但是一个子段最多只能有一个唯一的父段。为了反映层次模型的特征，在 IMS 的数据文件中，段的存储除了实际的业务数据，还需要存储段的一些控制信息。这些控制信息被存储在段的头部作为前缀(图 5-1)。段的控制信息主要包括各种不同的标识或描述性数据域，例如记录当前段类型的类型码(type code)和指示当前段的删除状态的删除码(delete code)，以及实现层次结构和访问路径的相对字节地址指针(relative byte address pointer，RBA)信息。通过相对字节地址指针，可以建立不同层次父段和子段之间的关联关系。

前缀数据					实际数据
segment type code	delete code	RBA pointer	RBA pointer	RBA pointer	application data

图 5-1　一种常见的段设计

　　网状数据库 IDS 的底层数据模型是网状模型。IDS 每个页面中的记录包含描述事件、事务、状态或者计划的一系列域，主要分为数据域和链域，如图 5-2 所示。各种类型记录的格式和长度都是固定的。记录之间通过链域指针进行关联，形成网状的关联结构，如图 5-3 所示。在磁盘中，记录被顺序地存储在页面上(图 5-4)，而且不同类型的记录也可能存储在同一个页面。

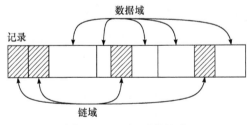

图 5-2　IDS 记录的格式

　　关系型数据库管理系统 System R 的 RSS 也以段为基本单位，用户数据根据关系的模式进行组织。一个关系的所有元组都会被存储在同一个段内。RSS 中的段是一个逻辑地址空间的集合，不但可以存储用户数据，而且可以存储访问路径、内部数据字典、临时结果、事务日志等数据。与 IMS 的段不同，RSS 一个段内可

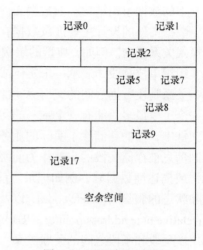

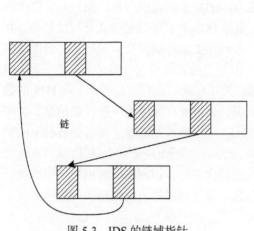

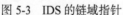

图 5-3 IDS 的链域指针

图 5-4 IDS 页面组织图

能包含多个关系。与此同时，RSS 会维护从一个逻辑上的段到实际物理磁盘之间的映射。当有新的段产生时，RSS 通过查询磁盘的位图页，将磁盘中的空闲页面动态地分配给对应的新段。这种动态分配方式使 RSS 更加灵活。在 System R 中，数据间跨关系的访问将通过关系表的连接操作完成，隐式反映数据之间的关联关系。

面向对象数据库管理系统 O2 的底层存储使用的是威斯康星存储系统(Wisconsin storage system，WiSS)。WiSS 的功能、设计和 System R 系统 RSS 的设计一致，但是对长数据项的存储进行了优化，使其能够更好地处理变长对象的存储。对于这些长数据项，一方面，WiSS 会将长数据项的数据存储在数据片中，一个数据片的大小最大为一个页面；另一方面，WiSS 会维护一个路径记录，保存长数据项在数据片内的记录唯一标识符和记录长度，使其支持的长数据项有更高的上限。对于一个 4Kbit 固定大小的页面，支持的最大长数据项大小能够达到 1.6Mbit 左右。

数据字典和索引是数据库管理系统为了实现高效信息存取而使用的辅助数据结构，大部分数据库管理系统都存在这些设计或目的类似的功能。不同的数据库由于底层数据模型的不同，需要保存的元数据内容也不同，因此它们设计的数据字典也不同。特别是，数据字典中的模式信息。另外，由于元信息的重要性，SQL标准也确立了一个统一访问数据字典的接口。现有的关系型数据库管理系统大多支持这一接口，以特殊系统视图的形式存在，如 Oracle、PostgreSQL、MySQL 等。对于索引结构而言，大多数数据管理系统都是存储键值和实际数据项之间的映射关系，所以差异不大。

5.2　模式存储

5.2.1　数据库的模式信息

数据库模式是数据库中全体数据的逻辑结构和特征描述,定义数据如何组织和关联在一起,规范数据需满足的约束条件,如数据类型约束等。它是数据库管理员基于其自有的知识和经验,将真实世界实体引入数据库进行建模的结果,所以数据库模式对于数据库来说是非常重要的。数据库模式还包括数据库管理系统实现过程中涉及的一些元信息。这些信息也影响着数据库管理系统实际的查询处理效率。

数据库模式设计和数据库的底层数据模型是紧密相关的。在不同的底层数据模型下,数据库管理系统需存储的模式信息也是不同的。例如,在关系型数据库管理系统中,模式信息依托关系模型组织设计,数据库模式会对关系表、属性、类型、索引、视图、函数、存储过程和触发器等进行定义,其中又主要体现为关系表和属性的模式定义。数据库系统利用这些模式信息,进行基于关系代数的各种集合操作。在面向对象数据库管理系统 O2 中,其模式信息主要体现为类和属性的模式。类的模式信息由属性组成,属性的模式信息则由类型描述,方法的模式信息则由操作定义描述。这两者都离不开 O2 中强大的类型系统。在 O2 中,类的继承和复杂类型的实现都通过 O2 的类型系统完成。在对象代理数据库 TOTEM 中,模式信息同样体现为类和代理类,但是 TOTEM 中的类和代理类是不同的概念,因此模式定义除了类的定义,还需考虑代理类的定义及其与类之间的语义关系。

5.2.2　数据库管理系统的模式存储

在数据库管理系统中,数据字典是数据库管理系统存储数据库模式信息的部分,其中保存系统中不同对象的各种元信息。例如,各种数据的模式信息和映射关系。数据库管理系统通过这些信息组织数据存储和查询处理。例如,优化器可以利用数据字典里关于索引、视图等信息对查询进行改写,生成更好的查询计划。数据库的安全子系统也能根据数据字典记录的用户安全约束对查询进行权限检查,防止无权限的访问和修改。数据字典中数据的模式信息则引导数据在磁盘上的具体组织。

模式信息的存储是依赖数据字典的实现完成的,但是在不同的数据库管理系统中,数据字典和模式信息的定义和关系可能存在差异。例如,在 Oracle 数据库管理系统中,系统会为每一个数据库用户关联一套独立的数据库模式信息,即一个用户对应一套模式，且该模式名和用户名相同。这也意味着，每一个数据库实例上可能存在从属于多个用户的数据库模式信息。在 PostgreSQL 中，用户名和模式名无直接关系，一个数据库实例可能包含一个或多个有自定义名字的模式，而每个模式包含自己的数据表、数据类型、函数、操作符等，所以相同的表名也能在不同的模式之间无冲突地被使用。一个用户可以创建新的模式，同时有权限的用户也能访问由别的用户创建的模式。PostgreSQL 中的模式设计把不同的数据库对象组织到一个逻辑组中，降低了管理的复杂度。在实践中，不同用户可以互不干扰地使用同一个数据库实例。在第三方应用开发中，也可以将不同应用的模式信息分开存放来避免对象名字的冲突。

PostgreSQL 中数据字典信息的存储继承了 Ingres 的设计思想，在数据库系统内以特殊关系表的形式被存储。它们有着预定义的名字和作用，在数据集簇被创建的时候被初始化。PostgreSQL 将数据字典存储为表的形式也让对数据字典和普通数据表的访问可以经由一个统一的访问接口进行。在 PostgreSQL 数据库系统中，系统表扮演着数据字典的角色，是数据库存放元数据的地方。PostgreSQL 的每一个数据库实例中都有自己的一套系统表，这些系统表里的数据都与所属数据库相关。只有少数系统表是所有数据库共享的，这些系统表里的数据是关于所有数据库的，如 pg_database、pg_catalog。pg_database 会记录现有数据库实例的元信息，而 pg_catalog 会记录一些预定义的全局函数和一些 PostgreSQL 独有的元信息，是 PostgreSQL 数据库的核心模式之一。information_schema 模式也是一个非常重要的模式，并且是 SQL 中的标准接口。它包含一系列只读的系统视图，用来组织现有数据库中各种对象的元信息。它和 pg_catalog 包含的信息有很大一部分是重叠的，但是作为 SQL 标准中的标准接口，information_schema 为了保证移植性和稳定性，不会包含一些 PostgreSQL 特有的元信息。同时，在逻辑上会对数据库对象的元信息进行更直观的组织，便于用户/数据库管理员进行查询和展示。

对于 PostgreSQL，每个数据库实例独有的元信息都被存储在 pg_xxx 形式的系统表中。数据库实例中每个关系的元信息包括关系名、元组数目、类型等，都会被组织成系统表 pg_class 的一个元组，而系统表 pg_attribute 则记录数据库实例中所有关系表涉及的属性相关信息，包括属性所属关系、属性名、属性类型等。这两个系统表描述了数据库系统包含的关系的结构和内容，也是数据库实例系统表中比较重要的两个系统表。其他系统表则通常为数据库管理系统提供一些关于关系或具体实现的辅助信息。

(1) 系统表 pg_type 存储了数据库管理系统中所有数据类型的信息，包括数据类型名、数据类型的字节长度、数据类型的默认值、数据类型的类型。例如，基本类型、复合类型、枚举类型等，PostgreSQL 的对象存储管理的能力就是通过其类型系统进行类型扩展获得的。系统涉及的所有数据类型都能在这个系统表中找到，例如在 pg_attribute、pg_attrdef 中需要描述属性的数据类型时。此外，pg_enum、pg_range 等是对系统表 pg_type 中一些特殊类型信息的补充记录。pg_operator、pg_opclass、pg_opfamily 等则描述这些数据类型支持的操作符的元信息。

(2) 系统表 pg_index 存储索引的具体信息，包括索引的关系名、索引名、索引属性等，与 pg_am、pg_amop、pg_amproc 等一起记录数据库管理系统中数据访问路径方面的元信息。

(3) 系统表 pg_proc 存储数据库管理系统中函数、存储过程、聚集函数、窗口函数的元信息，使数据库管理系统能够支持更复杂的查询。

(4) 系统表 pg_tablespace 存储表空间的相关信息，包括表空间名字、表空间存储的物理位置等。将表的数据放置在不同的表空间对应的磁盘位置，有助于磁盘文件布局。系统表 pg_tablespace 在整个数据集簇里只有一份，也就是说同一个数据集群内的所有数据库共享一个 pg_tablespace 系统表。

(5) 系统表 pg_namespace 是用来存储 PostgreSQL 命名空间信息的一个系统表。在 PostgreSQL 中，命名空间层次依次是数据库、模式、表、属性，其中每个命名空间有独立的关系、类型等，不会相互冲突。

(6) 系统表 pg_authid 记录数据库角色授权的信息，与系统表 pg_auth_members、pg_default_acl 等一起构成 PostgreSQL 基于角色访问安全机制的元信息。

由于系统表的模式信息会更频繁地被用户查询访问，因此 PostgreSQL 会在内存中建立一个共享的系统表缓存，并使用哈希函数和哈希表提高查询效率。

5.2.3　对象代理数据库的模式存储

关系数据库管理系统在存储实现上已经积累了很多技术。在实现 TOTEM 的时候，系统参考借鉴 PostgreSQL 的设计和实现方式[2]，并根据 TOTEM 的特点进行重新设计。

在 TOTEM 中，类和代理类间、对象和代理对象间存在丰富的语义关系。TOTEM 的各种操作也会对相关的类和对象进行关联访问，因此为了提高 TOTEM 的性能，实现对被频繁访问的模式信息，如类结构、代理关系、切换操作等信息的高效存取。TOTEM 使用系统表存储各种类的模式定义和代理关系等信息。

(1) 系统表 od_class 存储类的各种基本信息，包括类名、是否是代理类、类属性数量、类在磁盘上的文件名等信息。系统表 od_attribute 存储类的属性信息。一个类属性对应一行记录，包括这个属性的所属类 ID、属性名、属性长度、属性编号、是否是虚属性等信息。对于这两个系统表，不管是源类还是代理类，在创建类的时候都会在系统表 od_class 内增加一条记录来标识这个类，同时将这个类的属性信息存储到系统表 od_attritube 中。

(2) 系统表 od_deputy 存储类和代理类之间的代理关系，如图 5-5 所示。当系统创建代理类形成代理关系时，源类和代理类的 ID 会被分别记录并标识这个代理关系的建立。如果一个代理类有着多个源类(如连接代理类和合并代理类)，那么这个代理类和多个源类都存在代理关系。系统表 od_deputy 也会存入多行记录。属性值 deputyseqno 表示代理的序号，用来区分代理类的多个源类，即属性值 deputyseqno 为 1 表示此代理类的第一个源类，属性值 deputyseqno 为 2 表示此代理类的第二个源类，依此类推。

```
CATALOG(od_deputy)
{
    Oid  sourceclassid;            //源类的ID
    Oid  deputyclassid;            //代理类的ID
    int4 deputyseqno;              //代理序号
}FormData_od_deputy
```

图 5-5　系统表 od_deputy 定义

(3) 系统表 od_deputytype 存储代理类的详细描述，包括代理类名、代理类类型、代理类层次、代理生成树和代理类的实际语句，如图 5-6 所示。

```
CATALOG(od_deputytype)
{
    NameData deputyclassname; //代理类名
    Oid      classoid;            //代理类的ID
    char     deputytyp;           //代理类类型
    int2     deputy_level;        //代理层次
    text     deputy_query;        //代理生成树
    text     deputy_desc;         // 代理类语句
}FormData_od_deputytype
```

图 5-6　系统表 od_deputytype 定义

(4) 系统表 od_switching 记录各个虚属性的切换操作表达式的详细描述，包括代理类 ID、代理属性的序号、切换表达式的序号、切换表达式的生成树，如图 5-7 所示。

```
CATALOG(od_switching)
{
    Oid  classoid;        //源类的ID
    uint attnum;          //代理属性的序号
    uint exprnum;         //切换表达式的序号
    text switching;       //切换表达式的生成树
}FormData_od_switching
```

图 5-7　系统表 od_switching 定义

TOTEM 进行操作时会涉及对这些系统表的频繁访问，如建立类、删除类和代理类等。同时，通过 od_deputy、od_deputytype、od_switching 这三个系统表，TOTEM 将源类和代理类之间的代理关系和虚属性切换规则保存下来，可以为源类对象和代理对象及其间关系的生成和查询提供完备的支持。

5.3　数 据 存 储

5.3.1　数据库的数据存储

　　与数据库模式信息的存储不同，数据库的数据存储主要指数据库对实际业务数据的存储，如关系数据库中的表数据存储、面向对象数据库中的对象数据存储等。数据存储的一个基本要求就是保证存储数据的正确和安全，并在达到基本要求的基础上提高数据的存储和访问效率。

　　现有数据库管理系统大多借用操作系统的文件接口，在磁盘上将数据库数据组织为一个或多个文件进行管理。这些文件被组织成磁盘页面的集合，由数据库管理系统的存储管理器进行统一管理。磁盘页面是磁盘上一块固定大小的数据区域，包含元信息、元组、索引、日志等数据，而且每个页面都会赋予一个唯一的标识，以便数据库管理系统建立一个从页面到实际物理存储位置的映射，提升后期查询处理的性能。在数据库管理系统中，页面一般分为三种。第一种是硬件页面，即磁盘页面，大小通常为 4Kbit，是硬件设备保证安全写入的最大区域范围。第二种是操作系统页面，由于数据库管理系统在与操作系统交互的时候可能存在从操作系统页面到磁盘页面，或从磁盘页面到操作系统页面的转换过程，所以其大小通常也是 4Kbit。第三种是数据库页面，由数据库管理系统的存储管理器在磁盘上进行组织管理，不同的数据库管理系统在数据库页面大小上的设置不同，一般在 512bit～16Kbit 之间。例如，SQLite、DB2、Oracle 的数据库页面大小设置为 4Kbit，SQL Server 和 PostgreSQL 数据库大小设置为 8Kbit，MySQL 的数据库页面大小设置为 16Kbit。

　　对于数据库页面，目前的数据库管理系统普遍采用的组织策略是分槽式页面，即在每个页面中维护一个槽列来保存指向实际元组位置起始点偏移的指针。分槽式页面示意图如图 5-8 所示。槽列中保存的指针使不同大小的元组能够在页面中顺序地从后端插入，同时如果发生元组删除导致元组位置变化的情况，只需要更改对应槽列中指针的指向即可。

　　不同的数据库管理系统在管理页面的时候采用不同的策略，其中堆存储策略简单直观且空间利用率高，是一种广泛应用的页面管理策略。在堆存储策略中，一个堆文件是一些页面的无序集合，支持页面的增删改查和遍历操作，而且页面中的元组也不存在特定的顺序关系。堆存储策略通过把页面组织成堆文件，记录页面的存在情况及其空闲空间等元信息，结合对堆文件中的页面操作实现对数据的存储和查询。当然，还有另外一些常见的页面管理策略，如顺序文件组织策略、排序文件组织策略、哈希文件组织策略等。这些策略也被一些数据库管理系统采用，或者作为混合存储策略的一部分。

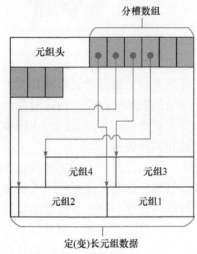

图 5-8　分槽式页面示意图

现有数据库的各种数据存储技术大多是在关系数据库管理系统的背景下设计的。在 TOTEM 中，数据的逻辑组织单位是对象和代理对象，而且对象间存在各种语义关系。为了描述、保存对象和代理对象之间的这种联系，在数据的存储策略上也需要进行相应的适配和调整。

5.3.2　对象代理数据库的磁盘存储机制

PostgreSQL 作为一种对象关系数据库管理系统，同时提供对关系数据和对象数据的存储管理能力[3]。对于关系数据，当一个关系被创建时，PostgreSQL 系统会相应地在文件系统中创建和分配一个文件来容纳属于这个关系的记录，同时每个记录被赋予一个不变的唯一标识符，连同其他一些关于记录的元信息组成记录的头部信息。当一个元组被更新时，由于更新后的记录和旧记录相比，通常只会改变几个属性域，因此为了节省空间，PostgreSQL 会将记录的初始版本作为锚点，后续的记录更新则不会存储记录的完整版本，而是存储更新的变化——更改记录。记录保存当前指向的指针，指向更改记录。随着记录更新的进行，从锚点到更改记录之间也会形成一条单向链表。这也是 PostgreSQL 能实现多版本并发控制的基础之一。同时，由于数据的插入/删除/修改，页面会出现很多废弃的存储空间，PostgreSQL 也会对存储空间的空闲空间情况进行记录，使其能够更合理地利用有限的存储空间获得更大的数据存储和处理能力。同时，还会有一个后台进程对磁盘中的死亡元组进行清理，整理存储空间。对于对象数据，PostgreSQL 是利用其强大的类型系统实现的，通过自定义类型、存储过程和函数定义复杂对象，实现对对象数据的存储和管理能力。

TOTEM 的对象数据存储借鉴了 PostgreSQL 存储的思路和实现，根据对象代理模型的特点进行重新设计，以实现 TOTEM 的数据存储。与 PostgreSQL 类似，TOTEM 的底层数据存储使用的也是堆存储策略。不同之处在于，TOTEM 为了适应对象代理模型的特点，在存储业务数据时以对象为逻辑单位，以页面为物理单位进行组织，并存储在类文件中。

在 TOTEM 中，对象由 OID 唯一标识。同时，基于对象的建模方式会倾向于对实体的相关属性进行统一建模，组织成一个完整对象。这样产生的对象实例所需的存储空间很可能大于一个页面。针对这个情况，TOTEM 对这些大对象使用超尺寸属性存储技术机制(the oversized-attribute storage technique，TOAST)进行存储。首先将类的那些大属性分割为多个部分，然后将这些分割后的数据部分及其相关指针存入这个类文件的关联 TOAST 附属文件，当需要对这个属性值进行处理的时候，根据指针逆向地把存储在 TOAST 表内的数据进行拼接，然后返回。相对于允许大对象被存储在多个页面中的方式，TOAST 对大对象的处理机制有很多好处。例如，这些大属性只有在需要的时候才会被取出并进行拼接，而且原本存储大对象的文件也能容纳更多的对象。

此外，类文件存储在以数据库实例 OID 为名字的存储路径下。类文件的名字通常和类名相关。类的文件名也会保存在 od_class 系统表中。在 TOTEM 的默认状态下，不同类中的对象数据会存入不同的类文件，同一个类的对象数据会存放到一起。当一个类文件的数据存储空间过大时，为了满足操作系统的单个文件大小限制和保证访问效率，这个类文件会被分为一系列更小的段文件，第一个段的文件名和 od_class 保存的名字一致，后续段的文件名则会依次加上数字后缀。

5.3.3　对象代理数据库的双向指针机制

除了基本的对象数据存储，对象代理模型中的代理关系可以表达源类和代理类、源对象和代理对象之间的各种语义关系，而为了存储对象和代理对象间的语义关系，数据库管理系统在存储对象数据的时候还需要将这些信息持久化到磁盘中，以便后续的关联查询。

在 TOTEM 中，对象存在源对象和代理对象之分。没有虚属性的源对象的存储处理和普通关系表元组数据的存储处理类似，而在对代理对象进行存储的时候，只会存储代理对象中实属性的值。当需要获得代理对象虚属性值的时候，TOTEM

会通过系统表 od_switching 获得切换表达式，同时取出对应源对象的实属性值进行切换计算得到。对于源对象及其代理对象之间的双向关联关系，TOTEM 设计了一个系统表 od_bipointer 记录。这些存在关联关系的 OID，形成类似双向指针的效果，就可以通过查询系统表 od_bipointer 从源对象查询到与之关联的代理对象，也可以从代理对象查询到与之关联的源类对象。od_bipointer 系统表定义如图 5-9 所示。

```
CATALOG(od_bipointer)
{
    Oid sourceclassid;           //源类的ID
    Oid sourceobjectid;          //源类对象ID
    Oid deputyclassid;           //代理类的ID
    Oid deputyobjectid;          //代理类对象ID
}FormData_od_bipointer
```

图 5-9　od_bipointer 系统表定义

具体来说，在对象代理模型中，访问代理对象的虚属性都需要切换到对应的源对象进行计算，所以为了在源对象和代理对象之间进行快速切换操作，TOTEM 在它们之间保存一个双向指针的记录，即源对象和代理对象之间均有双向指针指明。由于对象在系统中存在的内存地址、磁盘地址都不是固定的，唯一不会变化的标志是其对象唯一标识符，因此通过记录 OID 作为对象和代理对象间的双向指针是一个可行的方式。

双向指针的存在使关联对象间的跳转变得高效。在 TOTEM 中，对象数据的关联性丰富，在对对象数据进行存入、读取、删除、更新的时候时常对其关联对象进行访问。例如，对代理对象虚属性的查询需要跳转到对应源对象进行切换计算，新插入的源对象如果符合代理规则需生成对应代理对象等。可以看出，TOTEM 的一个操作的实现可能需要对多个对象进行访问，因此为了进一步提升对象访问的效率，TOTEM 设计了系统表 od_mapping(图 5-10)，记录 OID 和对象物理地址之间的映射，使其能够根据 OID 直接定位到数据的物理地址对数据进行取回。

```
CATALOG(od_mapping)
{
    Oid classoid;          //类的OID
    Oid tupleoid;          //对象的OID
    int8 item;             //对象的物理地址
}FormData_od_mapping
```

图 5-10　od_mapping 系统表定义

5.4 对象标识符回收机制

5.4.1 对象标识符简介

OID 是面向对象数据库用来唯一标识数据库对象的整数。OID 的存在使对相关对象数据的访问和操作可以通过 OID 而不是实际对象的属性值进行，可以提高访问和操作效率。在面向对象数据模型中，一个对象被当成类的一个实例，会被赋予一个唯一的 OID，同时也有自身的状态。一个对象的 OID 是不可改变的，即 OID 在对象的生命周期内是不变的。一个对象的状态是可以改变的，例如描述对象的属性值和对象间的关联关系等都可以通过数据库操作语言进行更改。同时，在面向对象数据库中，对象间关联关系的建立是通过对象引用完成的，而对象引用通过标识符标识对象，因此对象的属性值可以不受限地进行改变，且不用担心破坏对象间的引用关系。此时，对象的相同和对象的相等也会在查询中被区分开来。对象的相同意味着，这两个对象有相同的 OID。对象的相等意味着，这两个对象有相同的属性值和关联关系，而不一定有相同的 OID。对象的相等也被分为浅相等和深相等，其中浅相等仅判断两个对象的当前属性和关系是否相等，深相等则递归地比较对象及其引用对象的属性和关系。由于对象继承机制和复杂对象的存在，OID 也逐渐成为面向对象数据库中标识对象的唯一依据。

在关系数据库中，关系是基于集合概念定义的，即一个关系是符合某个特定模式的数据的集合，因此理论上，一个关系中不会存在两个完全相等的记录，反映到关系数据库管理系统中，则意味着同一个关系表中没有两个重复的元组。此时，元组的相同可以直接理解为所有属性值的对应相等。这些属性值的组合形成元组数据的一个标识，因此 OID 机制在关系数据库管理系统中不是必需的。唯一标识符的使用能提高关系数据库管理系统的查询效率，特别是在处理表连接操作的时候，因此 PostgreSQL 也采用 OID 的机制标识数据库中的各种对象。

另外，数据库中通常存在两种类型的 OID 概念，即物理 OID 和逻辑 OID。物理 OID 保存的是指向对象的物理地址信息，如磁盘 id、页面号、槽号，一个对象可以通过物理 OID 直接从磁盘加载对应的数据对象。物理 OID 不支持对象移动，因此限制了对象的共享。逻辑 OID 保存的是对象的逻辑地址信息，同时会维护一个从逻辑地址到物理地址的映射表。通过逻辑 OID 机制，对象能更自由地被移动和组织，同时还可以支持分布式系统中的对象复制、对象分割功能，比物理 OID 更灵活，因此大部分数据库管理系统都支持逻辑 OID 功能。

5.4.2　OID 机制的实现

针对逻辑 OID 到物理地址的映射机制，主要有三种方式，即基于哈希的映射法、基于 B 树的映射法和基于直接映射的方法[4]。基于哈希的映射法理论性能很好，利用维护好的哈希映射表可以达到常数级别的查询性能，但是维护代价较大，伸缩性不是太好。基于 B 树的映射法是常用的一种方法。B 树自带的动态维护机制能较好地处理伸缩性问题。基于直接映射的方法通过设计规则，将对象句柄中的信息嵌入对象的逻辑 OID，实现解析逻辑 OID 直接找到对象，但是其效果依赖直接映射规则的设计。在 TOTEM 中，我们使用 32 位的无符号整数表示逻辑 OID，采用基于 B 树的映射机制处理从逻辑 OID 到物理 OID 的映射。其中，逻辑 OID 从 1 开始分配，在初始化数据集簇的时候，会将一部分的逻辑 OID 分配给系统表中的数据库对象，如数据库、源类、代理类、索引、视图、对象、类型等。初始化之后，剩余的 OID 资源开始依次分配给新的数据库对象，如新建数据库、新增类和代理类等。

在关系或对象关系数据库系统中，通常只会为表和一些特殊系统表的行分配 OID。在 TOTEM 中，由于对象代理模型中存在对象级别的关联关系，因此为了更快地定位到所需对象，TOTEM 会给系统的每个类对象分配一个独立的 OID。这些 OID 信息会用系统表 od_mapping 记录。其他信息也会依据 OID 写入相关的系统表中。例如，数据库系统中如果新增一个类，那么一个新的 OID 会分配给这个类，同时会在系统表 od_class 中添加一行以这个 OID 为主键的记录表示这个新增类。如果向类中插入对象，那么需要为这些新的对象分配新的 OID。如果后续在这个类上建立代理类，那么在这个类上插入对象的时候，还需要依照代理规则，生成对应的代理对象并分配 OID，插入代理类中。

5.4.3　OID 的分配与回收

TOTEM 采用句柄维护法分配 OID。在句柄维护法中，位长的限制决定数据库中可用 OID 的个数。例如，32 位的位长最多可以提供 2^{32} 个 OID，一旦所有 OID 全部分配，那么数据库将面临崩溃。由于 TOTEM 需要对类的每个对象分配独立的 OID 建立对象实例级别的联系，因此系统拥有的 OID 资源会随着类和对象规模的增大而加速枯竭。为了避免 OID 资源耗尽而发生系统崩溃，一般有以下两种思路。一种思路是，采用扩展 OID 的位长增加可用 OID 个数的方法。这种思路虽然能够缓解 OID 枯竭的情况，但并不能从本质上解决问题。例如，不能避免 OID 资源的浪费，而且随着系统的运行，源类对象的删除会导致与之有关联关系的代理对象被删除。被删除对象的 OID 如果不被回收再利用，很快还是会出现 OID 枯竭的情况。另一种思路是，对已废弃的 OID 进行回收，回收的 OID 可以被再次分配，最大限度地利用有限的 OID。

虽然基于 OID 回收的方法能够解决 OID 资源枯竭的问题，但是传统的面向对象数据库中通常只记录某对象所指的 OID。当一个对象被删除时，指向这个对象的所有对象并不会得到通知，这样就会产生很多悬挂指针。如果 OID 被回收重新利用，那么对象间的引用关系会出现错乱。因此，面向对象数据库并不会采用基于 OID 的回收方法。TOTEM 的系统表 od_bipointer 中记录着源对象和代理对象之间的双向指针。当一个对象被删除时，指向这个对象的代理对象都会通过 TOTEM 的更新迁移机制被删除，维护对象引用关系的准确性和一致性。TOTEM 为了解决 OID 资源枯竭的问题，采用基于 OID 回收的方法进行废弃 OID 的管理，提高有限 OID 资源的利用效率。

OID 的回收与对象物理空间的回收过程思路一致，通过自动回收 OID 充分利用现有的计算机资源，提高系统性能，即在物理上删除废弃对象的同时，将其 OID 存储到 OID 回收文件中，以供后续再次使用。具体来说，当系统对一个对象进行删除时，进行 OID 回收的步骤如下。

(1) 逻辑删除。当一个对象需要被删除的时候，此时实施的是逻辑删除，即在该对象上添加逻辑删除的标记。这个标记意味着，对象对新的数据库操作处于不可见状态。需要注意的是，由于更新迁移机制的存在，所有引用当前对象的关联对象需要递归地添加逻辑删除标记。

(2) 物理删除与回收。当数据库的清理操作被触发时，如果扫描到一个对象存在逻辑删除标记，那么系统会将这个 OID 存储到回收文件中，完成回收。同时，这些对象会被系统物理删除。最后，涉及 OID 的系统表 od_mapping 和 od_bipointer 中的相关对象的记录也需要进行删除。

系统删除一个类时，这个类的所有对象和引用这些对象的关联对象都会被递归删除。由于这个操作涉及多个对象的删除操作和 OID 回收操作，为了保证删除和回收的正确进行，对象代理数据库将这个删除过程放在一个事务中进行。OID 回收的步骤如下。

(1) 为这个类删除的事务分配一个临时文件。

(2) 在删除该类的过程中，扫描该类所有对象，包括所有存活对象和废弃对象，将它们的 OID 存放到该临时文件中。

(3) 如果上一步正常进行，提交此事务时，系统将该临时文件中的所有 OID 全部导入 OID 回收文件；当事务发生回滚时，抛弃该临时文件中的内容，重新开启新事务。

面向对象数据库并不存在 OID 回收机制。为了避免 OID 冲突，面向对象数据库在分配 OID 时直接将当前系统中最大的 OID 加一。TOTEM 对废弃 OID 进行回收，当需要对新的对象或类分配 OID 时，系统优先从回收文件对应的缓冲区取出回收的 OID 进行分配，若 OID 回收文件中的内容为空，则转入正常分配的 OID 流程，分配新的 OID。

5.5　对象聚簇

5.5.1　对象聚簇策略

数据库经常会对一起访问的数据进行聚簇存储，使访问这些数据的时候能够尽量减少随机访问，提高访问效率。这被称为数据库的聚簇技术。数据库聚簇可以分为属性聚簇和记录聚簇。属性聚簇从不同的数据库关系中聚簇属性列，记录聚簇从不同的数据库关系中聚簇元组。有些情况下，这两种聚簇也可以同时进行。数据库分区也被认为是一种特殊的聚簇，但它是在一个数据库关系表中进行的，而不是在多个数据库关系表之间。在一些情况下，数据库聚簇和数据库分区可以相互通用。

在面向对象数据库中，丰富的类型系统一方面使数据库的实体描述能力更强，另一方面使数据库的访问变得更为复杂多样，如引进导航式的数据访问——路径表达式。这些对象间的关联使数据库的查询执行产生很多随机的磁盘访问，降低数据库的性能，因此数据聚簇的需求变得更为强烈。很多面向对象数据库产品也设计了相关的聚簇策略。例如，面向对象数据库 O2 同时考虑对象的结构和数据库数据操作，提出一种灵活、可进化的聚簇策略，同时也提出对象的代价模型和聚簇测试基准[5]。

对象聚簇策略主要包括静态聚簇策略和动态聚簇策略。在静态聚簇策略中，对象在被创建或由数据库管理员的手动聚簇命令触发聚簇动作，此时数据库会停止服务，且面对对象的更新也没有相应的处理操作，因此静态聚簇不太适合有高可用需求的动态应用场景。动态化和自动化的动态聚簇策略已经成为面向对象数据库聚簇技术的一个发展趋势。动态化是指聚簇操作发生在对象发生更新的时候，已经聚簇的对象的物理位置也会改变，而不是像静态聚簇那样，一旦进行聚簇后，对象不更新，它的物理地址就不会改变。自动化指聚簇能够根据系统的运行状态自动触发，不需要人为干预，在聚簇后能够检测聚簇的性能如何，是否有更好的聚簇策略，以及何时进行重新聚簇等。

5.5.2　O2 的聚簇策略

面向对象数据模型在各个数据库中的定义存在不同，为了更好地展现面向对象数据库的聚类策略的设计和实现。我们选取面向对象数据库 O2 的聚簇策略[5]进行描述。

在 O2 中,类根据继承层次被偏序排序,此时类型和类的关系可以表示为一个有向标签图——类型继承图(type inheritance graph,TIG)。如图 5-11 所示,Restaurant 类的类型是元组型,包含 menu、chef、customers 三个非原子属性,其中属性 menu 对应 Menu 类的类型,Menu 类包含对应 Courses 类的非原子属性 courses,属性 chef 对应 Chef 类的类型,Chef 类继承 Person 类的类型,并新增一个 Course 类型的 specialty 属性,属性 customers 由 Person 类型的对象集合组成。O2 通过 TIG 表达数据库中类及类型等模式信息的关联关系。

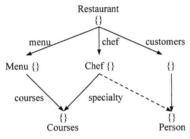

图 5-11 餐厅 O2 建模示例

O2 中类的类型结构可以表示为一个树,同时 O2 中也定义了放置树的概念,表示从类型结构树中截取的子树。因此,O2 的聚簇策略可以表示为一个放置树的集合,其中每个类最多只能是一个放置树的根结点,由此形成对类型结构的分割,即逻辑聚簇。O2 的底层 WiSS 存储系统将每个逻辑聚簇和一个文件对应,所有从属于同一个逻辑聚簇的对象实例都会存储到一个文件中。同时,为了处理那些不属于任何逻辑聚簇的类实例,O2 预留了一个默认的文件进行存储。

从 O2 的聚簇策略可以看出,在面向对象数据库中,聚簇策略的设计、类的定义、类间关联关系表示是密不可分的。对象代理模型和面向对象模型是存在差别的。例如,TOTEM 中类间的代理关系和传统面向对象数据库中类的继承关系是有区别的,类的继承为模式级别的关联,而类间的代理关系最终会反映到对象级别的关联。在代理关系中,源类和代理类是不对等的。在聚簇策略的设计中,TOTEM 提出两种聚簇策略,分别为基于源类的聚簇策略和基于代理关系的聚簇策略。基于源类的聚簇策略是在源类对象和代理类对象分开存储的时候,为了提高虚属性访问效率而提出的聚簇策略。这种策略是一种静态聚簇策略。基于代理关系的聚簇策略则是为了提高涉及多个类的查询语句的性能,将具有代理关系的源类对象和代理类对象进行聚集存储的策略。这种策略是一种动态聚簇策略,在数据库运行过程中会对聚簇进行调整和维护。

5.5.3 基于源类的对象聚簇策略

TOTEM 中的代理对象是根据代理规则从源类生成的对象,因此在初始状态下,代理对象在代理类文件中的顺序与对应源对象在源类文件中的顺序是一致的。源对象和代理对象顺序一致的情况如图 5-12 所示。在数据库运行过程中,由于多版本并发控制和堆存储策略的影响,如果发生对象更新,源对象在源类文件和代理对象在代理类文件中的顺序就不再一致(图 5-13)。此时,在处理代理类相关查询并扫描代理对象时,由于代理类的虚属性获取需要返回到对应源对象中进行切换计算获得,因此源类和代理类文件中不一致的对象顺序会导致源对象读入缓存区的时候发生更多的随机 I/O,甚至需要将同一个页面多次从磁盘读入缓冲区,进而影响数据库系统的性能。

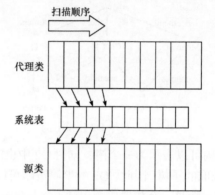

图 5-12　源对象和代理对象顺序一致的情况

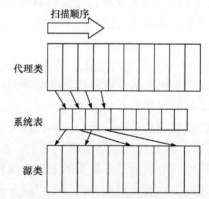

图 5-13　源对象和代理对象顺序不一致的情况

为了解决这个问题,TOTEM 针对代理对象和源对象之间物理存储顺序的不一致性,设计了一种基于源类聚簇的策略。它会将代理类中对象的物理存储重新组织,使代理对象的物理存储结果与源类中源对象顺序一致。这样能够避免缓冲区颠簸的情况,加大缓冲区的命中率,减少磁盘读写请求的数目,提高数据库的性能。具体来说,为了使代理对象与源对象在各自类文件中的顺序一致,TOTEM

首先创建一个新的代理类空文件，存储聚簇后的代理对象，然后顺序扫描源类的存储文件，得到源对象在文件中的存储顺序，根据这个顺序，通过双向指针得到相应的代理对象，最后插入代理类的空文件。在所有的代理对象都添加到新的代理类文件后，新的代理类文件中的代理对象顺序就与源类文件中源对象的顺序相同，将新旧代理类文件的名字交换后使用新的代理类文件进行操作。

为了不影响系统的插入性能，可以在系统空闲的时候进行基于源类的聚簇操作，或由数据库管理员手动触发这个任务提升查询效率。

5.5.4　基于代理关系的对象聚簇策略

基于源类的聚簇策略主要是为了解决虚属性访问中可能存在磁盘页面被多次读入缓冲区的问题。它通过对代理对象物理存储位置的重新组织来减少磁盘页面读写次数，提高数据库系统性能。除此之外，为了提供好的聚簇性能和空间利用率，并能够适应对象规模增长和变化的查询工作负载，TOTEM 还设计了一种基于代理关系的聚簇策略。该聚类策略不再严格地将源对象和代理对象分开存储，而是根据代理关系进行聚集存储，确保能够实时地对代理关系变化或者发生对象添加、修改和删除时在物理存储上保持聚簇的效果，减少聚簇维护的开销。

基于代理关系的聚簇策略主要从以下几个方面进行设计。

1) 聚簇对象选择和组织方法

由于代理关系是对实体对象语义的表示，因此聚簇策略默认对存在代理关系的对象进行聚簇。在对象代理模型中，对象与对象之间存在一对多和多对一的关系。这里存在存储单元中如何表示这些关系的问题。

对象与对象之间一对多的关系主要指一个源类存在多个代理类的情况。此时，一个源对象可能存在多个根据不同代理规则产生的代理对象。如图 5-14 所示，源类 Song 通过歌曲语言可以分为中文歌曲 ChineseSong 和其他语种的歌曲，也可以通过歌曲的曲风分为流行歌曲 PopSong 和其他曲风的歌曲。如果一首歌是中文的流行歌曲，那么在代理类 ChineseSong 和代理类 PopSong 中都会生成对应的代理对象。

对象与对象之间多对一的关系主要指 Join 型的代理类。例如，两个源类歌手类 Singer 和图片类 Pic，它们之间的 Join 型代理类 SingerPic 表示歌手与该歌手图片之间的关联关系。对于一个 SingerPic 对象，分别存在 Singer 对象和 Pic 对象与之对应。对象之间多对一的关系如图 5-15 所示。

基于代理关系的聚簇策略将这些存在关联关系的对象聚集在一起，组织成一个存储单元。根据对象所属的类和代理关系可以确定这些对象与其他对象的对应关系。对象聚簇后的存储单元如图 5-16 所示。

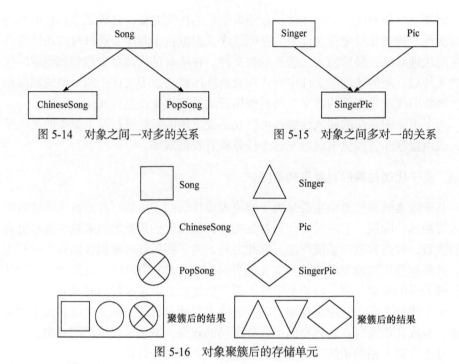

图 5-14 对象之间一对多的关系   图 5-15 对象之间多对一的关系

图 5-16 对象聚簇后的存储单元

　　形成的聚簇成为页面的一个逻辑存储单元。在这个存储单元中，对象可以直接被线性地存储在页面中，即将对象简单地合并起来，然后作为一个簇存储在页面中。完成聚簇后，系统就会将这些存储单元存储到页面中。对象聚簇后的页面如图 5-17 所示。

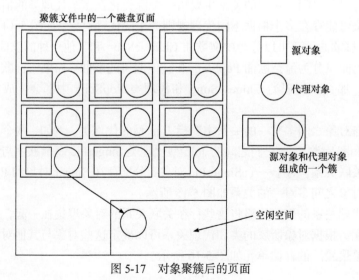

图 5-17 对象聚簇后的页面

可以看出，源对象和代理对象形成的存储单元像一个复合对象一样被存储到页面中。在聚簇后，为了快速有效地完成对对象的各种操作，系统会在每个页面中保留一部分空闲空间使对象操作能够直接在对象所在的页面完成，不产生额外I/O，降低维护代价。

2) 聚簇维护

基于代理关系的聚簇策略是一个动态聚簇策略，下面从聚簇规模维护，对象的添加、删除、修改，模式改变五个方面阐述聚簇的调整维护策略。

(1) 聚簇规模维护。

保持合适的聚簇大小对于数据库系统性能的提高有很大的作用。如果聚簇过大，空间利用率低，不但会浪费大量的空间，而且在进行对象检索的时候，需要检索的磁盘页数也变多，降低检索效率。如果聚簇过小，那么添加新对象和更新对象的时候，可能经常需要申请新的磁盘页，使操作处理时间更长，而且这样也会破坏聚簇中的近邻特性，使聚簇的效果下降。因此，保持合适的聚簇规模是十分重要的。

由于对象被存储在磁盘标准页面上，因此 TOTEM 设计了页面空间填充率控制机制来间接控制调节页面中对象的聚簇规模。假设磁盘页面的填充因子为 u，当页面空间填充率达到自定义阈值 u 时，不再存储新的对象到此页面中，需要申请新的页面并进行对象的转存。如果一个页面的填充率小于 v 时，聚簇通过移动文件最后的对象簇，将其填充到这个页面中，使这个页面的空间利用率达到填充因子 u。当然这些过程可以由空闲空间管理机制计划，并在系统负载低的时候执行。

(2) 对象的添加。

如图 5-18 和图 5-19 所示，当有新的对象需要加入聚簇中时，系统会寻找与新对象有代理关系的对象，并与之聚簇。随后，在新对象聚簇的目标页面中，寻找空闲空间存储这个新对象。如果这个页面没有多余的空间来存储这个新对象，则申请新页面，并将新对象和与它有聚簇关系的对象移动到新的页面中。

(3) 对象的删除。

对象的删除需要的处理过程比较简单，只要将对象标记即可。

(4) 对象的修改。

TOTEM 中多版本的实现方式使系统对对象的修改等效于先删除旧对象，然后添加新对象。

(5) 模式的改变。

模式的改变主要包括代理类的创建和删除，并且最终会归结为对对象的操作。在创建代理类的时候，如果产生新的代理对象，则按对象添加部分策略进行处理即可。在删除代理类的时候，由于会发生更新迁移，在这个代理类上创建的代理

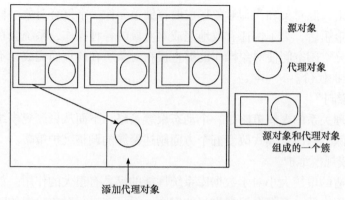

图 5-18　在当前页面中找到了合适的空闲空间

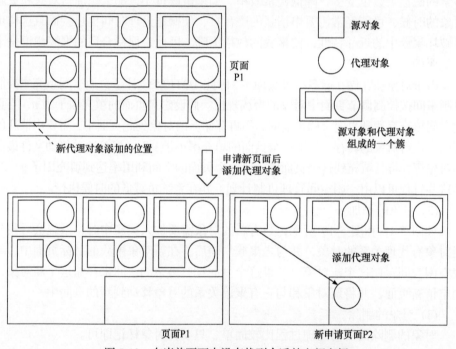

图 5-19　在当前页面中没有找到合适的空闲空间

类也会被删除，因此系统在处理代理类删除的时候，先将这些代理类的信息从系统表中注销，再扫描聚簇文件，将属于这些代理类的对象全部标记删除。

相比于非聚簇存储机制，这种聚簇存储机制使在对单个类进行查询时的效率并不高，但其在处理有对象关联的查询中却能够极大地提高系统性能。在 TOTEM 中，大量的操作都是对象关联的。因此，采用基于代理关系的聚簇能够有效地减少磁盘读写次数，提高包含对象关联操作的查询效率。

5.6　对　象　缓　存

5.6.1　数据库缓存机制

对数据库管理系统而言，衡量其性能的一个标志是 I/O 效率。因为磁盘的速度比内存慢很多，所以磁盘 I/O 是查询处理过程中的一大瓶颈。数据库的缓存机制是将一些数据缓存在内存中，如果执行查询处理需要访问的数据已存在于内存，那么可直接从内存中对数据进行访问，避免从磁盘中读入数据，减少磁盘 I/O 次数。特别是，在数据访问不平衡时，如果能将那些经常被访问的数据都缓存在内存中，将极大地提高查询处理性能。

在数据库管理系统中，内存中用于缓存的区域通常被称为缓冲池。缓冲池的内存区域通常被组织为一个个的内存框。每一个内存框都是和数据库磁盘块大小相等的内存区域，因此磁盘块被复制到缓冲池时不需要格式转换。在内存中进行处理后也可以直接写回磁盘，避免 CPU 在数据移动过程中的编码瓶颈，降低缓冲池管理的复杂度。此外，由于磁盘数据读入的最小单元是页面，如果想要访问一个页面的某些数据，需要把整个页面的数据都载入缓冲区。在组织磁盘数据的时候，如果同一个磁盘页面内的数据查询关联性越强，那么在需要访问磁盘页面的一部分数据而将这个磁盘页面载入缓冲池的时候，这个页面上的其他数据也大概率会在后续访问中被请求，从而提高磁盘 I/O 的效率。

为了更高效地利用数据库管理系统的缓冲池，数据库管理系统的存储管理器会维护一个内存的页面表结构，记录当前内存中已有的页面，包括页面号到缓存池框的映射，以及每个页面的脏页标记、引用计数等元信息，对缓冲池进行利用和管理。缓冲池优化领域也发展出很多优化技术，如数据预取技术、扫描共享技术、多缓冲池技术等。其中，数据预取是最基本、应用最广泛的缓冲池优化技术之一。它的基本思想是，如果能预测未来的页面访问需求，那么可以把未来需要的磁盘页面数据提前载入缓冲池，尽量减少查询处理时对磁盘的访问。扫描共享是数据库优化器高效利用已经被读入缓冲池数据的一种方法，即如果一个查询 q_1 开始时，发现另一个查询 q_2 已经在对自己所需的一部分数据进行扫描，那么查询 q_1 可以共享查询 q_2 的相关扫描结果，而不必等待查询 q_2 完成之后再重新开始扫描。因为缓冲池大小有限，如果完全等待查询 q_2 完成，缓冲池内已经不包含 q_1 所需的数据，需要重新从磁盘读入。扫描共享技术能够提高缓冲池数据的利用效率，降低缓冲池数据频繁换入换出的代价。多缓冲池技术则利用不止一个缓冲池来完成缓存任务。多缓冲池的设计也有多种粒度和选择，例如设立多个缓冲池同类型实例处理缓存，为每个数据库创建一个独立的缓冲池，或者为每个页面创建一个小的缓冲池。多缓冲池技术的思路是，通过改善闩锁冲突提高数据的局部相关性来提高缓存的效率。

因为关系型数据库的流行，当前数据库缓存技术的研究大部分都是在关系数据库的场景下进行的，同时基于页面的缓冲技术也随着关系型数据库的发展而逐渐成熟。对于面向对象数据库和对象代理数据库来说，这些数据库的上层处理逻辑虽然是基于对象进行的，但是底层操作系统的存储逻辑大多是基于页面进行的。这种不一致的情况形成面向对象数据库的三种不同的对象缓存策略，即基于页面的缓存策略、基于对象的缓存策略和双缓冲策略。基于页面的缓存策略是大部分关系数据库的默认缓存策略，一些商业化的面向对象数据库也采用这种策略，如ObjectStore。这种方式可以借用操作系统的页面管理能力，但是需要面向对象数据库系统设计规则减轻对象处理逻辑和底层页面存储逻辑不一致带来的负面效应。基于对象的缓存策略意味着，每次对一个对象的访问操作都需要单独将对应的对象数据从存储介质的页面取出，反而使对一些被聚集存储对象的访问变得更为昂贵。双缓存策略是将页面缓存区和对象缓存区结合的一种策略，不同的结合方式也会组合出不同的缓存实现。例如，其中一种就是将良好聚集对象放进页面缓存，而将孤立对象放进对象缓存区[6]，二者结合形成一种横向的双缓存机制。因为数据在磁盘上是以页面的形式组织的，如果使用页面缓存区处理那些孤立对象，缓存效率会很低，为了处理一个孤立对象可能需要把整个页面都载入缓存。如果完全采用对象缓存区，对于那些被很好地聚集起来的对象，每次缓存都需要从同一或少数几个页面反复抽取对象载入缓存区，效率也不高。这种双缓存策略可以为不同特征的对象数据选择适合的缓存存储位置。理论上来说，比单一缓存区更高效。

5.6.2　对象代理数据库缓存管理架构

相比面向对象数据库，对象代理数据库中的对象具有面向对象数据库中对象的所有特征，但是对象代理数据库中特有的源对象、代理对象之间关系复杂，当访问一个代理对象的虚属性时，需要切换到其源对象访问对应源属性，并极有可能需要级联操作。

如图 5-20 所示，d_1、o_1、o_2、s_1、s_2、s_3 是不同类中的对象，其中 $s_1 \sim s_3$ 是源类的对象；$a_1 \sim a_3$ 是这些对象中包含的实属性；$v_1 \sim v_7$ 是相关代理对象中的虚属性；↑表示对象属性间的代理关系，即 o_1 中的 $v_2 \sim v_4$ 分别是从 s_1 的 a_2、s_2 的 a_1、s_1 的 a_3 切换计算得到的，o_2 中的 v_3、v_4 分别是从 s_2 的 a_3、s_3 的 a_3 切换计算得到的；d_1 中的 $v_3 \sim v_7$ 分别是从 o_1 的 v_3、o_1 的 a_1、o_1 的 v_4、o_2 的 a_1、o_2 的 v_4 切换计算得到的。此时，若需要访问代理对象 d_1，则访问对象 o_1、o_2，而需要访问 o_1 和 o_2 又意味着需要访问对象 s_1、s_2、s_3，所以如果要访问对象 d_1，就需要访问其所有

相关对象 o_1、o_2、s_1、s_2、s_3。但是，d_1、o_1、o_2、s_1、s_2、s_3 分属不同的类，会被存储在不同页面的不同类文件中，因此如果只用页面缓冲机制，当访问 d_1 时，就需要保持 6 个页面缓冲区。这不但会造成缓存的极大浪费，还会降低查询的并发度。

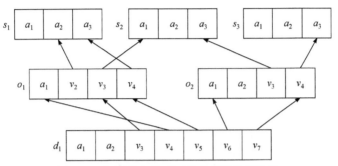

图 5-20　源对象与代理对象之间的代理关系

在原有页面缓冲池的基础上，对象代理数据库系统新增了对象缓冲池，形成由对象缓冲池和文件页面缓冲池组成的纵向双缓冲池。缓冲池工作示意图如图 5-21 所示。其中对象缓冲池存储的是变长的对象，而页面缓冲池存储的是定长的页面。对象缓冲池在页面缓冲池的上层，系统访问对象是通过对象缓冲池存取的。当对象缓冲池不存在该对象时，系统需要从对应的页面缓冲区抽取该对象的数据，并组成类的对象实例，存储在对象缓冲池中。当需要访问的对象已经在对象缓冲池中，存储管理器需要访问对象时，只需访问该对象对应的对象缓冲池即可，同时

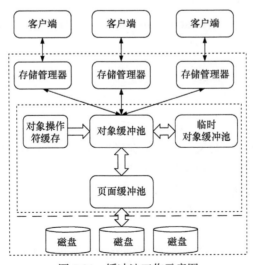

图 5-21　缓冲池工作示意图

也能够不必在该对象所处的页面加锁，不再阻塞该页面其他对象的访问，提高并发度和内存的利用率，进而有效提高数据库系统的性能。

如果当前对象不在对象缓冲池中，则由页面管理系统在页面缓冲池中进行查找，查找该对象所在的页面缓冲池。若不存在，则将其从磁盘上读入页面缓冲池，并将该对象读入对象缓冲池，返回给存储管理器。

5.6.3 页面缓冲池管理

在 TOTEM 中，页面缓冲池作为系统与外存的存储接口，将系统与外部设备隔离起来。任何对于类、对象、索引表等的操作都在页缓冲池中进行，包括数据的取出、修改和存入等。

页面缓冲池由定长的页面组成。页面大小与磁盘存储的块大小相同，默认值为 8Kbit，一个磁盘块也称一个页面。磁盘块大小一般是操作系统中磁盘块大小的整数倍，这是为了加速数据库读写请求的速度，提高数据库的性能。页面缓冲池又分为共享缓冲池和本地缓冲池，其中共享缓存池会被所有进程共享，本地缓冲池是当操作对于其他进程不可见时建立的，或者是为了某个特别事务建立的临时表，如 select into 操作。其主要区别是，共享缓冲池被分配在共享内存中，而本地缓冲池被分配在私有空间，对于其他进程是不可见的；共享缓冲池在共享内存中初始化，同时分配实际的地址空间，而本地缓冲池初始化时并不分配空间，只是在实际使用时才分配，达到节约内存的效果。

为了快速查找所需要的页面，TOTEM 为页面缓冲池管理建立了哈希表。哈希表通过页面缓冲区的标志符快速定位该页面对应的缓冲区 id。同时，TOTEM 也利用传统的最近最少使用(least recently used，LRU)策略对页面缓存池进行空间回收。

5.6.4 共享对象缓冲池的设计

在面向对象数据库中，通常采用的都是私有对象缓冲池管理机制。其在多用户并发访问数据库的情况下，存在以下不足。

(1) 多用户访问同一对象时，需多次拷贝对象数据至各自的对象缓冲区。

(2) 若其中某个用户对对象进行了修改，该用户需通知其他用户该对象已经被修改，并且在其他用户下次访问该对象时，需要再次访问外存读入该对象数据。

(3) 对象在多个客户端进程之间的拷贝造成其在内存上的多次分配，浪费了内存空间。

针对上述问题，TOTEM 对对象缓冲池的机制再次进行了改进，提出一种共享对象缓冲池管理机制。共享对象缓冲池与页面缓冲池一样都是共享缓冲池，在共享内存中创建，对所有客户端或用户都可见。当多个客户端或进程需要访问同一对象时，只需将该对象放在对象缓冲区，所有客户端或进程均可访问。若某客户端或进程对其更新或删除时，不必通知其他客户端或进程，因为共享对象缓冲池中的数据对所有进程或客户端都是共享的，不会产生数据的不一致。

　　具体来说，对象缓冲区处理的是对象。一个对象缓冲区对应一个对象，而对象缓冲区的集合称为对象缓冲池。系统启动初始化时，TOTEM 会在共享内存中分配一块连续空间作为对象缓冲池。对象缓冲区均放在该对象缓冲池中。对象缓冲池中有很多结构复杂大小不一的对象，我们称之为缓冲对象。这些对象往往具有很复杂的结构，有的可能很大，超过数千字节，有的可能很小，只有几个字节。对象大小的差异也使对象缓冲区的管理比定长页面缓冲区更复杂。所以，TOTEM 引入缓冲对象描述符(buffered object descriptor，BOD)对对象缓冲池中的对象信息进行管理。当系统创建一个对象时，系统首先为其分配一个相应的 BOD，但暂不将具体对象数据调入，只有需要实际访问该对象时，才将对象数据调入。在对象缓冲池满或对象不再被任何事务引用时，对象才可以被替换出对象缓冲池。此时，BOD 中的数据指针为空，BOD 中的 refcounts 属性值决定该对象是被保留还是回收。如果 refcounts 域为 0，表明该对象是空闲对象，没有任何事务访问或引用该对象，可以对该对象进行回收。

　　同时，由于对象的变长特性，当大小不一的对象进出时，对象缓冲池可能产生许多碎片和无法访问的对象，形成很多无法被利用的零碎空间。TOTEM 提供这些对象缓冲池零碎空间的利用和回收机制，主要包括两个方面，即对象所占空间的回收和 BOD 的回收。首先，系统将所有已回收的空间记录在一个链表中。该链表记录零碎片段的大小和位置。当读入新的对象或需要创建新的 BOD 时，系统查找 reclaimList 链表，看其是否有足够的连续空间能够容纳这些数据。如果 reclaimList 链表中无法找到足够大的连续空间放置这些数据，并且对象缓冲池中余下空间也不足的时候，系统需要对对象缓冲池进行空间整理，即清理操作。将对象缓冲池中零碎空间收集在一块较大的连续空间里，所有对象数据紧凑地放入一个连续区域，使其中间没有相隔的零碎片段。空间整理过程中需要移动对象缓冲池中对象的存放位置，改变 BOD 中数据的属性值，并对所有对象加锁。单个对象缓冲区在空间整理过程中可能存在如下弊端。

　　(1) 空间整理过程开启前，若对象正在做 I/O 操作，必须等待 I/O 完成。

　　(2) 空间整理过程中，不能有新的对象读入。

　　为了解决这个问题，TOTEM 设计有双对象缓冲区交替使用策略，即两个同样大小的对象缓冲区，一个作为临时对象缓冲区，一个作为当前对象缓冲区，在空间整理过程中交替使用。系统对对象缓冲区进行空间整理时，将对象缓冲区中的数据拷贝至临时对象缓冲区，拷贝完毕后互换指针，使临时缓冲区成为当前对象缓冲区，当前对象缓冲区成为临时对象缓冲区。此时，用户对对象缓冲区的访问不需要中断，可以保证对象访问的实时性。

对于空间整理过程开启前正在进行 I/O 操作的缓冲对象，系统将其放入一个 IOList 链表，并跳过该对象继续拷贝数据。当该对象 I/O 完毕时，则将其从 IOList 链表中删除，并将数据拷贝到临时对象缓冲池中，改变 BOD 的数据指针。此时，对象缓冲池的空间整理就不再需要等待某个对象的 I/O 完成。只有当 IOList 链表为空，即所有对象都已经在临时对象缓冲区后，才能交换临时对象缓冲区和当前对象缓冲区的指针。如果在空间整理过程中有新的对象需要读入对象缓冲区，我们直接将该对象读入临时对象缓冲池，使新对象的读入无须等待空间整理的完成。同时，由于空间整理过程要耗费大量的系统时间和资源，为了不增加用户的访问负担，系统另外创建一个线程执行这个操作，让其自行完成。

由于缓冲池的大小总比外存中的总数据量小，并且在系统初始化时已经确定，因此在读取新对象的时候，旧的对象缓冲区将不可避免地被替换。TOTEM 采用基于时钟的替换算法，但开销较小。该算法使用 current 变量指向当前可能被替换的对象缓冲区。current 的取值范围是 1~NObjBuffers，其中 NObjBuffers 是对象缓冲区个数。对象缓冲区以环形排列，类似于时钟的钟面，而 current 变量是时钟臂，在钟面环形移动。每个对象缓冲区都有一个引用位 refcounts。refcounts 记录该对象缓冲区被引用或访问的次数。当 refcounts 为 0 时，表示当前该对象缓冲区没有被引用或访问，则 current 变量指向该对象缓冲区，当前对象缓冲区可以被替换。如果当前对象缓冲区不满足替换要求，即 refcounts 不为 0，则 current 变量指向下一个对象缓冲区。如果在寻找替换对象缓冲区过程中，current 变量重复取到一个值，仍然没有找到要被替换的缓冲对象，则报告缓冲池溢出。因为被替换的对象缓冲区对应的缓冲对象数据都要被回收，所以如果要被替换的对象缓冲区为"脏"时，需要先将该缓冲对象写回页面缓冲区。

5.7 索 引 机 制

5.7.1 索引简介

数据库管理系统将数据存储在文件中。为了快速在文件中找到对应的数据，可以通过建立索引记录从搜索键值到数据文件中包含此键值记录之间的映射。一个数据文件可以关联多个索引文件，即一个关系或类可以有多个索引。索引的类型有很多种分类方法。索引可以是密集的或者是稀疏的。密集索引意味着，对数据文件中的每个记录都能在索引文件中找到对应索引项。稀疏索引的文件中只包含一些记录的索引项，例如数据文件的一个块作为一个索引项。索引也可以分为主索引和辅助索引。主索引的建立会决定数据文件中记录的物理位置顺序，所以一个数据文件最多只能关联一个主索引文件。同时，文件中的记录顺序和索引中的记录顺序都按照索引键值排序。辅助索引保存的通常是指向记录的指针，所以没有这种限制。

数据库索引是一种加速访问的物理辅助数据结构，通过索引能够对数据进行过滤，快速得到并返回所需的数据，提高操作效率。TOTEM 支持的索引类型和关系型数据库一致，包括 B+树索引、R 树索引、哈希索引等。

B+树索引是应用广泛的索引结构，能够保持高效的查询性能。B+树索引在数据库中通常以平衡树的形式组织，能自动根据需要被索引的数据文件确定树深，并对树结点填充率进行控制，一般固定在 50%～100%，使其能够对于任意键值的查询都能实现比较稳定的效果。与 B+树类似，R 树索引是一种建立在多维空间上的树形索引，将数据表示为多维的数据区域。R 树索引也以平衡树的形式组织，构建的核心思想是聚合距离相近的数据区域结点，并在树结构的上一层将其表示为这些区域的最小外接矩形，成为上一层的一个数据区域结点。哈希索引是依托哈希函数映射机制形成的索引类型，以哈希表的形式组织。在选定合适的哈希映射函数后，索引的键值对应于哈希表的键值，通过哈希函数计算，即可计算出当前键值对象的哈希桶位置，然后搜索得到最终的对象数据进行返回。对于一个有良好设计的哈希表，查询代价与数据量规模无关，所以能够达到常数级别的查询性能。由于有序的键值通过哈希函数计算之后不能保证输出的顺序，因此哈希索引只能处理简单的等值比较。

5.7.2　虚属性索引

TOTEM 的索引机制与关系数据库、面向对象数据库的索引机制不同，主要体现在以下两个方面。

(1) 索引的属性。根据对象代理模型的特点，索引有建立在虚属性和实属性上之分。在实属性上建立索引与面向对象数据库和关系数据库基本相同。如果索引的属性为虚属性，该属性并没有记录在磁盘上，只能通过模式运算获得。

(2) 索引的更新。在 TOTEM 中，对某个对象的更新可能引起该对象的代理对象的插入或删除，导致索引的更新迁移。

源类只有实属性，所以直接按照原有索引构建方式即可。代理类的实属性也同理。下面介绍 TOTEM 针对虚属性索引需求设计的两种解决方案。

1) 直接在代理类虚属性上建立索引

因为虚属性值并没有被实际存储下来，如果需要对虚属性建立索引，可以先统一把虚属性的实值通过切换操作计算出来，然后根据计算出来的虚属性值建立索引，如图 5-22 所示。

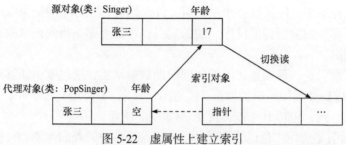

图 5-22　虚属性上建立索引

其中，类 PopSinger 代理 Singer 类中的 age 的属性(没有实值)，在为 PopSinger 类中的 age 属性建立索引的时候，需要通过切换操作将 PopSinger 类中所有代理对象的 age 属性从 Singer 类对应的源对象中取出来。生成索引元组的指针是指向 PopSinger 类的代理对象，而索引元组的键值通过读方法将 age 属性填充进去。这里的读方法只实现了简单的代理，仅将源对象的属性读入代理对象。除了这些简单代理，还可以定义比较复杂的读方法。

由于被索引的对象有可能是更新迁移产生的新对象，根据我们实现该数据库系统的规则，刚生成的迁移对象属性并没有实际的值。如果该对象在系统表中记录有默认值，需要将其默认值取出来生成索引对象。

如果单纯地考虑可以在任何类的属性上创建索引，那么根据对象代理模型的特点，不但会使索引的存储造成很大的冗余，而且对象的更新迁移会使在代理类上建立的索引频繁地变动。

2) 间接在源类对应实属性上建立索引

如果代理规则中的切换操作定义了逆操作，即写方法，那么可以考虑在源类的实属性上建立索引。当查询语句需要对代理类虚属性进行条件过滤时，则通过写方法，利用源类对应实属性上的索引进行过滤，通过 od_bipointer 表的双向指针形成对代理类对象的过滤。

如果在源类的对应实属性上建立了索引，那些需要通过该实属性来切换的代理类虚属性都可以共用这一个索引。源类实属性的索引如图 5-23 所示。

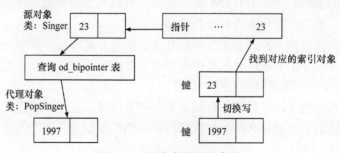

图 5-23　源类实属性的索引

类 PopSinger、RockSinger 都代理了 Singer 类，且 PopSinger 类在代理 Singer 类中的 age 属性时，会将年龄大小都换成出生年份 birth。如果在代理类 PopSinger 上进行的查询操作为

SELECT * FROM PopSinger WHERE birth=1997；

此时，如果 Singer 类的 age 属性上已有了索引标志，那么通过切换操作的写方法可以从键的值 "1997" 计算出它在实属性上键的值 "23"，之后只需在 Singer 类的索引上扫描那些键值为 "23" 的索引元组。最后，通过得到的索引项物理指针找到 Singer 类中的源对象，并通过查询系统表 od_bipointer 得到这些源对象在 PopSinger 类中对应代理对象的位置，完成查询操作。

5.7.3　路径表达式与路径导航索引

在面向对象数据库中，对象嵌套机制一方面能够对复杂实体进行建模，另一方面这种嵌套结构也给这些复杂对象的查询带来困难。这种嵌套结构的分支也被称为路径，提供嵌套对象查询的导航功能。对于路径表达式查询这种嵌套对象的查询，可能涉及大量的对象跳转，因此查询性能受到较大的挑战。对于这种嵌套对象的查询也有相关的索引技术，例如 Bertino 等[7]根据路径提出嵌套索引和路径索引的概念。

在 TOTEM 中，对于对象代理模型的设计，其路径表达式已经不再是表达嵌套对象的导航遍历，而是用来表达代理层次中的对象导航遍历。TOTEM 也根据其路径表达式的计算问题提出一种新的索引机制——路径导航索引(path navigation index，PNI)。PNI 建立在任意长度的路径上，核心思想是物化路径实例，允许在路径谓词的属性上建立属性索引，根据谓词属性值快速定位路径实例，减少路径表达式计算过程中对象遍历和谓词判断的开销。

PNI 建立在代理层次的路径之上，主要由路径实例表、标识索引和属性索引组成。路径实例表用于存储路径实例，表中的每个元组对应一个路径实例，标识索引与属性索引建立在路径实例表之上，用于支持快速的路径实例检索。简单来说，对象代理数据库通过标识符映射表维护对象间的代理关系。在一个代理层次中，给定一个路径，利用对象间的代理关系可以确定其所有的路径实例。对于频繁查询的路径，其路径实例可以存储在路径实例表中，避免每次计算路径表达式时都需要通过遍历对象检索路径实例，减少数据库存取开销。路径实例表不存储完整的对象实例，只保存组成路径实例的所有对象或代理对象的 OID。如图 5-24 所示，给定一条路径 $P=C_1 \rightarrow C_2 \rightarrow \cdots \rightarrow C_n$，其对应的路径实例表的模式为[$S_1$: OID，$S_2$: OID，$\cdots$，$S_n$: OID]，即长度为 $n-1$ 的路径对应的路径实例表共有 n 列，每列 S_i 的数据类型为 OID，取值范围为 C_i 所有实例的 OID 集合，$1 \leqslant i \leqslant n$，路径

实例表的每一行对应 P 的一个路径实例。

路径 "$P=C_1 \rightarrow C_2 \rightarrow \cdots \rightarrow C_n$" 的
路径实例表

S_1:OID	S_2:OID	S_3:OID	...	S_n:OID
...	...	...	...	...

图 5-24　路径实例表结构

路径实例表在设计时主要考虑以下几点。

(1) 互为逆路径的两条路径,只存储一个路径实例表,以节省存储开销。对于任意路径 P 及其逆路径 P',将组成 P 的每一个路径实例的对象序列进行顺序置换,可以得到 P' 的路径实例,反之亦然,因此可以通过将 P 的路径实例表进行列置换得到 P' 的路径实例表。

(2) 路径实例表存储完整的路径实例。在计算路径表达式时,需要找到路径实例上的最后一个对象实例,并进行投影计算,因此路径实例表另一种可能的设计是只存储路径实例上的第一个和最后一个实例。由于路径的每一层都可能存在谓词,如果要判断路径实例是否满足谓词,还需要进行一次对象遍历,存取路径实例上相应的对象实例。只存储第一个和最后一个实例的路径实例表无法直接支持这样的操作,因此路径实例表存储完整的路径实例。

(3) 支持对象的双向遍历。因为对象间的指针链接是双向的,所以对象的遍历也可以是双向的。根据(1)和(2),显然可以有效地支持对象间的双向遍历。路径实例表在实现时是通过一个表实现的。对于表的每一行,其每一属性列记录的 OID 按照列的顺序组成一个对象序列,构成路径实例表对应路径的一个路径实例。如图 5-25 所示,对于路径 Music→Music_MTV→MTV,存在一个路径实例 $O_{Music} \rightarrow O_{Music\_MTV} \rightarrow O_{MTV}$,该路径在路径实例表中有相应的一条记录[$O_{Music}$, O_{Music_MTV}, O_{MTV}]。

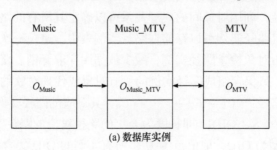

(a) 数据库实例

...	...	...
O_{Music}	$O_{\text{Music\_MTV}}$	O_{MTV}
...	...	...

(b) 路径Music→Music_MTV→MTV
所对应的路径实例表

图 5-25　路径实例表示例

路径实例表利用 OID 记录路径实例，因此常常需要根据一个给定的 OID 检索相关联的路径实例，在路径实例表上建立标识索引，以支持快速的路径实例检索。标识索引具体通过在路径实例表的每一列上建立一个 B+树索引来实现，即标识索引是一个索引集合。每个索引是路径实例表的一个列索引，以 OID 作为键值标识索引的叶子结点如图 5-26(a)所示，其中 $addr_1$, …, $addr_n$ 是包含有键值 OID 的路径实例在路径实例表中对应元组的物理地址。索引的非叶子结点如图 5-26(b)所示，其中 PagePointer 是指向索引树下一层结点的指针。虽然路径实例表通过物化存储路径实例，支持快速遍历对象，但路径实例表本身无法直接支持谓词判断。计算路径表达式时，需要根据路径上声明的谓词过滤不满足条件的路径实例。路径上每一层的谓词都定义在该层对象的属性值上。为计算路径上某一层的谓词，需要在对象遍历的过程中存取路径实例上该层的对象，从而利用对象的属性值进行条件计算。如果在过滤路径实例的过程中总是需要存取路径实例的中间对象，会增大路径表达式计算的开销。属性索引就是针对路径实例的条件过滤设计的属性索引。不同于一般类上的属性，索引将属性值直接映射到对象本身。属性索引将路径上某个类或代理类的对象(或代理对象的属性值)映射到包含该对象或代理对象的路径实例信息上。具体而言，属性索引建立在路径实例表上，采用 B+树结构实现。索引的键值是路径实例表对应路径上某个类的属性值。属性索引将该类对象的属性值映射到包含该对象路径实例所对应路径实例表元组的地址。图 5-27(a)给出了属性索引的叶子结点，其中 key-length 是索引属性的长度，key-value 为索引键值，$addr_1$, …, $addr_n$ 是属性值等于索引键值的对象对应路径实例表元组的地址。属性索引的非叶子结点如图 5-27(b)所示，其中 PagePointer 是指向索引树下一层结点的指针。

给定一条路径 P，为其创建的路径实例表只有一个。根据路径 P 定义的路径表达式可以有多个，每个路径表达式在路径上每一层都可能声明各种谓词。根据实际路径表达式计算的需要，可以在路径实例表上建立不同的属性索引。一个属性索引可以被一条路径上不同的路径表达式计算时使用。

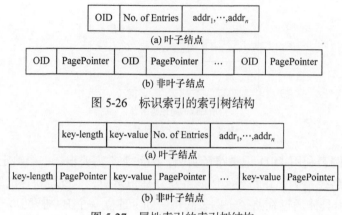

(a) 叶子结点

(b) 非叶子结点

图 5-26　标识索引的索引树结构

(a) 叶子结点

(b) 非叶子结点

图 5-27　属性索引的索引树结构

5.8　小　　结

本章主要介绍 TOTEM 的存储管理策略，从对象代理模型和存储机制出发，对模式存储、数据存储、OID 的回收、对象聚簇、对象缓存、索引机制进行叙述。为了实现对象代理模型的代理机制，TOTEM 修改或定义 od_class、od_attribute、od_deputy、od_deputytype、od_mapping、od_bipointer 等系统表记录模式信息、类与代理类间关系、对象与代理对象间的关系。在数据存储方面，以可变长的对象作为基本的数据组织单位。同时，对于对象间的复杂关联，TOTEM 通过 od_bipointer 表建立对象间的双向指针关系，进行关联对象处理的时候能够快速定位到相关的对象。为了实现对象级别的关联，每个对象都需要被分配一个 OID，因此为了高效利用已有的 OID，TOTEM 提出 OID 回收机制。对于数据库的性能，基于磁盘的数据库性能很大程度上都受限于磁盘 I/O。此时，如何在数据库运行中尽量少访问磁盘页面，多顺序访问而少随机访问也成为数据库设计的一大问题。TOTEM 提出两种对象聚簇策略，通过改变底层对象数据的组织策略，可以减少查询引发的随机访问和无效访问，提升数据库性能。同时，TOTEM 对索引机制也进行了设计，根据对象代理模型的特点，提出在实属性和虚属性上建立索引的设计方案，进一步提高 TOTEM 的性能上限。

数据库索引作为一种重要的物理数据结构，通过建立索引键到元组数据位置的映射，提升查询处理的效率。这种映射也可以看成一种模型，输入是索引键，输出是对应数据的物理位置。随着机器学习技术的发展，Kraska 等[8]利用机器学习模型模拟数据库索引，称为递归模型索引(recursive model index，RMI)。RMI 是一种有层次结构的整合模型，其中每层的结点都是一个子模型。与传统的通用索引结构不同，这种学习型索引是一种数据驱动的索引。它根据数据库存储的数据不同，训练适应当前数据特征的 RMI，能够在很大程度上提升当前数据库管理系统的数据索引能力。

参 考 文 献

[1] Hellerstein J M, Stonebraker M, Hamilton J. Storage management:Architecture of a database system. Foundations and Trends® in Database, 2007, 1(2): 210-218.

[2] Stonebraker M, Wong E, Kreps P, et al. The design and implementation of Ingres. ACM Transactions on Database Systems, 1976, 1(3): 189-222.

[3] Stonebraker M. The design of the Postgres storage system//Proceedings of the 13th International Conference on Very Large Data Bases, 1987: 289-300.

[4] Eickler A, Gerlhof C A, Kossmann D. A performance evaluation of OID mapping techniques// Proceedings of the 21th International Conference on Very Large Data Bases, 1995: 18-29.

[5] Benzaken V, Delobel C, Harrus G. Clustering strategies in O2: An overview//Building an Object-Oriented Database System: The Story of O2, 1992: 385-410.

[6] Kemper A, Kossmann D. Dual-buffering strategies in object bases//Proceedings of the 20th International Conference on Very Large Data Bases, 1994: 427-438.

[7] Bertino E, Kim W. Indexing techniques for queries on nested objects. IEEE Transactions on Knowledge and Data Engineering, 1989, 1(2): 196-214.

[8] Kraska T, Beutel A, Chi E H, et al. The case for learned index structures//Proceedings of the 2018 International Conference on Management of Data, 2018: 489-504.

第 6 章　对象代理数据库查询处理

对象代理数据库采用与 SQL 兼容的 OD-SQL 作为工作语言。与标准 SQL 相比，OD-SQL 在遵循其基本结构和语法的基础上根据对象代理模型的特点作了相应的修改，并扩展了代理类的构造和查询功能。虽然 TOTEM 的查询系统借鉴了对象关系数据库成熟的查询处理技术，但是由于其独有的对象代理代数、跨类查询和更新迁移等机制，直接采用对象关系数据库中的查询处理机制并不能满足TOTEM 的需求。因此，在处理涉及代理类的查询时，为了便于用户的理解和使用，TOTEM 建立了一套完善的查询机制，使代理类的查询能采用与传统关系数据库一致的形式描述和实现。

6.1　数据库查询处理简介

在数据库技术发展历程中，层次和网状数据库是第一代数据库系统。层次和网状数据库通过存取路径表示数据间的联系，这也是数据库与文件系统的区别之一。例如，IDS 以链表记录具有关联关系的一组记录。每个记录都存储下一个记录的存放位置。然而，层次和网状数据库定义模式信息后难以修改，数据操作语言是嵌入诸如 COBOL、PL/1 中导航式的过程化语言，需要用户按照数据存取路径引导程序访问数据库，按照记录顺序依次查找，直到满足查询需求。以数据检索为例，这类查询的处理主要由 FIND 语句和 GET 语句完成。FIND 语句的主要目的是从指定的集合中检索对应的记录。GET 语句从当前记录传输字段值，然后对其进行处理。这要求用户了解数据库的逻辑模式和存储模式。程序员可以根据经验选取较优的访问路径，从而提高访问效率，但需要程序员具有专业的数据库相关知识和实践经验，同时程序的可移植性和数据独立性较差。

随后关系数据库管理系统出现。其采用的关系模型建立在严格数学概念的基础上，概念简单清晰，实体及实体间的联系都用关系表表示。关系操作可用关系代数或者等价关系演算中的并、交、差、广义笛卡儿积等操作表示[1]。在用户看来，关系模型中数据的逻辑结构是一张二维表，数据独立性强，物理存储和访问路径对用户不透明。关系数据库语言是非过程化的，用户不需要使用导航式的检索方式，易于用户理解和使用。关系数据库的查询处理包括处理用户提交的查询的所有步骤和执行查询计算所请求的结果。通常，用户查询先声明性地描述应该计算的内容，然后关系数据库负责通过生成语义上与原始查询等价的查询执行计划来计算结果。在支持简单数据类型，如整数、日期、字符串等方面，关系模型有高效、简单、低冗余的优点。然而，关系模型也存在一些问题，例如模型语义表达能力不够，无法表示客观世界普遍存在的复杂对象，难以处理图形图像、声音、测绘等领域的非结构化数据，无法表达数据间的深层次联系，缺乏数据抽象等。在很多方面，如计算机辅助设计、多媒体存储、文档管理，均需要处理大量的复杂数据类型，以达到减少开发时间、共享与恢复数据等目的。为了解决关系模型的不足，面向对象模型被提出来。该模型借鉴了软件工程中面向对象的概念及其在面向对象程序设计语言上的成功经验，利用对象可以很好地表现复杂数据类型。

面向对象数据库系统采用的面向对象模型使用面向对象的观点描述实体间的组织结构和对象间的联系。它将现实世界中的实体统一用对象标识。每个对象的唯一标识符是 OID，并且每个对象都是属性集合和状态操作方法集合的封装。外部可以通过消息传递访问对象封装的属性和方法。所有具有相同属性和方法集合的对象构成一个类。对象就是某个类的一个实例。所有类可以组成有根的有向无环图，这是类层级结构。一个类可以从其祖先类中直接或者间接地继承所有属性和方法，称为子类。父类和子类在语义上具有概括和特殊化的关系。在面向对象数据库中，当查询处理器接收到一个查询时，首先会检查查询的语法和语义，以确保查询结果的正确性。然后是语义优化过程，通过使用语义知识将查询转换为资源消耗较少的等价查询。最后，查询处理器会生成一个高效的查询计划来确定检索对象的顺序及其访问方法。面向对象数据库借鉴关系数据库中已经相当成熟的查询处理技术。虽然二者使用的查询处理流程是类似的，但是查询的目标和结果不同。关系数据库的查询处理针对的是关系，而在面向对象数据库中，查询的目标和结果都是对象的集合。因此，查询处理器仍需要对面向对象的概念提出不同的策略。例如，为了语义的正确性，在查询计算期间必须考虑类间可能存在的复合组件关系。面向对象模型结合了类层次结构和嵌套对象的语义，其本质比嵌套关系查询模型更丰富。

在对象代理数据库中使用的对象代理模型是为解决面向对象数据库中对象视图、角色多样性及对象移动等问题提出的。对象代理模型使用一般的对象概念表示现实世界的实体，其模式用类表示；使用代理对象表示对象或其他代理对象多方面的特征和动态属性，其模式用代理类定义。TOTEM 特有的跨类查询和对象更新迁移机制支持跨媒体综合信息查询，可以有效地提供信息的自动分发等功能。从逻辑上，TOTEM 主要分为编译分析/查询重写模块、优化/查询执行模块、事务管理模块、存储控制模块。从物理上，TOTEM 主要分为服务器端部分，包括模式的管理、查询优化执行、事务管理、存储控制和权限控制；客户端部分，包括网络通信、缓冲管理、连接及权限管理和应用程序开发接口。TOTEM 采用与传统数据库类似的架构，在用户连接方式上，采用客户机-服务器模式，并使用前台连接线程池和后台服务器进程池协同工作。客户端通过传输控制协议/网际协议(Transmission Control Protocol/ Internet Protocol，TCP/IP)和 Unix 套接字建立连接后，连接管理器将为其分配一个后台进程。

后台进程接收用户命令后，若命令是非查询命令，则直接交给事务管理器执行。事务管理是对一系列数据库操作进行管理。一个事务包含一个或多个 SQL 语句。对于有查询性质的命令，一旦客户端发起查询请求，服务端的监听进程 ODmaster 将分配一个后台服务进程 ODbase 进行查询处理操作。首先，ODbase 调用解析器 Parser 对查询请求进行词法解析与转换，得到一个内部数据结构——计划树。然后，重写系统使用 TOTEM 的规则系统，对计划树中存在应用规则的地方，重写一个内容等价的查询树，查询优化器根据查询树生成所有可能的连接路径，评估每个查询计划的代价，并从中选择一个查询代价最小的计划作为最终的查询执行计划。最后，将查询执行计划传递给查询执行器 Executer，执行器按照查询计划从数据库中取出满足要求的数据，并返回查询结果。TOTEM 的查询处理结构如图 6-1 所示。

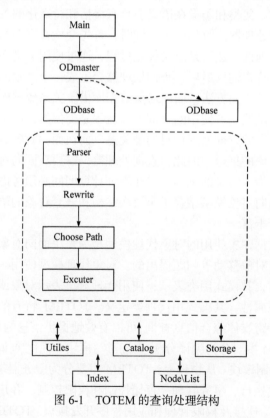

图 6-1　TOTEM 的查询处理结构

在用户看来,对代理类的查询与对一般关系的查询没有区别。当查询涉及对象中的虚属性时,系统需要根据定义的切换操作取其对应的实属性,并加以计算,将结果返回给用户。这些虚属性的值对应源对象的一个或多个属性的值,可以经过切换表达式计算得出。

在 TOTEM 中,类之间的代理关系在对象层次上表现为相关对象之间的双向指针互连,在类层次上则表现为相关类之间的逻辑网状结构。在这种类的逻辑网状结构中,TOTEM 可以从一个类的对象出发,依次经过与之相邻的类,得到相关类中对象的数据。这种操作称为跨类查询。它是 TOTEM 中一种灵活的语义操作,采用路径表达式的形式,可以很方便地由某个类的对象得到相关类中对象的数据。TOTEM 中路径表达式的定义在联系路径中相邻两个结点的方法上与传统的面向对象数据库不相同。在面向对象数据库中,路径中相邻的两个结点类通过聚集关系联系,相邻结点类间的对象一般采用正向指针。在 TOTEM 中,路径中相邻的两个结点类是由代理关系联系的,相邻结点类间对象通过双向指针联系。因此,TOTEM 中的查询和普通的面向对象数据库中查询的最大区别就是,切换表达式处理和路径表达式计算。另外,由于对象代理模型中代理类的查询采用与关系数据库一致的形式描述,TOTEM 只需要在生成查询计划和执行时,针对代理类生成特殊的访问路径和计划,由执行器执行,即可实现对代理类的查询支持。

6.2　查　询　编　译

数据库查询编译的目的是将声明性 SQL 查询转换为过程性程序。在面向对象数据库中,这个过程主要由两个模块组成。最初,语义预处理程序使用预处理规则转换查询,以显示地反映上下文中固有的语义,如类之间的父类-子类关系。这个模块对于查询结果的正确性是必要的。然后,语义优化器使用语义约束修改查询,以便在不改变查询语义的情况下更有效地执行查询。通过消除重复、应用恒等式和重写,规范化查询计划。然后,将规范化表达式转换为等效的对象代数表达式。这种形式的查询是一个嵌套表达式,可以将其视为一个树。其结点是代数运算符,叶子表示数据库中类的范围[2]。由于大部分查询语义是在运算符参数中表示的,因此面向对象数据库的代数大多数过于复杂,优化器无法有效地进行操作。为了尽可能多地在代数运算符和代数表达式中捕获查询语义,面向对象代数除了传统的集合和关系运算符,还有其他新的逻辑操作符,以便显式地指示对象间引用的使用。查询编译过程产生的查询解析树便是查询优化器的输入。

TOTEM 中的查询编译过程由查询规范的词法、语法和语义分析组成,主要分为两个阶段。首先是词法和语法分析阶段。这个过程将输入的查询字符串转换

为语法元素的内部表现形式，并以此为依据进行语法分析，检查命令是否符合
TOTEM 的 OD-SQL 语法，结果是一个与命令内容相应的分析树。其次是语义分
析阶段或者称为转换阶段，指测试查询的语义正确性。这些测试通常验证查询中
的表名或列名是否存在，是否具有正确的类型。语义分析器接受语法分析器传来
的分析树，并检查该命令是否有不符合系统规定的地方，如果没有则最终转换为
一个查询树返回。如图 6-2 所示，主进程 ODmaster 接收的是一系列字符串形式的
查询命令。在经过词法分析器之后，被改造为对应的内部符号形式的查询命令；
在经过语法分析后，则生成相应的查询分析树；把分析树传递给语义分析器，生
成系统内部可以识别的查询树。服务进程 ODbase 在处理一个查询树时，会判断
该查询命令属于哪种类型。对于如创建、索引等简单命令直接由非计划命令处理
模块处理，计划命令和创建代理类则由计划优化器生成最优计划给查询执行器处
理，最终返回查询结果。

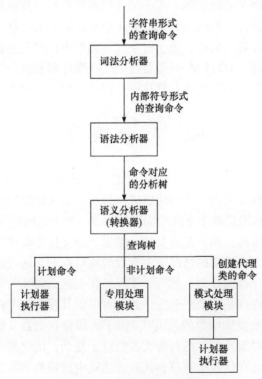

图 6-2　查询处理模块的关系

　　在 TOTEM 中，所有的查询命令都会经过词法和语法分析过程。对于一些复
杂的查询命令，如选择、插入、删除、更新命令调用语义分析器。它们的查询树
会经过计划器转换为查询执行计划，然后由执行器根据计划进行扫描工作。其他

许多较简单的非计划命令,如创建或删除基本类的命令不需要进行类的扫描工作,只要在系统的模式数据上进行一些操作,因此分析器只是进行简单的逻辑错误的检查,而没有做任何实际的转换工作,直接调用相应的模块就可以完成。

TOTEM 的词法、语法分析器是利用 Unix 工具词法分析生成器(lexical analyzer generator，LEX)和编译器代码生成器(yet another compiler，YACC)制作的。词法分析器根据 LEX 词法分析识别标识符、SQL 关键字和操作符等词法元素。语法分析器定义并且包含一套语法规则,以及触发这些规则时执行的动作。这些动作的代码用于建立分析树。因为命令的形式和用途各异,分析树采用特定的数据结构。每种数据结构对应一种命令形式。如果一个输入符合某个命令的格式,那么分析器将分配一个相应的分析树结构,并且把命令中的各个语法成分填写到结构体的各个域中。

为了更好地理解在处理一个查询时 TOTEM 使用的数据结构,下面用一个简单的例子演示每个阶段数据结构所做的改变。

例 6.1　代理属性 ClassicalRock 代表经典摇滚歌曲的年龄。

```
SELECT c.name, 2020-r.year AS ClassicalRock
FROM classical c, rock r
WHERE c.name = r.name
```

词法分析器识别表 6-1 所示的信息,转换为相应的标号,并传递给语法分析器。

表 6-1　词法分析结果示例

关键字	SELECT、AS、FROM、WHERE
标志符	c、classical、name、r、rack、year、ClassicalRock
数字	2020
操作符	. - =

语法分析器接收到例 6.1 中的查询符号串后,将其识别为一条选择查询命令,并执行相应的动作,生成如下分析树结构。

```
typedef struct SelectStmt
{
    NodeTag  type;  //系统定义的枚举类型，表示本结构体的类型
    List  *distinctClause;  //DISTINCT 子句所涉及的属性表，
                    //此例中为 NULL
```

```
......
    List *targetList;    //选择的目标属性列表, 此例中为 name 和
                         //year
    List *fromClause;    //FROM 子句中涉及的类, 此例中为 classical
                         //和 rock
    Node *whereClause;   //WHERE 子句, 此例中为对应 c.name=
                         //r.name 表达式
    List *groupClause;   //GROUP BY 子句, 此例中为 NULL
    Node *havingClause;  //HAVING 子句的表达式, 此例为 NULL
    List *sortClause;    //ORDER BY 子句
...
    SetOperation op;     //集合操作的类型 (合并等)
    bool all;            //是否声明了 ALL 关键字
    struct SelectStmt *larg; //集合操作的左子查询
    struct SelectStmt *rarg; //集合操作的右子查询
} SelectStmt;
```

语义分析以语法分析器传递过来的分析树作为输入, 然后递归地处理它。一般来说, 各种命令最后都会转换为一个查询结点, 这个结点将作为新数据结构的最顶端结点。以上面的查询为例, 可以得到如下结构。

```
typedef struct Query
{
    NodeTag     type;
    CmdType     commandType;  //查询命令类型, 本例中为选择, 还
                              //有可能为
                              //插入、更新、删除等
    Node *utilityStmt;        //不需要计划的命令将被存放在该域中
    int  resultClass;         //如果是 SELECT INTO, 这里对应目
                              //标类的编号
    ......
    bool hasAggs;             //是否有聚集操作
    bool hasSubLinks;         //是否有相关子查询
    List *rtable;             //所有查询中涉及的类
    FromExpr *jointree;       //查询中要进行连接的类和连接条件
    List *rowMarks;           //FOR UPDATE 列表
```

```
    List  *targetList;        //查询选择的目标属性表达式列表
    List  *groupClause;       //GROUP 子句
    Node  *havingQual;        //HAVING 子句的表达式
    List  *distinctClause;    //DISTINCT 子句
    List  *sortClause;        //ORDER BY 子句
    Node  *limitOffset;       //OFFSET 子句
    Node  *limitCount;        //LIMIT 子句
    Node  *setOperations;     //集合查询合并、更新的树状结构
    //以下的域由计划器填写，在转换器中一直为 NULL
    List  *base_cls_list;
    List  *other_cls_list;
    List  *join_cls_list;
    List  *equi_key_list;
    List  *query_pathkeys;
    List  *source_targetlist;
    Bool  deputy_update;
} Query;
```

形成查询结点后，语义分析器会检查 FROM 子句中的类名是否存在。在类名全部被识别后，分析器会检查查询所用的属性名是否包含在查询给出的类里。分析器将为每个查询中出现的类名创建一个称为范围表项的，包含类名、别名和类标识的结点。所有范围表项结点都收集到范围表项列表里，然后该列表再链接到查询结点的 rtable 字段上。如果查询中有一个不为系统所知的类被检测到，那么返回一个错误，查询处理退出。然后，分析器为找到的每个属性创建一个范围表项结点，保存一个指向 Resdom 结点的指针和一个指向 VAR 结点的指针。Resdom 结点保存属性名称。在 VAR 结点中有两个重要的数据域，其中一个数据域给出包含当前字段的类在上面创建的范围表项目列表里面的位置，另一个数据域给出该字段在类中的位置。如果有一个字段的名称无法找到，则返回一个错误，并退出正在处理的查询。

TOTEM 还需要提供对特殊表达式的查询编译。以路径表达式为例，在词法分析过程，系统同样需要对路径表达式的相关词法元素进行识别，特别是对路径连接符 "->" 的识别。在语法上，遵循 YACC 的语法规则设计规定和验证路径表达式的语法，以及满足语法规则后执行的动作。这个阶段用两个数据结构 Ident 和 RawPath 记录词法和语法解析后路径表达式的相关信息，上述提到的执行动作就是将路径表达式的信息写入这两个数据结构中。

数据结构 Ident 用来存储路径表达式上路径结点类的信息和作用在该类上的条件谓词。它的定义如下。

```
typedef struct Ident
{
    NodeTag  type;        //标志该数据结构的类型
    Node   *item;         //描述路径结点类的信息，指向一个
                          // RangeVar 数据结构
    Node   *pathqual;     //路径结点类上的谓词条件,指向一个Expr
                          // 数据结构
}Ident
```

数据结构 RawPath 用来存储路径上所有结点类和终点类上的目标表达式。它的定义如下。

```
typedef struct RawPath
{
    NodeTag  type;    //标志该数据结构的类型
    List   *path;     //描述路径结点 Ident 所形成的链表
    Node   *target;   //目标表达式，指向一个 Expr 数据结构
}RawPath
```

对于跨类查询中的路径表达式，在词法和语法解析完成后，路径各结点的类描述信息和谓词条件分别存储在数据结构 Ident 的 item 和 pathqual 域中。路径中所有结点的 Ident 结构形成一个链表,存储在数据结构 RawPath 的 path 数据域中。target 数据域存储目标表达式。

在对路径表达式进行语义解析时，接收到语法分析器输出的数据结构 RawPath，然后利用该数据结构和 TOTEM 的数据字典进行语义解析。在对路径表达式进行语义解析时，涉及三个重要的数据结构。下面对其进行简要的介绍。

(1) 数据结构 UserPathExpr 是路径表达式进行语义处理后的输出。如果路径表达式上有聚集函数，则 AggPath 为聚合结点，否则为 DeputyVar 结点。

```
typedef struct UserPathExpr
{
    Expr  expr;             //表达式结点类型 T_UserPathExpr
    Oid   userpathtype;     //表达式计算结果的数据类型
    Node  *AggPath;         //如果路径表达式上有聚集函数，则存储聚
```

```
                            //集结点信息
                            //否则存储一个简单的DeputyVar结点信息
        Node  *targetExpr;  //路径表达式的目标表达式
        Struct DeputyAggState  *aggstate;
                            //对路径表达式的计算结果做聚集操作所
                            // 使用的结点
        int  flag           //路径表达式的执行状态标记，
    }UserPathExpr
```

(2) 数据结构 DeputyVar 的数据域 path 用于存储路径上的结点链表。

```
typodef struct DeputyVar
{
    Expr    xpr;            //T_DeputyVar
    ...
    List    *path;          //ClassAttr 形成的链表
}DeputyVar;
```

(3) 数据结构 ClassAttr 记录路径结点类的标识符和类上的谓词条件，其附加 cachedOid 和 laggNum 是路径表达式计算时需要的两个重要的流程控制数据域。Econtext 是谓词条件计算时所需的上下文信息。

```
typedef struct ClassAttr
{
    NodeTag type;          //结点类型
    Oidclassid;            //类的标识符
    Int    aggNum;
            //与 cachedOid 相对应，记录上一次计算的 OID 在
            // cachedOid 中的索引
    int16  attrmum:
            //对于起点类和导航类取值为 0，对于目标类取值为目标表
            // 达式的个数
    List   *cachedOid;      //在路径表达式计算时存储当前结点类
                            // 的对象 OID
    struct ExprContext*  econtext;      //路径表达式计算的
                                        //内存上下文
    Node   *qual;      //类相关的谓词条件
```

```
}ClassAttr;
```

一个路径表达式的语义解析算法流程如下。

① 计算路径表达式中路径的长度。如果路径长度小于 1，则该路径不满足路径表达式的语法定义，退出语义解析流程。

② 判断跨类查询 FROM 子句中类的个数。如果类的个数超过 2，则该查询不满足跨类查询的语法定义，退出语义解析流程。

③ 预处理路径的各个结点类。主要包括结点类的类型检测、数据结构的转换和条件谓词预计算。

④ 完成所有结点类的处理后，判断该路径上相邻两结点类是否存在直接代理关系。只要有一对相邻的结点类不存在直接代理关系，则说明路径不可达，不符合路径表达式的语法定义。此时退出语义解析流程。

⑤ 处理目标表达式。如果目标表达式上存在聚集运算，则将聚集信息填充到数据结构 UserPathExpr 中，否则直接填充目标表达式到数据结构 UserPathExpr。

⑥ 完成路径表达式的语义解析。

由于跨类查询支持多个路径表达式，为避免相同的路径表达式被重复计算，在语义解析阶段设置一个全局链表保存之前语义处理后的路径表达式。系统会搜索该链表中是否已存在当前正在解析的路径表达式，如果存在则不加入该链表中。这样就可以保证相同的路径表达式只会被计算一次。

非计划命令是那些不需要生成计划的查询命令。这类命令多是创建或删除一些数据库实体，如基本类、函数、触发器等。它们并不对用户类进行扫描，而是在系统表中插入或删除一些信息。虽然非计划命令的工作相对简单，但是词法语法分析部分的处理过程与计划命令是完全一样的。只是在语义分析部分，它们的分析树经过简单的检查之后就会直接链接到查询树结构的 utilityStmt 域上去，并且 commandType 被赋值为 CMD_UTILITY。这时查询结构的其他域都是无效的。标记为 CMD_UTILITY 的查询树将不会被传递给计划执行器，而是交给查询执行中的另一个模块，集中处理各个非计划命令。代理类的创建同样属于非计划命令，但它有自己的模式处理模块。创建代理类的过程将在下一节介绍。

6.3　模式操作处理

6.3.1　创建类与代理类

1. 创建类

TOTEM 创建基本类时，系统会在 od_class 中记录类的各种基本信息，同时创建一个空的类文件。在系统表 od_attribute 中，记录此类所有属性的详细信息。
下面给出一个简单的例子。

例 6.2　创建基本类歌曲类 Songs 和价格类 Price

```
CREATE CLASS Songs(
name VARCHAR,
author VARCHAR,
genre VARCHAR
);
CREATE CLASS Price(
name VARCHAR,
price INT
);
```

在创建这两个基本类时，系统在 od_class 表中分别记录 Songs 类和 Price 类
的类名、类型、属性个数等信息，同时在 od_attribute 中添加对应的属性信息。创
建基本类的系统表示例如表 6-2 所示。

表 6-2　创建基本类的系统表示例

od_class 记录本数据库中所有的类，以及与类相关的信息				
类名	类的类型	属性个数	OID	是否有代理类
Songs	基本类	3	20	否
Price	基本类	2	21	否

od_attribute 记录 Songs 类属性的详细信息			
属性 OID	属性名	属性类型 id	是否为代理属性
110	name	9	否
111	author	9	否
112	genre	9	否

od_attribute 记录 Price 类属性的详细信息			
属性 OID	属性名	属性类型 id	是否为代理属性
110	name	9	否
113	price	8	否

2. 创建代理类

在 TOTEM 系统中，创建代理类的实现采用的是计划命令的实现机制。其原
因是，代理类的创建过程本身需要在数据库中进行查询处理操作。它是一个执行

了选择、合并、分组、连接查询操作之一，或者多种操作组合而成的代理规则的过程，因此它的实现也必须要求查询优化器为其生成相应的计划，递交执行器执行，最终产生相应的代理类，并在系统表中存储相关代理类的信息。

　　TOTEM 中的代理类分为严格代理类和宽松代理类。严格代理类与源类之间要满足一定的语义约束，而宽松代理类则不需要。宽松代理类在创建时不包含任何对象，其处理过程也和创建基本类类似。严格代理类的创建需要考虑代理规则的存储和切换操作的存储。与创建基本类不同，它还需要同时将各个虚属性的切换表达式记录在 od_switching 中。创建代理类时还需要创建 CreateDeputyClassStmt 保存经过词法、语法分析生成的查询树。它的定义如下。

```
typedef struct CreateDeputyClassStmt
{
    NodeTag  type;            //结点类型
    RangeVar  *classname;    //创建类名称
    Bool  isPrecise;          //是否是严格代理类
    List  *realattrs;         //类上的实属性
    List  *methods;           //类上的方法
    Node*deputyRule;          //代理规则
    char  dkind;              //代理类类型, 's'选择, 'j'连接,
                              //'u'合并, 'g'分组
    List  *writeExprs;        //写切换表达式
    char  *tablespacename;   //表空间
    char  *deputy_desc;       //创建代理类 SQL 语句
}CreateDeputyClassStmt;
```

　　此外，还需要生成保存切换表达式的数据结构 SwithExprData，并将切换表达式插入 od_switching 系统表中。该数据结构的定义如下。

```
typedef struct SwitchExprData
{
    Oid  classid;     //所在类 OID
    int16  attrnum;   //属性编号
    int16  exprnum;   //表达式编号
    Node  *expr;      //表达式
    Var  *var;        //属性
}SwitchExprData;
```

　　为了维护严格代理类的语义约束，TOTEM 系统不允许用户对严格代理类进行插入和删除对象的操作，并且在严格代理类创建时就由系统对源类进行扫描，实时地将满足语义约束的代理对象加入代理类。因此，创建严格代理类的命令不但要创建类的模式信息，还要进行源类的扫描工作。

　　例 6.3　创建一个连接代理类 SongsRevenue，包含歌曲里的所有歌曲名 name 和每首歌曲对应的收益 profit。

```
CREATE JOINDEPUTYCLASS SongsRevenue(language VARCHAR())AS
(
SELECT s.name, p.price*10 AS profit
FROM Songs s, Price p
WHERE s.name = p.name
)
WRITE(Price.price = SongsRevenue.profit/ 10);
```

　　在处理这个语句时，TOTEM 系统首先会在相应的系统表中记录此类和类中所有属性的详细信息。创建代理类的系统表示例如表 6-3 所示。

表 6-3　创建代理类的系统表示例

od_class 记录本数据库中所有的类，以及与类相关的信息				
类名	类的类型	属性个数	OID	是否是代理类
SongsRevenue	连接代理类	3	22	是

od_attribute 记录类属性的详细信息				
属性 OID	属性名	属性类型 ID	是否为虚属性	所属类
110	name	9	是	SongsRevenue
111	profit	10	是	SongsRevenue
112	language	10	否	SongsRevenue

od_deputy 记录所有源类和代理类之间的代理关系		
源类 ID	代理类 ID	代理序号
20	22	20
21	22	21

od_deputytype 记录所有代理类的代理类型，以及定义该代理类的代理规则			
代理类 OID	虚属性个数	表达式个数	查询树
22	2	1	…(CreateDeputyClassStmt)

续表

od_switching 记录各个虚属性的切换操作表达式		
代理类名字	代理类型	表达式树
SongsRevenue	连接代理类	···(SwitchExprData)

之后，TOTEM 的语义分析器会根据代理规则提取该代理类的模式信息，然后进行镜像检查并存储，最后封装到查询结点中。镜像检查可以保证镜像数据与主数据一致。当进入专门处理，创建代理类的函数后，会在系统中填写该类的模式信息。需要注意的是，代理类的模式信息包括实属性、虚属性和切换操作。代理类模式分析示例如表 6-4 所示。

表 6-4　代理类模式分析示例

类名	SongsRevenue		
实属性	language		
虚属性	名字	读操作	写操作
	name	Songs.name	无
	profit	Price.price*10	profit/10

写入以上模式信息后，系统还将执行源类的扫描工作。这个扫描过程与选择命令的执行过程相似，但是不返回可视化结果，而是为满足要求的源对象生成代理对象。实现代理类的创建还需要对代理规则进行相应的处理。

(1) 检查代理规则的格式是否正确。各种代理类型的代理规则都要符合一定的限制。例如，选择型代理规则中不能有分组聚集操作和集合操作等，而且只能在一个源类上进行选择。在对代理规则进行处理之前，系统首先检查代理规则在格式上是否满足对应代理类型的限制条件。

(2) 提取虚属性的模式。代理规则中的各个目标表达式对应代理类的虚属性。目标表达式的别名就是虚属性的属性名，而目标表达式的返回类型就是虚属性的数据类型。

(3) 提取并存储切换表达式。目标表达式不仅确定了虚属性的模式，同时也定义了由实属性值生成虚属性值的切换操作过程。由于目标表达式中的变量结点表示的是源类中的某个属性，它只在本查询命令中有效，因此直接存储目标表达式是无意义的。当进行虚属性的查询时，系统需要利用路径表达式，首先扫描代理类的对象，然后根据代理对象的指针找到其源对象，最后取其属性值进行计算。因此，需要对目标表达式的变量结点进行修改。这种修改过的表达式就是需要存储的切换表达式。在例 6.4 中，属性 birth 的切换表达式的生成过程如图 6-3 所示。

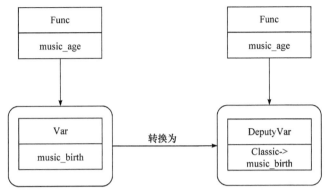

图 6-3　属性 birth 的切换表达式的生成过程

例 6.4　为 music 建立一个选择代理类 Classic，表示所有的 20 年经典老歌。选择所有发行时间大于 20 年的音乐，直接代理音乐的名字(name)属性和年代(genre)属性，并调用 music_age()函数生成年龄(age)虚属性。

```
CREATE SELECTDEPUTYCLASS Classic AS
SELECT name, genre, music_age(release)AS number-of-years
FROM music
WHERE 20 <= music_age(release);
```

在图 6-3 中，Var 结点是一般表达式树的叶子结点，它只表示某一个类的属性；DeputyVar 结点是 TOTEM 设计的新结点。它作为切换表达式树的叶子结点，能够表示一个路径表达式。这里所做的最基本转换工作就是把 Var 结点转换为相应的 DeputyVar 结点。

在代理类的定义中，代理规则实际上只定义本代理类和其直接源类之间的关系，而不关心这些源类是否也是代理类。因此，很有可能代理规则中的目标表达式含有某些源类的虚属性。在这种情况下，首先要把目标表达式中虚属性的 Var结点用其对应的路径表达式替换，然后修改这个新的表达式树中的各个变量结点。

在合并代理类中，代理对象的源对象来自不同的源类，因此生成这些代理对象的代理规则也各不相同。这些代理对象在模式上是一样的。对于某个虚属性而言，它在不同的对象上对应不同的切换表达式。在一个虚属性上存在多个切换表达式问题就是由合并型代理类产生的。从路径表达式的角度理解，就是从合并型代理类出发，可以有多于一条的路径，它们指向不同的源类。以合并型代理类为源类的代理类上，可能有多个切换表达式对应一个虚属性的情况出现。

在分析代理规则的目标表达式时，TOTEM 将目标表达式中涉及的虚属性的切换表达式进行排列组合。目的是将合并代理类中的虚属性根据其指向的源类进行分组排序。这时需要我们将指向代理类中同一个源类的对象分到同一个组,通过代理对象 id 查询双向指针表,获得其源类 ID。具有同样源类 ID 的代理对象具有相同的切换表达式,最终得到新虚属性的多个切换表达式。

此外,在创建代理类时还有一个很重要的工作,就是根据代理规则生成代理对象。在定义好代理类的模式后,系统根据代理规则自动对源类进行扫描。如果有符合代理规则要求的源对象就在代理类中生成其代理对象,记录它们的双向指针。

6.3.2　模式更新

在面向对象数据库中,模式是一组通过继承链接或组合链接关联的类。当一个模式被修改时,数据库系统需要保持一致性,包括结构一致性和行为一致性。结构一致性指的是数据库的静态部分。如果类结构是有向无环图,并且属性和方法名称定义、属性和方法范围规则、属性类型和方法名称都是兼容的,那么模式在结构上是一致的。另外,如果一个对象的值与它所属类的类型一致,则该对象在结构上是一致的。行为一致性指数据库的动态部分,即如果每个方法符合它的名称定义,并且它的代码不会导致运行时的错误或意外结果,那么数据库在行为上是一致的[3]。模式更新可以分为三类。

1. 更新类的方法

由于在一个类中添加一个新的方法会修改所有在该类的父类中定义的同名方法的作用域,因此系统必须自动确认这样的修改是安全的。如果引入的新方法可能导致在同一个类中出现名称冲突(即一个具有相同名字的方法在该类中已经定义),或者在该类的子类中出现与其他类的多重继承,此时类的更新会被系统拒绝。另外,新方法的名称定义应该与现有的同名方法定义兼容,并通过类继承与之相关。当从类中删除一个方法时,系统应该确保模式的结构一致性,并检测可能存在的行为不一致性问题。如果从一个类中删除从多个类中继承的方法,可能导致名称冲突和名称定义不兼容的问题。此时,系统检测到类更新后,方法的范围会发生变化,出现行为不一致性问题,从而拒绝更新。行为一致性问题可以通过检查方法的名称定义、查看方法依赖关系图、最重要的方法代码来检测。

2. 更新类的类型结构

更改类的类型不会影响类的有向无环图。在对类型更改时,系统必须执行结构一致性检查,以检测新的类型定义是否导致名称冲突,如果发生冲突,更新将被拒绝。例如,在两个或更多的源类中定义相同的属性名称。这个问题类似于更新类的方法。另外，如果继承层次结构中的类型不兼容，更新也会被拒绝。

3. 更新整个类

将一个类作为一个整体进行更新等同于对一个图的操作。因此，添加一个结点相当于添加一个类，删除一个结点等同于删除一个类，添加一条边相当于使一个类成为另一个类的父类，删除一条边相当于从另一个类的父类列表中删除一个类。以添加一个父类为例，为了确保不出现名称冲突或类型不兼容问题，必须进行结构一致性检查，添加边会修改继承层次结构中属性和方法名称的范围。模式更新后不能在有向无环图中引入循环。因为必须将类的属性添加到类的所有子类实例中，所以模式更新对类扩展有逻辑上的影响。添加边可能产生的行为一致性问题与向类添加方法或属性的方式相同。

与传统的面向对象数据库不同，TOTEM 还存在一个特殊类的类型——代理类。TOTEM 把关系中的每个元组看作一个对象，可以直接把关系元组作为对象模型中的基本对象，并在此基础上定义代理类。代理类通过代理规则决定代理哪些源类及代理的方式。代理对象是由作用在源类上的一个简单的 SQL 查询语句得到的结果对象再加上代理对象的实属性形成的。代理对象在源对象的属性上定义自己的虚属性。它并不存储虚属性的值，只是在需要时通过计算其切换表达式得到属性值。实际上，虚属性只存在于代理类的模式定义中。每个代理对象都有指针指向各自对应的源类中的源对象。每个源对象也有指向其代理对象的指针。切换操作就是利用这些指针并根据切换表达式中的路径取出源类属性。

根据对象代理模型的定义，当类被创建、删除，或者发生对象插入、更新、删除时，系统会有一系列的变化保持类之间、对象之间的一致性，从而保证对象代理关系的完整。我们将这种系统变化称为更新迁移。更新迁移是 TOTEM 特有的，包含类的更新迁移、对象更新迁移、索引更新迁移。在 TOTEM 中，源类和代理类之间的对象存在严格的代理关系。满足代理规则的源对象一定会在代理类中存在代理对象。在类或对象发生变更时，系统必须产生一系列的变化，以维护这种严格的代理规则。因此，在进行对象操作，即对象插入、更新、删除时，系统会检查经过这些操作后，新的对象是否依然满足其代理对象的代理规则，造成代理对象的生成、更新、删除，对象间指针的添加、更新、删除，维护系统的数据一致性和代理规则的严格性。

6.4　切换表达式处理

为了使对象模型在重组数据库或集成数据库时更具有灵活性，面向对象数据库允许程序员重构类的层次结构，修改对象的行为。这种复杂的视图机制与关系数据库中的视图类似，只允许程序员隐式地指定属性值，而不存储它们。它还允许程序员在类层次结构中引入新类。这些虚拟类是通过从其他类中选择现有对象和创建新对象来填充的。一旦定义了虚拟类，系统就会派生类的内部结构和行为，将其作为一般类使用[4]。虽然这种视图机制使面向对象数据库在反映数据多样性方面更加有效，但是其在描述复杂的数据时无法有效地将数据分割重组，从而存在难以建立对象视图和对象操作不灵活的问题。为了解决这方面的问题，对象代理模型以此为基础设计了切换操作和切换表达式。

6.4.1 切换操作

在 TOTEM 中，切换操作是以格式化成字符串形式的计算表达式来存储的。切换操作的表达式在定义代理类时被转换器提取出来，并存储到系统表 od_switching 中。该表以类 OID、属性号、表达式号为主键。当进行代理类的查询时，分析转换器会检查命令中涉及的属性是否为虚属性。如果是虚属性，则将相应的读切换表达式取出来，附加到属性的描述结点上，最后由执行器根据表达式计算虚属性的值。如果是更新命令，还要附加写表达式，以修改源属性。

在分析转换器中，系统逐个检查代理规则中的目标表达式，确定各个表达式的正确性，然后根据表达式的别名和返回结果类型确定生成的虚属性类型，并将表达式本身和虚属性按照一一对应的顺序组成链表。写操作是读操作的逆表达式，系统根据之前分析出的代理类的虚属性列表检查写表达式的正确性，以保证写操作不涉及非法属性。

在例 6.3 所示的查询中，分析转换器对代理规则中的目标表达式 s.name 和 p.price*10 AS profit 进行分析检查，得到虚属性名字(name)和收益(profit)的模式信息及其对应的读操作。WIRTE 子句只定义收益的写操作，因此只有收益具有写权限，名字是只读的。如果目标表达式是一个直接书写的属性名，如 s.name，那么生成的虚属性将具有相同的名字。如果是一个计算式则必须声明别名，作为虚属性的名字，如 p.price*10 AS profit，系统会检查虚属性名字的唯一性。

分析好的切换表达式将被交给专门的函数进行嵌套处理。用户定义切换操作时只考虑直接相关的源类和代理类之间的关系。如果切换操作涉及的源属性仍然是一个虚属性，则需要将源属性的切换表达式与新定义的表达式嵌套在一起形成一个完整的、直接操作最上层实属性的表达式。代理对象示例如图 6-4 所示。

图 6-4 中 D 是 S 的代理类。它通过读操作 $read_d$ 进行虚属性的访问，即 $D = read_d(S)$。现在用户在 D 上再定义一个代理类 DD，以及 DD 相对于 D 的读操作 $read_{dd}$，即 $DD = read_{dd}(D)$。D 并不存在真实的数据，因此在嵌套处理过程中，$read_d$ 和 $read_{dd}$ 嵌套在一起形成 $read_{d'}$，以访问真正的数据 S，即 $DD = read_{d'}(S)$。

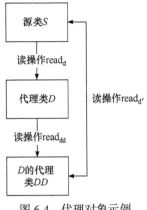

图 6-4　代理对象示例

　　写操作也会类似地转换成嵌套表达式。表达式将转换为下面的数据结构，并存储下来。

```
typedef struct SwitchExprEntry
{
    NodeTag  type;
    bool  readExpr;        //该结构是否是一个读表达式
    int16 exprnum;         //表达式的编号
    AttrNumber attrnum;      //表达式对应的虚属性号
    List  *paths;          //表达式中涉及的路径
    Node *SwitchExpr;   //表达式树
    struct DeputyAggState *deputyaggstate;
                          //如果有聚合操作,该域为执行时的聚集状态
} SwitchExprEntry;
```

　　其中，paths 域为 DeputyVar 结点的链表，记录切换表达式中出现的所有代理路径；DeputyVar 结点记录从一个类出发经过相邻的类，直到目标类某个属性的一条路径。

　　在读操作中，因为一个虚属性的值可能由来自不同源类的属性值共同计算得到，所以切换表达式中的路径一般也不只一条。写操作只会写入一个源属性，所以 paths 域的链表长度实际上只可能为 1。

　　一般说来，一个虚属性上的切换操作是唯一的，即该类代理对象在该属性上的读写操作都是一样的。在合并代理类中，代理对象可能分别来自不同的源类，它们的虚属性在模式(名字和类型)上虽然相同，但是对应的切换操作却不一样。此时，系统会在该属性上存储多个切换表达式，并用表达式编号加以区分。执行

时，根据具体的对象选择合适的表达式。

6.4.2 切换表达式

切换表达式在对代理类的虚属性进行查询或更新时会被调用。在分析转换器中，切换表达式从系统表中取出，最后在执行器内由专门处理表达式的函数计算。

1. 分析转换器阶段

在分析转换器中，系统会检查输入的查询命令，找出其中所有对虚属性进行读取的地方。读操作使用较广泛，它可能出现在查询的目标表达式中还可能出现在 WHERE 语句和 HAVING 子句的布尔条件表达式中。虽然出现的位置不一样，但是虚属性作为代理类中的一个平凡属性，只可能出现在表达式的叶子变量结点上。在 TOTEM 中，用下面的 Var 结构表示变量，或者说表示一个普通属性。

```
typedef struct Var
{
    NodeTag   type;
    Index varno;              //指向属性所属类结构的索引号
    AttrNumber varattno;      //属性号
    Oid     vartype;        //属性的数据类型 OID
    int32 vartypmod;          //类型附加值
    Index varnoold;
    AttrNumber varoattno;
    List *switchingExprs;  //虚属性对应的读操作列表
    struct UserPathExpr *userpath; //用户输入的路径表达式
} Var;
```

实际上，转换器检查查询中所有可能的表达式的 Var 结点。根据结点中的类 OID 和属性号确定该属性是否为虚属性，如果是则在系统表中查找所有对应该属性的读操作表达式，并组织成链表，存放到 Var 结点的 switchExprs 域中。

例 6.5 将所有超级明星 superstar 的收益加上 100。

```
SELECT profit + 100
FROM SongsRevenue
WHERE name = 'superstar';
```

收益和条件表达式中的名称都需要读操作。profit+100 的表达式树的结构如

图 6-5 所示。首先，读取属性 profit 的值。然后，将读取的每个值都加上 100。由于 profit 是虚属性，我们需要通过 profit 的读切换表达式获取 profit 的真实值。

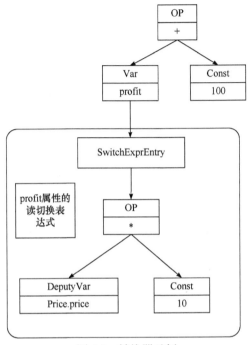

图 6-5　转换器示例

写操作只有更新一个虚属性时才会被调用。写操作只能出现在更新命令的目标列表中，因此写操作可以直接附加到目标项结点上。

例 6.6　将超级明星 superstar 的收益更新为 800。

```
UPDATE SongsRevenue SET profit = 800
WHERE name = 'superstar';
```

目标项收益中将附加其写操作表达式列表。具体结构与读表达式类似。在更新命令的 WHERE 子句中出现的虚属性，如名称，会附加读操作。

2. 读表达式的处理

因为读操作的表达式是附加在一般表达式的叶子结点上，所以读表达式的处理也是作为表达式处理模块的一部分进行的。一般表达式的计算是一个递归过程。表达式树中的各个结点都有专门的处理函数。其统一的接口为 ExecEvalExpr 函数。上层结点的函数在需要下层结点的计算结果时，将以下层结点为参数，调用 ExecEvalExpr。该函数会调用适合结点类型的函数来计算。如果还有更下层的结点，就重复调用 ExecEvalExpr，直到最下层的结点得到值之后向上返回，在最上层得到最终结果。一般读表达式的计算是作为 Var 结点的下层调用的。读表达式处理流程如图 6-6 所示。

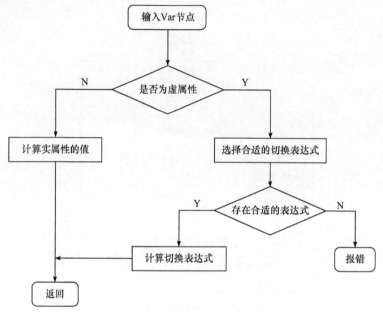

图 6-6　读表达式处理流程

　　由于切换操作的不唯一性，一个虚属性可能有多个切换操作，因此需要在计算之前进行切换表达式的选择。

　　另外，代理类虚属性的切换表达式中可能出现聚集函数。此时，为了计算聚集函数的值，这些表达式需要做特殊处理。TOTEM 采用系统计算聚合型计划结点的方法计算这些聚集函数。在初始化代理类查询路径时，在切换表达式的结点增加聚集函数的计算状态，结点的数据结构如下。

```
typedef struct DeputyAggState
{
CommonScanState    csstate;   //第一个字段是 NodeTag
List    *aggs;  //switching 中所有的 Aggref 结点
int     numaggs;   //列表的长度(可以为 0)
AggStatePerAgg    peragg;    //聚集函数的工作状态
MemoryContext    tup_cxt;
MemoryContext    agg_cxt[2];
int which_cxt;        //指示当前的 agg_cxt
```

```
bool    agg_done;        //表示扫描完成
int    agglevel;
} DeputyAggState;
```

这个结点放在切换表达式的 SwitchExprEntry 结构中。由于计算过程类似于在切换表达式的计算过程中执行一个小型的聚集计划结点，所以 DeputyAggState 的结果类似于聚集计划结点的状态结点。其中，csstate 记录扫描源对象时的状态；aggs 记录切换表达式中所有聚集函数的 Aggref 结点；Peragg 记录所有 Agg 函数的状态；tup_cxt 和 which_cxt 用于 memory context 的切换；agg_done 标记所有源对象是否被取完；agglevel 是在多层代理情况下，每个代理的层次。下面说明聚集函数的计算过程。

例 6.7　代理类 PrizeProfit 包含奖项的类别及其获奖值。

```
CREATE JOINDEPUTYCLASS PrizeProfit AS
(
SELECT SUM(Music.profit) as allprofit, Prize.iterms
FROM Music, Prize
WHERE Music.id=Prize.id
GROUP BY Prize.iterms
)
```

在计算过程中，首先对切换表达式的聚集函数进行初始化。在进行代理类 PrizeProfit 扫描时，对于 allprofit 中的每个代理对象，每次取一个 profit 源对象，将它的对应属性值加入聚集函数的状态中。此时，csstate 加 1，peragg 记录目前取到的所有源对象的和，直到取完这一组源对象。然后，根据 agg_done 判断操作是否完成，如果所有的源对象都被取完，则对聚集函数作结束计算的操作，得到最后的聚集值。等切换表达式中的聚集函数的值计算后，再计算整个切换表达式的值，从而得到一个代理对象的虚属性值。

3. 写表达式的处理

对代理对象的虚属性更新时，实际上是通过计算写表达式，得到源属性的新值。在 Query 结点的结构中，如下两个域与处理写方法有关。

```
bool    deputy_update;  //布尔值表示是否需要对代理对象修改
List  * source_targetlist;  //存放需要修改的最上层源对象的信息
```

其中，source_targetlist 链表的每一项都是如下的数据结构，表示本次更新涉及的所有源类及要更新的属性。

```
typedef struct SourceTargetlist
{
    NodeTag type;
    Oid classid;    //源类的 OID
    List    *targetlist;        //源类中要更新的目标属性列表
    DeputyVar  *deputyvar;      //从代理类到达源类的路径
    Relation   relation;        //源类的系统信息结构
    bool  mustPropagate;        //是否得进行更新迁移
} SourceTargetlist;
```

在计划器中，TOTEM 将找出此更新操作涉及的源属性，以类为单位建立 SourceTargetlist。该数据结构记录源类更新操作中需要修改的所有属性号和相应的修改动作。如果出现同一个属性的多次修改，则取最后一次修改。

在执行器部分，首先根据布尔值 deputy_update 判断是否为代理对象的更新，如果是，则进入具体的分支处理函数 ExecReplaceDeputy()。在该函数中，我们需要对三种情况进行区分。

(1) 只修改代理对象的实属性。不需要到源对象中修改，只在本层代理中修改得到一个新的元组，用该元组替代原来的旧元组即可。

(2) 只修改代理对象的虚属性。参照在计划器部分得到的源属性的修改链 newlist，在系统表 od_bipointer 中找到对应的源对象，对源对象进行修改。修改的依据参照对应的写切换表达式。

(3) 前二者的综合。先进行源对象属性的修改，然后修改代理对象的属性。按照计划器部分得到的 SourceTargetlist 信息找到此次修改涉及的所有最上层源对象，然后对这些源对象逐个修改，最后进行修改后的更新迁移。

4. 删除

切换表达式的删除是由系统自动完成的。切换操作属于代理类模式的一部分，而且 TOTEM 中不允许修改类的模式，因此只有在删除类时，才会删除类上所有对应的切换操作。当一个类删除时，系统会删除 od_switching 表中所有与该类 OID 匹配的表达式。

6.5　路径表达式处理

对象结构的复杂性在于使用操作对象的语言找到对应的对象。为了简化对象的访问任务，学者提出路径表达式，其思想是遵循对象之间的连接，而不必写出显式连接条件[5]。对象代理模型中的代理对象作为源对象的对象视图，能够对源对象的数据进行分割和组合，克服封装性导致的数据共享难的问题。同时，代理对象有唯一的 OID，可以附加实属性和方法，相对于关系模型中的元组，有更高的数据独立性。对象代理模型在数据组织上的这种独特的灵活性给了我们在语义操作上扩展的机会。跨类查询就是 TOTEM 在语义操作上最主要的特点之一。

6.5.1　路径表达式

路径表达式是跨类查询在形式上的一种表现。实现跨类查询的关键是如何实现路径表达式的计算。路径表达式附加在一般表达式的叶子结点上，它的计算是作为表达式处理模块的一部分进行的。实际上，路径表达式的计算是一个源对象与代理对象之间对应关系的计算过程，即在一个相邻结点彼此之间都存在对应关系的链表中，从一个结点出发，依次寻找其对应结点，直到最终的目标结点。路径表达式的计算步骤与路径表达式的长度成正比。

路径表达式表现形式为 $C_1->C_2->\cdots->C_k.expr$，expr 指的是目标表达式，其含义是从初始类 C_1 的一个对象出发，按照路径找到它在目标类 C_k 中对应的对象，并返回目标对象的目标表达式。在很多情况下，从一个起始对象出发会得到多个目标对象。这时可以利用最后的目标表达式将多个目标对象的数据进行聚集计算，得出唯一的值。当然也可以不进行聚集，这样将以集合的形式返回结果。

下面用几个例子说明路径表达式。设想一个简单的音乐信息管理数据库，库中每个歌曲为一个基本对象，描述歌曲的基本信息。同时，用不同的代理类存储所有歌曲的媒体信息，如文本、视频、图片等。为了便于描述，以下只使用最简单的选择型代理。各个代理类将代理歌曲的 id 和 name 属性，并扩展各种媒体类型的专有属性。在对象层次上，每个歌曲对象都通过双向指针与各自的 0 个或多个媒体对象相连。各代理类一起构成不同歌曲对象的聚集视图。图 6-7 所示为该系统的模式结构。

(1) 通过路径表达式，TOTEM 可以在几个相关的类之间进行各种形式的跨类查询。

例 6.8　SELECT music.*，music->document.file WHERE music.id = 100;

该查询将查找到标号 id 为 100 的音乐 music 对象，并返回该对象的数据及其在文档 document 类中对应的 doc 值。因为该音乐 music 对象对应多个文档 document 对象，最后的返回结果如下。

id	name	singer	genre	doc
100	Star	Yani	chants	file1
100	Star	Yani	chants	fiel2

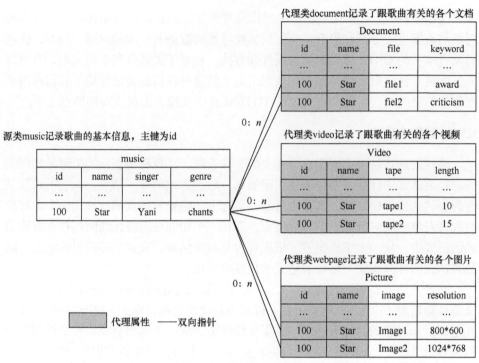

图 6-7　模式结构示例

(2) 路径表达式也可以出现在选择条件部分。

例 6.9　SELECT document.file，document->music.* WHERE document->music.id＝100;

该查询返回的结果和例 6.7 一样，但是执行的过程略有不同。对于该查询，系统会扫描文档 document 类的对象，检查它们对应的 music 对象的 id 是否符合要求。

(3) 在路径的末端加上聚集函数，使多个返回对象聚集成一个。

例 6.10　SELECT music.*，music->document.combine(file) WHERE music.id＝100;

"combine" 是一个聚合函数，它把多个文档合并成一个。该查询的返回结果如下。

id	name	singer	genre	doc
100	Star	Yani	chants	file1+file2

(4) 原则上，路径表达式的长度和方向是不受限制的，即路径表达式可以从任何一个类出发经过任意多个类到达目标类。只要路径中的类是相邻的，那么该路

径表达式就是合法的。

例 6.11　SELECT picture->music->video.tape WHERE picture.resolution = 800*600；

该查询使用的路径表达式跨越两个类，方向是代理类->源类->代理类。对象之间的指针是双向的，因此路径的方向不影响执行。

(5) 在一次查询中可以有多个不同目标类的路径表达式。

例 6.12　SELECT music.id, music->document.file, music->video.tape, music->picture.image

WHERE music.id = 100；

结果是

id	file	tape	image
100	file1	tape1	image1
100	file2	tape2	image2

6.5.2　影响路径表达式计算的因素

路径表达式中的结点个数越多，即路径越长，其计算效率就越低。在真实的路径表达式计算过程中，可能会发生某个中间结点类中不存在对应的元组。这时必须终止计算，返回路径表达式的首结点，开始下一轮计算。本轮计算耗费的时间会被浪费。此外，还有一种情况是当路径表达式中的某个结点有附加条件时，如果存在的对应元组不满足附加条件，计算也会被终止。此时，付出的代价是本轮计算所有计算工作和进行条件判断花费的时间。由此看来，从路径表达式的首结点出发，依次计算下一个结点，若不存在对应元组则开始下一轮计算。这不是一种高效的计算方法。

用一个例子来说明路径表达式的计算过程和可能遇到的问题。设想一个简单的代理关系，A 为源类，B 为 A 的代理类，C 为 B 的代理类。为了简单起见，假定都是最简单的选择型代理。

例 6.13　如果路径表达式为$(A->B\{条件\}->C)$.showvalue，条件在路径表达式的第二个结点 B 上，此时 TOTEM 的计算流程从结点 A 开始算起。

Step 1，在 A 中顺序扫描，获取一条记录 a' 的 OID。

Step 2，计算 B 中是否存在与 a' 对应的记录 b'。如果存在，则转入 Step 3；否则，转入 Step 1，顺序扫描下一条记录，进行下一轮计算。

Step 3，取得记录 b' 的数据值，判断是否符合条件。如果符合，则转入 Step 4；否则，转入 Step 1，顺序扫描下一条记录，进行下一轮计算。

Step 4，计算 C 中是否存在与 b' 对应的记录 c'。如果存在，则计算并返回 c' 的 showvalue 值；否则，转入 Step 1，顺序扫描下一条记录，进行下一轮计算。

可以看出，如果 Step 2 不存在对应的记录 b'，就终止本轮计算，返回 Step 1，重新读取下一条记录，进行计算；如果在 Step 3 中 b' 不满足条件，则终止本轮计算，返回 Step 1，开始下一轮的计算；如果在 Step 4 中不存在对应的记录 c'，同样终止本轮计算返回到 Step 1，开始下一轮计算，此时计算浪费的时间开销更大。

在路径表达式的计算过程中，在不同的结点或者计算过程中不同的步骤发生计算终止，浪费的时间开销是不同的。因为 Step 1 是起始步骤，每一轮计算都必须被执行，所以时间开销是必需的。Step 2 是每一轮计算的第一步计算，也是必须被执行的。此时也不考虑时间的浪费，因此计算终止时的时间开销如表 6-5 所示。

表 6-5　计算终止时的时间开销

计算被终止的步骤	计算被终止的结点	计算被终止所浪费的时间开销
Step 2	B，长度为 3 的路径表达式中第 2 个结点	无
Step 3(条件判断)	B，长度为 3 的路径表达式中第 2 个结点	Step 2、Step 3
Step 4	C，长度为 3 的路径表达式中第 3 个结点	Step 2、Step 3、Step 4

可以看出，在路径表达式计算的过程中，因为不存在对应记录，或者不满足条件而导致计算终止，明显会导致计算效率的降低，进而影响整个查询的效率。因此，在路径表达式的计算过程中，提高获取相关记录的命中率，减少计算终止的次数，可以提高跨类查询的效率。TOTEM 还可以通过减少每一次计算终止的时间开销来提高路径表达式的计算效率。下面从三个方面说明影响路径表达式计算的因素。

1) 路径表达式长度

发生终止的结点在路径中的位置越靠后，造成的时间开销浪费也就越多。以例 6.13 为说明，Step 3 和 Step 4 都是对应关系的计算，其中 Step 3 发生在结点 B 上，Step 4 发生在结点 C 上。若在结点 B 上计算终止，造成的时间开销浪费为 Step 2 和 Step 3；若在结点 C 上计算终止，造成的时间开销浪费为 Step 2、Step 3 和 Step 4。显然，在结点 C 上计算终止比在结点 B 上计算终止造成的时间开销要多，因此路径越长，计算终止造成的时间浪费越多。

如果想减少这些浪费，我们可以将其转换成一个路径更短的等价路径表达式，以加快路径表达式的计算速度。另外，结合路径表达式的计算流程，如果能将路径表达式转换成一个长度更短的路径表达式，也可以减少相关结点之间计算对应关系的步骤。例如，一个长度为 n 的路径表达式，从其起始结点的一条记录开始，每个结点依次计算下去，直到取得路径尾结点中对应的那条记录，共需要计算 $n-1$ 次。类似的，长度为 $n-1$ 的路径表达式需要计算 $n-2$ 次，依次类推。因此，将路径表达式转换成一个长度更短的等价路径表达式，不仅可以减少发生计算终止时的时间浪费，还可以减少路径表达式本身计算时正常的时间开销。

2) 路径表达式中的条件

虽然在相关类存在相关记录，但是不满足相关类的附加条件而造成的计算终止，条件判断的步骤越靠前，造成的时间浪费就越少。在例 6.13 中，条件所在的结点为 B，若 Step 3 发生计算终止，造成的时间开销浪费为 Step 2 和 Step 3，若 Step 2 发生计算终止，没有时间开销浪费；若条件所在的结点为 C，Step 4 发生计算终止，造成的时间开销浪费为 Step 2、Step 3 和 Step 4。

对比这三种情况可知，当条件附加的结点在路径中越靠后，发生计算终止造成的时间开销越多。我们可以将条件进行等价改写，并尽量附加在靠前的结点上，减少计算终止时的时间开销浪费。

就结点的附加条件来说，其计算过程和正常计算消耗的时间对路径表达式的计算效率和查询性能也有很大的影响。在 TOTEM 中，类的属性分为实属性和虚属性两种，而路径表达式中的附加条件本身也是针对类中各个属性的条件表达式，因此判断这些条件时，可以分为包含实属性的条件计算和包含虚属性的条件计算。

实属性的条件计算比较简单，由于实属性存储在实际的物理空间中，因此直接读取记录中相应的实属性值进行条件判断就可以了，但是虚属性的条件计算就要复杂一点。因为代理对象中的虚属性只拥有模式而没有实际的物理数据值，由切换操作确定代理对象中虚属性的值，读取虚属性的值实际上是通过调用对应的切换表达式来完成的，而切换表达式中的代理路径本身就是一种路径表达式，所以虚属性值的计算也包含与路径表达式计算类似的步骤。在计算切换表达式中的代理路径时，切换表达式中的代理路径长度越长，计算包含虚属性的条件时所耗费的时间就越多。如果可以减少代理层次，就可以减少包含虚属性条件判断的时间，提高路径表达式的计算效率。

由于代理路径总是指向一个源类，我们可以通过将虚属性用包含其对应源属性的表达式替代，这样就将原来结点上包含虚属性的条件，转化成等价的包含其源属性的条件。这样虚属性的代理层次就减少一层，然后再采用同样的策略，对转化后产生的源属性进行代理层次的缩减，不断对转化后形成的新条件继续转化，直到条件表达式中涉及的属性代理层次为 0 或者无法再进行缩减(到达路径表达式的两端，无法再进行条件转化)。此时，虚属性被转化成对应的实属性，或者源类中接近其对应实属性的相关虚属性，原来的条件也转化并附加到路径表达式中最上层的源类结点，从而减少条件的计算时间。

改变条件在路径表达式中的位置，将包含虚属性的条件，尽量向包含其对应实属性的等价条件转化，不仅可以减少计算终止时的时间开销浪费，还可以减少条件判断本身计算时正常的时间开销，从两个方面都可以提高整体查询效率。

3) 路径表达式的查询目标

此外，影响路径表达式计算的还有一个重要因素——路径表达式的查询目标。路径表达式的计算主要分为两步，第一步是路径的计算，第二步是查询目标的计算，即根据尾结点中取得的相关记录，计算目标表达式的值，并返回结果。

与路径表达式中的条件表达式一样，目标表达式本身也是针对尾结点类中相应属性的表达式，因此目标表达式同样包含实属性的目标表达式和虚属性的目标表达式。如果能将包含虚属性的目标表达式转换成包含其对应实属性的等价目标表达式，就可以节省虚属性代理路径计算的时间，直接读取对应实属性值，进行计算即可。

6.5.3　路径表达式的优化策略

根据影响路径表达式计算的三个因素，可以分别从路径表达式的长度、路径表达式中的条件和路径表达式的查询目标这三个方面着手，对路径表达式进行优化。

1. 路径表达式中条件的优化

优化的原则是尽量减少虚属性的代理层次，将包含有虚属性的条件转化为由其对应实属性表示的等价条件，而对于包含实属性的条件表达式，则不进行优化。由于路径表达式中某结点的前后结点，要么是其源类结点，要么是其代理类结点，在优化包含虚属性的条件表达式时，首先要在条件表达式所在结点的前后结点中寻找该结点的源类结点，需要分两种情况进行考虑。

(1) 若条件表达式中的虚属性是从此源类结点中继承来的，为了减少虚属性的代理层次，需要将该虚属性向此源类结点中对应的实属性进行转化。这样就将原路径表达式转化成一个经过条件优化的等价路径表达式，新的路径表达式会减少条件表达式中虚属性的代理层次，符合条件表达式优化的原则。依次类推，这样嵌套下去，直到最后转化形成的新路径表达式无法再进行条件优化。此时，新路径表达式的条件表达式已经由实属性构成，或者是包含无法向上层源类中对应的源属性继续转化的虚属性。至此，路径表达式的条件优化结束。

(2) 若条件表达式中的虚属性不是从此源类结点中继承而来，而是从其他源类继承而来，但是该源类并不在路径表达式中，则此时无法将其向对应的实属性转化。

2. 路径表达式中目标表达式的优化

基于的原则是尽量减少虚属性的代理层次，将包含虚属性的目标表达式转化为由其对应实属性表示的等价目标表达式。对于由实属性构成的目标表达式，不进行优化。对于包含虚属性的目标表达式，按以下步骤优化。

(1) 若目标表达式中的虚属性是从路径表达式的倒数第二个结点继承而来的，为了减少虚属性的代理层次，将此虚属性向其在倒数第二个结点上对应的源属性进行转化，并将源目标表达式向包含此源属性的等价目标表达式进行转化。由于目标表达式是基于路径表达式尾结点中相关属性的表达式，但是此时经过转化的目标表达式是基于路径表达式的倒数第二个结点，因此需要对源路径表达式进行修改，将原来的尾结点删除，使原来的倒数第二个结点成为新的尾结点。此时将原路径表达式转化为一个经过优化的等价路径表达式。新路径目标表达式中虚属性的代理层次比原路径表达式要少，符合目标表达式优化的原则。转化后新的路径表达式的长度要比原路径表达式短，这与路径表达式长度优化的原则吻合，因此优化不仅包含对目标表达式的优化，也包含对路径表达式长度的优化。依次类推，这样嵌套进行下去，直到最后转化形成的新路径表达式无法再进行目标表达式优化。

值得注意的是，结点可以被删除有一个很重要的前提，即没有条件表达式附加在上面。因此，进行路径缩短之前，还要判断最后一个结点上面是否附加有条件表达式。由于在进行目标表达式的优化之前先进行了条件优化，若此时最后一个结点上仍然附加有条件表达式，结合条件表达式的优化策略可知，此条件表达式无法再进行优化的条件表达式。此时，路径表达式的最后一个结点是不能删除的。

(2) 若目标表达式中的虚属性不是从路径表达式的倒数第二个结点继承而来的，为了减少虚属性的代理层次，需要将此虚属性直接向其对应的源类中的实属性转化，并将原目标表达式向包含此实属性的等价目标表达式进行转化。由于目标表达式是基于路径表达式尾结点中相关属性的表达式，但是经过转化的目标表达式是基于原虚属性对应的源类。这个源类并不存在于路径表达式中，这与路径表达式的定义不符，需要对原路径表达式进行修改。由于虚属性值的计算实际上是通过调用对应的切换表达式读取其对应源对象中的实属性值，因此可以将此虚属性的切换表达式中的代理路径加在原路径表达式之后，对路径进行加长，转化为经过优化的等价路径表达式。新路径表达式的尾结点就是此虚属性对应的源类，经过转化后包含对应实属性的目标表达式就成为新路径表达式的目标表达式。通过此转化，包含虚属性的目标表达式直接被其对应实属性构成的等价目标表达式替代，符合目标表达式优化的原则。

综上所述，不难看出路径表达式中条件的优化比较灵活，条件可以经过改写，然后对路径的各个相关结点进行转接，而对路径表达式查询目标的优化则比较固定，并且其中同时包含路径表达式长度缩短的优化。在对路径表达式进行正式优化时，针对三个不同因素的优化并不是独立进行的，而是互相联系和依赖的。某一个因素得到优化，也可能使其他因素得到优化。

6.6　查 询 优 化

6.6.1　执行计划的生成

在 TOTEM 中，查询优化器生成执行计划的过程主要分为四步。

(1) 提升子查询。对查询分析树 FROM 子句中出现的子查询进行简化，将其与父查询合并为一个简单的查询树。

(2) 简化表达式。对目标链表中的表达式和选择条件中的表达式进行简化，尽量生成常量表达式。例如，将 $2+2$ 简化为 4。此外，这里将所有的嵌套子查询转化为子计划，并根据嵌套子查询与父查询的相关性，将非相关子计划和相关子计划分别存放在子计划链表中。

(3) 生成计划树。剔除分组、排序等子句，为处理后的简单查询生成最优执行计划，以二叉树的形式表示。TOTEM 采用基于代价的方式选择合适的计划，生成相应的计划树。

(4) 计划树的包装。根据得到的一般计划，按照分组、排序等要求进行层层包装。

例 6.14　提取所有获奖的音乐及其收益总值和获奖类别。

```
SELECT Music.id SUM(Music.profit), Prize.iterms
FROM Music,Prize
WHERE Music.id=Prize.id;
```

计划树样例如图 6-8 所示。

当查询涉及代理类时，由于代理类对象并非普通类对象那样，完全按照其模式定义存储，因此需要针对代理类，生成特殊的访问路径，以便查询执行器执行。对代理类的处理只在考虑每个类的访问路径的阶段出现，在生成计划的其他部分时，与普通类一样。因此，TOTEM 只需在生成单个类的访问路径时，加入对代理类生成相应计划的操作。在执行计划时，也只需在执行计划树的叶结点时做特殊处理。下面说明代理类访问路径的实现方式，定义两种访问路径。

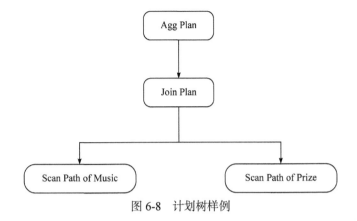

图 6-8　计划树样例

(1) 顺序访问路径。这种路径类似于普通类的顺序扫描但不同于普通类。代理类的对象只存储实属性值，指向各源类对象的指针，因此不能通过普通的顺序扫描得到完整的包含虚属性的代理对象。在每次得到一个对象后，通过指针和切换表达式进行切换操作才能得到虚属性的值。

(2) 使用索引的路径。若代理类上建有索引，可考虑利用索引进行存取。这种路径是在访问代理类的对象前，先访问它的索引，根据符合约束条件对象的指针，取出代理类的实例，进而按照与顺序访问路径类似的方式生成虚属性并进行投影操作。

查询执行器支持上述两种代理类访问路径，在执行计划生成阶段应为代理类生成这两种路径，并计算各自的代价以供选择。

对于顺序访问路径，每得到一个虚属性的值，就可能耗费一个或多个磁盘 I/O。为了减少这种 I/O 操作，需要精心设计生成各个属性的过程。根据生成属性实际值顺序的不同，TOTEM 不预先生成整个对象，而是根据计算约束条件的需要生成属性值。当某一约束条件不被满足时，停止该对象的生成，开始下一个对象的生成。若所有条件都满足，则可得到一个代理对象，再进行投影操作。此方式耗费的 I/O 操作少，但优化和执行过程较复杂，需要为每个代理类生成一个包含如下信息的路径。

① Startup cost 从计划开始执行到返回第一个元组的时间耗费。

② Total cost 执行计划完毕所耗费的总时间。

③ Rows 返回的元组总数。

④ Pathkeys 执行计划时，返回元组的排序方式。

⑤ Real qual 只涉及实属性的约束条件。

对于使用索引的路径，TOTEM 仅在查询涉及的属性上建立索引时生成这种路径。对于虚属性上的索引，TOTEM 仍像实属性的索引一样定义它的模式。创建这种索引路径的过程与传统的关系是相似的，应包含如下信息。

① Startup cost 从计划开始执行到返回第一个元组的时间耗费，包含打开索引类和本类的时间。

② Total cost 执行计划完毕所耗费的总时间，包含利用索引进行键值匹配和匹配索引得到的指针，取出代理对象的时间。

③ Rows 返回的元组总数。

④ Pathkeys 执行计划时，返回元组的排序方式，即索引的排序方式。

⑤ Index qual 索引属性上的约束条件。

在生成上述两种路径后，就可以与查询中的其他类生成连接计划，最终形成有不同连接顺序的计划树。这些计划树中代价最小的将作为最终的计划。

6.6.2　代价估计

为了计算各个查询计划的代价，需要估计各种选择和连接条件的选择因子，使此表达式值为真的对象占类的所有对象的比例。为此，需要从系统中取出类的统计信息，包括记录类的属性值分布情况的直方图信息。在 TOTEM 中，代理类的某些属性是虚属性，采集这些虚属性的直方图信息会比较复杂。对于虚属性上条件表达式的选择因子的计算，在某些情况下，可以直接利用源类对应的属性的统计信息。如果代理类 D 的属性 v 直接继承了源类 A 的属性 $v1$，但其代理规则没有对 $v1$ 属性值的分布造成影响，则可以直接利用 $v1$ 的直方图信息计算虚属性 v 的选择因子。具体地说，假设有一个在代理类 D 上的条件表达式 $e(D.v)$，如果满足下列条件。

(1) D 的代理规则中，不涉及源类的连接、合并、聚集等操作，即它是 select 型代理类。

(2) 代理规则中的谓词条件不涉及属性 $A.v1$。

(3) $D.v$ 直接继承 $A.v1$，即继承时切换表达式没有+、−等表达式计算。

设 $F()$ 是利用属性的统计信息计算选择因子的函数，则 $F(e(D.v)) = F(e(A.v1))$。

条件(2)使虚属性继承的属性和代理规则中的约束条件涉及的属性不同，从而保证独立性，属性值的分布情况不被影响；条件(1)和条件(3)保证了源类属性被继承时，值没有变化。因此，等式是成立的。

在对代理类的选择操作中，生成虚属性的切换操作可能需要访问磁盘，从而使选择操作有很大的开销。这使代理类计划的代价与选择条件的计算次序相关。例如，某一代理类 D 有一个查询，其中 D 有两个查询条件，即 $D.v1<10 \wedge D.v2=3$，其中 $v1$、$v2$ 是 D 上的虚属性，且来自不同的源类。这两个条件的切换操作的代价可能不同。另外，第一个条件的选择因子将影响计算第二个条件的机会。为了得到较优的查询计划，需要考虑如何对选择条件进行排序。

在计算代理类虚属性的各个条件时，各虚属性值可能来自同一源对象。由于系统的缓冲机制，被第二次引用的同一源对象已经在缓冲区了，因此第二次取源对象时无须 IO 操作。为了使代价估计较为准确，可以采用基于等级值对选择条件进行排序的方法，其中等级 $r =$(选择因子-1)/代价。

假设代理类有 n 个选择条件，可按如下方法排序。首先计算所有条件的等级值，并将它们按等级值递增的次序排列；然后假设排在第一的选择条件涉及的源类对象已取入内存，重新计算第 $2 \sim n$ 个条件的等级值，并根据等级值对第 $2 \sim n$ 个条件重新排序。类似地，假设排在前两位条件涉及的源类对象已取出，对后面的条件重新排序。依此类推，即可得到条件的排列。

TOTEM 的代价估计与一般关系数据库不同，还在于需要准确估计代理类访问路径的代价，并根据代价大小选择一个最优路径放入最终的计划树中。代理类路径的代价计算需要计算执行路径表达式所需的 IO 次数。路径表达式的执行主要通过代理对象的 OID 查找映射表，得到源对象的指针，再去磁盘中取出源对象。映射表一般常驻内存，查一次映射表的代价是一定的，因此 IO 代价花费在用指针从磁盘取源对象上。另外，代理类的实例指针指向源类所有对象中的全部或一部分。代理类的实例指针类似于全部索引指针的一部分。顺序访问代理类、取出所有源对象的过程，与对象关系数据库中用某些键值匹配对应索引项后，用索引指针取对应元组类似。也就是说，可以将代理类看作匹配某些键值的部分索引，因此其所需的 IO 次数可以采用相似的方法计算。

计算利用索引中的指针取元组所需的 IO 次数有一个经典的估计公式 Y_{APP}，它被广泛用于使用 LRU(least recently used)方式管理缓存的数据库计算索引计划的代价[6]。

假设代理对象的指针地址是均匀分布的，则可以将代理类中指向源类对象的指针设想为源类的一个非聚簇密集索引指针中的一部分(代理类可能只代理一部分源类对象，其指针只指向源类所有对象的一部分)。

在计算查询路径中所有路径表达式的代价后，便可以按照一般的代价模型计算整个查询计划的代价了。

6.6.3　虚属性查询优化

TOTEM 对虚属性进行查询时，虚属性的计算涉及 OID 映射表的扫描和切换表达式的计算过程。这里介绍两种虚属性查询优化方案。表达式提升和虚属性合并，在不同的情形下提升虚属性的查询效率。

1. 表达式提升

在处理涉及代理类的查询时，如果投影和选择条件只涉及代理类的虚属性，可以将代理类上虚属性的查询提升为直接对源类的查询。这个过程就是表达式提升，需要把查询中的代理类用相应的代理规则替换。如果替换后的查询中还有代理类，则继续用代理规则替换代理类，直到只剩下对源类的操作。

　　音乐系统数据库模式信息如图 6-9 所示。它包含一个基本类音乐(Music)、一个一级代理类经典音乐(ClassicalMusic)、两个二级代理类经典情歌(ClassicalLoveSongs)和经典钢琴曲(ClassicalPianoMusic)。对于查询语句 SELECT songID，country FROM ClassicalPianoMusic WHERE songID<200，初始查询树如图 6-10 所示。其中，经典钢琴曲(ClassicalPianoMusic)的代理规则为 SELECT * FROM ClassicalMusic WHERE type='PianoMusic'，使用代理规则经典钢琴曲(ClassicalPianoMusic)。一次提升如图 6-11 所示，虚线框内为代理规则对应的逻辑计划树。此时，查询树中的经典音乐(ClassicalMusic)仍是代理类，因此继续对其进行表达式提升操作。经典音乐(ClassicalMusic) 的代理规则为 SELECT * FROM Music WHERE type='Classic'，即经典音乐(ClassicalMusic)继承了音乐 Music 中类型为 Classic 的对象。两次提升如图 6-12 所示。表达式提升后，最终查询树如图 6-13 所示。

图 6-9　音乐系统数据库模式信息

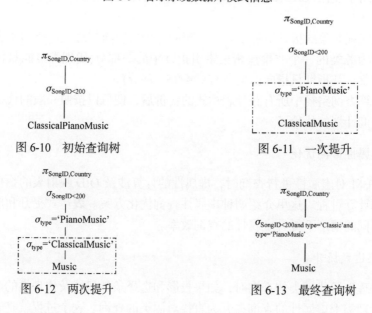

图 6-10　初始查询树　　　　　　　　图 6-11　一次提升

图 6-12　两次提升　　　　　　　　图 6-13　最终查询树

然而，并非所有的虚属性查询都可以进行表达式提升的操作。对于其他诸如分组代理类、连接代理类、复杂的代理规则，表达式提升虽然可以避免计算虚属性值的开销，但是也可能生成一个更加复杂的对源类的查询语句。此外，满足特定代理规则的代理对象可能仅对应源类中的部分对象，如果源对象远多于代理对象，提升后的查询代价可能会增加。因此，在执行表达式提升之前需要进行代价估计，判断是否需要执行表达式提升操作。

虚属性查询的代价包括三部分，即获取代理对象的代价、扫描 OID 映射表的代价、获取源对象的代价。OID 映射表一般常驻内存，扫描一次映射表的代价是固定的。虚属性查询的代价估计公式为

$$\text{DeputyCost} = P_d C_{\text{io}} + \sum_{\text{level}} C_{\text{map}} + P_s C_{\text{io}}$$

其中，C_{io} 为从磁盘顺序读取一页的代价；P_d 为代理类的磁盘页数；C_{map} 为查找一次映射表的代价；P_s 为考虑缓存的情况下取出所有代理对象对应的源对象所需的 I/O 次数，即路径表达式的代价；level 表示查询涉及的所有虚属性对应代理层次的最小值。

当某次提升后不满足所有属性均为虚属性的约束后，则无法进行表达式提升。

对于普通查询语句，顺序扫描的代价估计公式为

$$\text{PullupCost} = P_s C_{\text{io}}$$

其中，P_s 为源类使用的磁盘块数。

对表达式提升前后的代价进行估计，如果 DeputyCost>PullupCost，则证明表达式提升将使虚属性查询更加高效，可以进行表达式提升操作，否则不进行提升操作。

2. 虚属性合并

当查询中有多个来自同一源类的虚属性时，可使用虚属性合并，对查询进行优化。对于虚属性来说，首先代理对象中虚属性依赖的源对象可能不同，其次可能存在同一源对象被不同虚属性引用多次的情况。基于此，TOTEM 可以将查询语句中的所有虚属性按照其源类进行分组。每个分组中的虚属性都继承自同一源类，访问特定分组中一个虚属性的源对象时，一次性获取并缓存该分组中所有虚属性对应的实属性值，避免反复获取源对象的开销。

可以看到，查询语句包含 SongID 和 Country 两个虚属性，其中 SongID 在选择条件和投影中各出现一次。虚属性合并示意图如图 6-14 所示。在处理选择条件 SongID<200 时，TOTEM 一般会查找两次标识符映射表找到源对象，获取实属性值(过程 1、2)，然后根据切换表达式计算 SongID 的值，判断其是否满足选择条

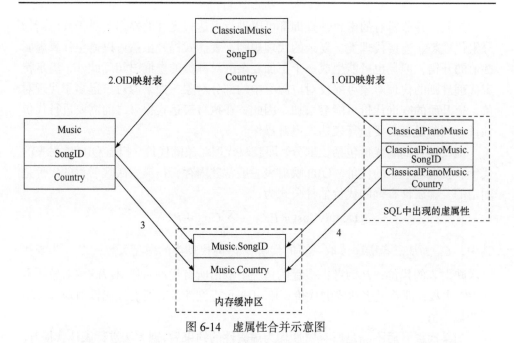

图 6-14　虚属性合并示意图

件，进行投影操作。投影时，经过同样的过程计算并返回 SongID 和 Country 的值。若使用虚属性合并操作，SongID 和 Country 两个虚属性都来自同一源类，它们为一组。如过程 3 所示，在第一次计算 ClassicalPianoMusic.SongID 的值时，读取一条源对象后，会将 Music.SongID 和 Music.Country 的值全部获取并保存在内存缓冲区中。计算 ClassicalPianoMusic.Country 的值时，直接从内存缓冲区中读取其对应的实属性值(过程 4)，无须多次执行复杂的 OID 映射表扫描操作，从而有效减小获取虚属性值的开销。

6.7　查询执行

查询优化器接收由查询编译器输出的 SQL 查询的解析表示，并将其转换为物理执行计划树，然后输出到查询执行器中。查询执行器负责执行这些生成查询结果的物理执行计划，是物理操作符和操作符通信和同步机制的集合。物理操作符接受一个或多个数据流作为输入，并产生一个输出数据流。

TOTEM 的计划树是由各种结点组成的树状结构。结点包括一些执行代码序列和一些数据结构。每个结点被定义为有 0~2 个输入和 1 个输出，这是为了在实现中能够实现二叉树结构，即所有的物理代数操作被组织为一个二叉树，每个物理操作符对应二叉树的一个结点，下层结点的输出作为上层结点的输入。结点间流动的是元组这种结构，记录上层结点需要的数据信息。

　　在执行过程中，数据库采用"一次一元组"的执行模式。每个结点执行一次仅向上层结点返回一条元组。这种执行模式有很多优点，例如可以明显地减少返回元组的延迟，减少执行过程中缓存结果带来的代码复杂性和执行过程中临时存储的额外开销，而且对于某些本不需要一次性获取所有元组的操作，可以节省开销。对于类似于分组这种类型的结点，需要一次性从下层获取大量的元组，可以通过循环的向下层结点发送请求，多次获取元组。TOTEM 将计划结点按功能分为以下四类。

　　(1) 控制结点，用于处理特殊情况的结点，实现特殊的执行流程。

　　(2) 扫描结点，扫描结点扫描表，从表中获取元组，常用的扫描方式有顺序扫描、索引扫描、位图扫描等。

　　(3) 物化结点，能够缓存执行结果到辅助存储中，物化结点在第一次执行时生成所有的结果元组，然后将这些结果缓存起来，一次一元组返回给上层结点。

　　(4) 连接结点，实现连接操作，包括合并连接、哈希连接、嵌套循环连接等。

　　一般叶子结点为基本类扫描操作和代理类扫描操作，每调用一次则获得基本类的一个对象和代理类的一个对象。查询树中的结点均有一些参数信息。除子查询外的所有结点共享相同的执行器状态。参数包括查询用到的所有类(通过 OID 获得)、索引信息、结果存放位置等信息。

　　查询执行器递归地遍历计划树，并且在这个过程中检索计划所需的对象。在对对象扫描时，使用存储系统进行排序和连接，计算条件，并返回生成的对象。具体过程是，从根结点开始迭代，每迭代一次就产生一个结果对象；执行过程采用需求驱动方式，顶端结点执行过程可能需要下层结点的结果对象，因此向下层结点发出对象需求请求，而下层又可能继续请求自己的下层，直至叶子的扫描结点。扫描结点读出基本类对象，自下而上经过各结点的计算，再返回根结点，得到一个结果对象。反复地进行迭代，直至结点没有对象可以输出，完成一个查询请求。

　　由此可见，TOTEM 采用的查询执行是一个串行的过程，利用查询计划在单处理机的环境中顺序地执行。这是一种传统查询处理方式。常见的顺序计划优化方法采用在所有可能的查询计划中穷举搜索或者半穷举搜索，对每个计划进行代价评估，并选取代价最小的那个顺序计划作为最优计划。这种传统的查询处理得到的查询计划未必是最优的。在日常多用户环境中，如可用缓存大小或并行数据库系统中直到执行阶段都无法预知的空闲处理器数等诸多可变的系统参数都会不同程度地影响查询计划的代价。

　　为此，TOTEM 还提供了多线程的流水线并行执行计划策略，用以提高数据库的查询效率和吞吐量。流水线并行执行计划策略结合独立并行方式实现单个查询，实现查询内的并发执行。此外，动态调整具有不同功能和包含不同分割的线程优先级，查询性能将得到更大程度的提高[7]。

这种并行方式对查询计划树按照结点类型和功能进行划分，得到多个分割，然后为每个分割分配一个线程。线程负责分割内所有操作结点的执行。整个查询过程会持续到所有线程结束并返回结果。其中，各个线程之间在不需要读取其他线程通信的数据时体现为相互独立性。在相互通信时，表现出一定的依赖性。这种依赖取决于计划树上各个分割之间的依赖关系。它可以通过关系依赖图判定，进而确定数据流的去向。

这些单个结点操作从顺序的执行方式改为并发的执行方式，服务进程采用多线程进程，再结合动态调整线程优先级策略解决计划树的固定执行顺序带来的巨大代价问题。从线程本身的优越性来看，如占用资源少、并行效率高、调度灵活、切换开销少、通信简便的特性，该策略会提高数据库执行效率，减少数据库服务器对各种复杂查询的响应时间。

为了解决多用户并发问题，TOTEM 的服务器进程 Odbase 初始化时首先创建连接处理线程、锁管理线程、死锁监测线程。当客户端应用请求建立一个连接时，连接处理线程专门创建一个新的用户服务线程处理来自客户端的查询语句。

用户服务进程在接收到一个选择语句时，首先进行查询编译和查询优化，将其转换为多个可并行的子查询，再根据具体情况动态地创建多个线程。每个原子查询可以对应于一个数据检索线程和多个对象提取线程。一个对象提取线程用于提取一个类中的对象，可以同时为多个数据检索线程服务。这样，一个复杂的查询就可以分解为多个可以并行执行的子任务。这些线程直接通过共享的数据区通信，再通过合适的线程同步机制快速有效地协同完成查询。具体的过程如下。

1) 用户服务线程

(1) 查询编译。

(2) 查询优化。

(3) 取子查询。

(4) 分析子查询涉及的对象。

(5) 创建该子查询对应的数据检索线程。

(6) 若不存在对应该类对象的对象提取线程，则创建对象提取线程，分配对象缓冲区并把它和数据检索线程绑定；否则，找到相应的对象提取线程，并把它和数据检索线程绑定。

(7) 若还存在子查询，返回(3)。

(8) 启动所有对象提取线程运行。

(9) 等待，直到所有数据检索线程运行结束。

(10) 执行基于 OID 集合的条件归并。

(11) 读取并处理结果数据。

2) 对象提取线程

(1) 等待启动。

(2) 若存在物理查询优化方法，则提取相应对象页面，否则提取全部页面。

(3) 进一步形成对象缓冲区。

(4) 若对象缓冲区满或已经完成全部对象提取，则激活与它绑定的所有数据检索线程。

(5) 若已经完成全部对象提取，则结束本线程；否则，等待，直到所有数据检索线程对该对象缓冲区加工结束，返回(2)。

3) 数据检索线程

(1) 等待对象缓冲区。

(2) 检索获得满足条件的 OID。

(3) 若未完成全部对象提取，则向相应的对象提取线程汇报已经结束一次数据检索，返回(1)。

(4) 进行基于路径表达式的反向 OID 归并。

(5) 向用户服务线程汇报已经结束的数据检索，并结束本线程。

实际上，TOTEM 的整体查询执行过程可分为四个层次(图 6-15)。查询计划树传入执行器时，系统首先激活作为执行接口的执行器部分，然后由其将工作传递给计划层，随后计划层将工作分解到各结点，最后则由具体的结点，处理相关的对象，由对象上的操作执行整个查询计划。

图 6-15　执行器执行查询计划的层次图

在具体执行过程中，执行器的执行流程分别为初始化阶段、执行阶段和执行器清理阶段。当执行器开始处理计划时，依次调用 ExecutorStart、ExecutorRun 和 ExecutorEnd 这三个接口便可以完成整个执行过程。查询执行示意图如图 6-16 所示。

(1) 初始化阶段。执行器对执行计划的初始化包括外部接口初始化、查询计划初始化和树结点初始化。外部接口的初始化通过调用 ExecutorStart 例程完成。该例程根据入口参数查询描述符和执行器状态，返回描述查询对象属性的"对象描述符"，并调用 InitPlan 例程。InitPlan 例程负责初始化查询计划，主要包括打开文件、分配存储空间和启动规则管理器，并调用 ExecInitNode 例程递归的初始化计划树上的所有结点。初始化流程图如图 6-17 所示。

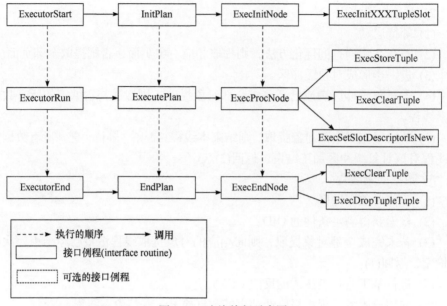

图 6-16　查询执行示意图

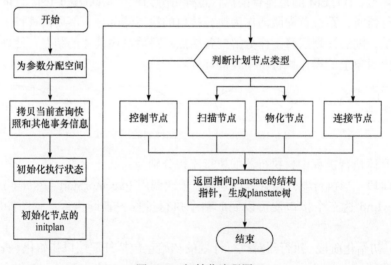

图 6-17　初始化流程图

(2) 执行阶段。在执行器的整体流程中，执行阶段是整个部分的实体。在这个阶段，ExecutorRun 例程接收来自 ExecutorStart 的查询描述符，然后执行查询计划。ExecutePlan 例程处理查询计划在指明的方向检索一定数目的对象，将得到的结果对象进行过滤，然后对获得的对象进行相应的处理，依据操作类型分别调用 ExecRetrieve、ExecAppend、ExecDelete、ExecReplace 等子例程。ExecProcNode 例程则处理各种不同类型的结点。

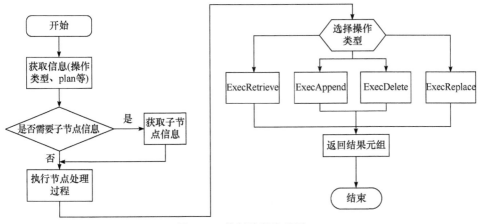

图 6-18　执行阶段流程图

　　计划树最终是结点的执行，这是整个执行阶段最重要的部分。对于每一个结点，或者为基本类和代理类扫描，直接读取对象；或者是对下层传递过来的对象进行一些计算后得到新的对象。计算结果存储于 slot 变量，若 slot 为空，说明该结点的元组已经生成完毕，直接反馈空给上层；否则，对生成的对象进行条件过滤。如果过滤条件的属性为代理类的虚属性，通过执行切换表达式，得到虚属性对应的实属性值，若不满足条件则继续生成对象，最后得到所需的对象。

　　上述过程是大部分结点执行的大致流程，具体结点不同，实现差别很大，不少结点并不符合上述过程，如许多结点没有选择和投影过程，有些结点的对象需要满足多个条件，还有些比较特殊的情况，如物化结点等。各结点之间最大的差别在于生成对象的过程。优化原则要求过滤和投影操作尽量下推。两种操作结合执行，在一趟扫描中完成两种操作。在 TOTEM 中，大部分结点都包含过滤和投影操作，不需要专门的过滤和投影结点，能够保证尽量早完成过滤和投影。上层结点需要的对象列通过计划结构中的目标列表指示，结果对象提交给上层时，无关列会被投影而去掉，以减少中间存储空间。每取得一个对象，在此基础上过滤和投影，只需一趟就能够完成。

　　清理阶段流程如图 6-19 所示。这一阶段的完成同样主要涉及 3 个例程。ExecutorEnd 例程和 EndPlan 例程在执行完查询计划后被调用，负责整理查询计划，关闭有关文件，释放存储空间。ExecEndNode 例程负责在结点完成所有的元组处理之后，清除以这个结点为根的所有结点。

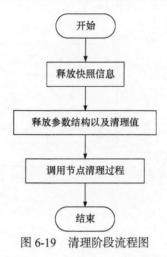

图 6-19　清理阶段流程图

6.8　小　　结

　　与其他数据库相比，TOTEM 在查询处理时有自己的特点和优势。TOTEM 是基于对象代理模型建模的，既具有关系数据模型的柔软性，又具有面向对象模型表现复杂信息的能力。与其他传统数据库不同，TOTEM 需要针对代理类设计特有的查询处理方式，如访问路径的生成方法、特殊表达式的计算与实现等。本章主要介绍 TOTEM 本身在查询处理过程中与其他数据库的不同之处。

　　随着大数据时代的到来，数据处理和分析的范式逐渐被改变，待处理的数据量的指数级增加和数据的多样性推动了一系列解决方案和平台的开发进程，如 Apache Hadoop。与其他数据库系统一样，这些系统仍然需要支持 SQL，可以使用更简洁的方式表达对数据的查询，同时也需要具备从许多备选方案中选择物理执行计划的能力。虽然许多大数据处理引擎已经被广泛采用，但它们仍在不断地发展和演变中。这些引擎并不像传统的数据库管理系统那样成熟，许多性能仍然需要改进，特别是在查询优化方面。大数据查询优化是一个重要的研究问题[8]，也是学者持续关注的热点领域。

参 考 文 献

[1] Jarke M, Koch J. Query optimization in database systems. ACM Computing Surveys, 1984,16(2): 111-152.

[2] Straube D M, Özsu T. Queries and query processing in object-oriented database systems. ACM Transactions on Information Systems, 1991, 8(4): 387-430.

[3] Zicari R.A framework for schema updates in an object-oriented database system//Proceedings of IEEE International Conference on Data Engineering, 1991: 2-13.

[4] Abiteboul S, Bonner A. Objects and views. ACM SIGMOD Record, 1991, 20(2): 238-247.

[5] Frohn J, Lausen G, Uphoff H. Access to objects by path expressions and rules//International Conference on Very Large Data Bases, 1994: 25-36.

[6] Marekert L F, Lohman G M. Index scans using a finite LRU buffer: A validated I/O model. ACM Transactions on Database Systems, 1989, 14(3): 401-424.

[7] Garofalakis M N, Ioannidis Y E. Multi-dimensional resource scheduling for parallel queries// Proceedings of the 1996 ACM SIGMOD International Conference on Management of Data, 1996: 365-376.

[8] Roy C, Rautaray S S, Pandey M. Big data optimization techniques: A survey. International Journal of Information Engineering & Electronic Business, 2018, 10(4):41-48.

第7章 对象代理数据库事务管理

由于计算机软硬件故障和并行化执行过程中容易引起数据冲突，数据库系统正确处理各种数据操作响应面临着诸多挑战。现代数据库系统中的各种数据操作通常是在事务范围内执行，因此事务管理是数据库系统正确运行的基础。考虑软硬件故障导致的数据不一致，TOTEM 主要通过数据备份和检查点机制实现数据的一致性恢复。当数据发生变动时，TOTEM 通过特有的更新迁移及其相应的并发控制机制保证数据的一致性。因此，TOTEM 的事务管理主要是解决更新迁移引起的类和类、类和对象、对象和对象之间的各种事务冲突。TOTEM 系统通过多版本并发控制和加锁机制解决并行化执行过程中数据的不一致性。这些应用需求的转变对数据库系统的事务管理提出更多挑战性的要求。

7.1 数据库事务管理简介

数据库管理系统是伴随着计算机处理能力和网络通信能力的不断提升而得到发展的。早期的计算机系统主要采用单核处理器，处理能力相对比较弱。受限于当时网络通信能力，数据库系统主要提供局部的数据访问服务，应用的行业和范围比较有限，应用对于数据库并发处理能力的需求也不高。因此，早期的层次和网状数据库系统没有事务的概念。以层次数据库系统中最具代表性的 IMS 为例，该系统将访问请求根据类型配置到输入、输出等不同类型的处理结点。如果有多个访问请求需要同时访问数据时，则这些访问请求排成一个队列按序处理。随着计算机处理能力和网络通信带宽的不断提升，数据管理越来越呈现集中化趋势。这就催生了通过数据库事务管理来增强数据的并发处理能力。关系模型的提出，及其在市场上获得的成功，使数据库系统并发处理能力的研究几乎都是在关系模型的基础上进行讨论和演化的。因此，本章以关系模型、面向对象模型、对象代理模型为基础模型的数据库管理系统的潜在应用环境进行讨论[1]。

数据库系统作为计算机应用的基础软件，其基本要求是保证数据一致性。软硬件方面的系统故障和并发执行过程中的事务冲突是造成数据库系统数据不一致的主要原因。数据库事务管理是数据库系统数据一致性的有效保证。数据库管理系统中的事务管理器模块负责保证事务的 ACID 特性，因此事务管理器至少包括故障恢复子模块和并发控制子模块两个部分。

现有的主流数据库系统通常采用预写式日志方法实现系统的故障性恢复。事务更新通常横跨多个数据块，但是每次更新可能仅涉及数据块中的小部分数据。如果每次事务更新都写入磁盘，频繁的内外存数据交换必然带来巨大的性能损失。预写式日志记录事务更新的操作可用于发生故障时的事务恢复。同时，预写式日志是顺序产生，连续写入相连的数据块。这样就可以通过日志的顺序写来减少数据的 I/O 代价。预写式日志的基本含义是日志先于数据进入磁盘，即修改后的数据在写入磁盘之前，先将记录该事务"提交"或"中止"的日志和数据更新日志冲刷到磁盘。当系统崩溃进行数据恢复时，由于事务操作日志先写，不管修改后的数据是否已写入磁盘，都可以基于日志重做(REDO)已提交的事务。由于采用非重写的多版本机制，在不需要撤销(UNDO)功能的情况下，仍能保证数据库的一致性。此外，系统正常关闭后，当系统管理员期望将数据库恢复到指定时间点或处于服务器流复制模式时，数据库系统也需要利用预写式日志方法进行数据特定时间点恢复和实现数据操作不同服务器之间的流复制数据同步。

随着计算机硬件设备发展，特别是多核处理器的出现，数据库系统通过事务并发执行提高事务的执行效率。在实际运行环境中，一个事务封装一组数据操作，事务执行受当前软硬件条件的影响而具有高度的动态性。对于一个事务集合来说，事务之间可能因操作对象的重叠造成事务冲突，因此数据库系统的事务管理器通常会根据需要动态调整事务的执行顺序，即事务的并发控制。

事务并发引起的不一致性主要有"脏读""不可重复读""幻读"，其中"脏读"是指一个事务读取了另一个事务没有提交的数据；"不可重复读"是指一个事务更新数据，导致另一个事务两次读取了不一样的数据；"幻读"是指一个事务增加或者删除数据，导致另一个事务两次读取了不一样的数据。事务隔离级别主要有"读未提交""读已提交""重复读""可串行化"等四种形式。越高的隔离级别意味着越强的事务一致性和更低的事务并发度，因此数据库系统的设计者通常根据应用需要选择合适的事务隔离级别。事务的隔离级别如表 7-1 所示。TOTEM 根据实际的应用需要提供"读已提交"和"可串行化"两种隔离级别。"读已提交"的隔离级别可以防止"脏读"现象，但是不能防止"不可重复读"和"幻读"等现象，而"可串行化"的隔离级别可以防止"脏读""不可重复读""幻读"等现象。

表 7-1　事务的隔离级别

事务隔离级别	脏读	不可重复读	幻读
读未提交	√	√	√
读已提交	×	√	√

续表

事务隔离级别	脏读	不可重复读	幻读
重复读	×	×	√
可串行化	×	×	×

当事务管理器并行化调度事务集合的执行结果等同于事务集合按照某一种事务顺序串行化调度的执行结果时，针对这个事务集合的调度方式就是可串行化的调度。两阶段协议是保证事务可串行化调度的封锁协议，它将一个事务集合的执行划分为两个阶段。第一个阶段是扩展阶段，事务可以申请获得任意数据项的任何类型的锁，但是不能释放任何锁。第二阶段是收缩阶段，事务可以释放任何数据项任意类型的锁，但是不能再申请任何锁。

面向单一数据项的操作主要存在读读并发模式、读写并发模式和写写并发模式等三种并发操作模式。由于多个事务的读操作不会造成事务冲突，因此读读并发模式不需要数据库进行并发控制。现有数据库的并发控制模块主要处理读写并发模式和写写并发模式。面向关系数据库的并发控制根据数据版本的唯一性分为单版本并发控制协议和多版本并发控制协议。单版本并发控制根据并发模式的分布假设，分为悲观并发控制和乐观并发控制，其中悲观并发控制假设事务冲突是频繁发生的，通过锁机制预防性地解决事务冲突；乐观并发控制假设事务冲突发生频次较低，通过检测机制来查找并解决事务冲突。多版本并发控制协议允许数据库中的数据项存在多个版本，事务中的写操作产生新的版本，读操作可以根据一定的规则读取一个合适的版本数据。这样就可以实现读写分离，进而解决事务的读写并发冲突。比较常见的多版本并发控制协议主要有多版本时间戳排序、多版本两阶段锁、只读协议多版本和多版本串行化图检测。目前的主流数据库系统通常基于封锁机制解决写写并发事务冲突。

根据抽象级别和物理编程环境的不同，数据库管理系统主要有两种计算模型，即页模型和对象模型。关系型数据库大多采用页模型，数据库从逻辑上来看是一个数据页的集合。这些数据页在物理上对应关系、元组和属性等具体的数据库对象。数据页上只有读和写两种相对比较简单的操作。面向对象模型的数据对象操作不只是读和写，使用者可以在数据对象上定义各种操作方法。这些操作通常以类的方法形式进行定义，以实例化的方式赋予相应的数据对象。因此，进行数据库的并发控制时，关系型数据库和面向对象数据库呈现较大的差异性。

由于学术界和工业界还没有对面向对象数据库形成完全统一的定义和标准，因此面向对象数据库并发控制机制的研究主要基于特定类型的对象数据库展开。面向对象数据库产品主要有 ObjectStore、Gemstone、Orion、O2、Jasmine 等。Orion

是美国 MCC 公司开发的对象数据库产品，许多面向对象数据库并发控制的研究是基于 Orion 数据库开展的。Orion 数据库系统的研发者提出将关联对象封装成一个组合对象的封锁策略，并引入意向共享对象(intention shared object，ISO)锁、意向排他对象(intention exclusive object，IXO)锁和共享意向排他对象(shared intention exclusive object，SIXO)锁模式，分别对应关系型数据库系统中的意向共享(intention shared，IS)锁、意向排他(intention exclusive，IX)锁和共享意向排他锁(shared intention exclusive lock，SIX)，保证面向对象数据库系统数据的一致性。由于组合对象封锁机制的封锁范围太大，Orion 设计了具有良好性能的多粒度锁缩小组合对象的封锁范围，提升并发度。

多粒度封锁机制和组合封锁机制是在整个数据库层面讨论并发控制机制，一些研究者提出构建类中属性的事务边界。根据属性边界确定事务边界，将并发控制的粒度下降到属性层面。在数据库系统中，用户创建数据库模式时，数据库系统会根据用户定义的模式来计算存储属性边界。这不但使事务执行无须等待边界信息的计算，而且可以避免边界信息的重复产生，在一定程度上提高事务处理效率。另一些研究者基于类含有的方法讨论属性粒度的并发控制，提出在面向对象数据库并发控制方法中引入直接访问向量(direct access vector，DAV)。当用户在类上创建类方法时，系统根据该类方法涉及的属性和操作，构建方法的 DAV。即使两个方法互相冲突，只要在属性层面的 DAV 访问模式相容，就可以并发执行。简单来说，通过引入 DAV 把数据库封锁粒度降低到属性和属性集合层次，同时向量的设计方式也降低了一般属性粒度锁的封锁复杂性。

死锁现象在数据库并发控制中是频繁出现的，主要指两个或两个以上的事务在执行过程中相互持有对方期待的锁。若没有其他介入机制，他们都无法进行下去。例如，事务 1 在表 A 上持有排他锁，同时试图请求一个在表 B 上的排他锁，事务 2 持有表 B 上的排他锁，却在请求表 A 上的一个排他锁，那么这两个事务就都不能执行了。

数据库系统通常采用"乐观等待"的方式使进程获得锁。通过数据库系统的锁表信息进行数据项的访问锁分配，即事务请求的锁与该记录上的其他要求或已存在的锁不冲突，就马上获得锁，将相关信息写入锁表。如果一个进程不能获得请求的锁，则将该进程放入等待队列，转入睡眠状态，并启动一个延时计时器。当计时器计时结束，进程仍未获得锁，则启动检测系统对该进程进行死锁检测。如果检测后存在死锁，则放弃包含该进程的事务并释放该事务持有的锁，否则修改计时器，进程进入下一轮睡眠。

当进程因为对对象加锁失败而进入等待队列时，如果队列中已经存在一些进程要求本进程中已经持有的锁，那么为了避免死锁，可以简单地把本进程插入它们的前面。这样可以在一定程度上避免死锁。当一个锁被释放后，某等待进程能够被唤醒需要遵守两个规则。一个规则是，该进程对某一对象加锁的要求不与该对象已持锁冲突，这是唤醒进程的基本要求。另一个规则是，该进程不与等待队列中排在其前面的没有被唤醒的进程要求冲突。为了保证相互冲突的加锁请求，按照到达的先后次序进行处理。

现有的主流数据库主要通过等待队列图(waits for graph，WFG)检测死锁。WFG 是一个有向图，顶点表示申请加锁的进程，有向边表示相应的依赖关系，即等待关系。

进程依赖图如图 7-1 所示。进程 A 等待进程 B 释放对象 X，进程 B 等待进程 C 释放对象 X，进程 C 在等待进程 A 释放对象 Y。这样，进程 A、B、C 就围绕对象 X 和 Y 的资源要求形成进程的依赖图，即死锁。其中，进程 A 占有对象 Y 的排他锁，申请对象 X 的排他锁，进程 C 占有对象 X 的排他锁，申请对象 Y 的排他锁，而进程 B 不占有任何对象资源。

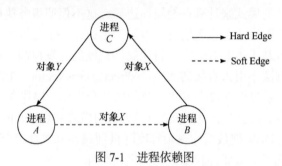

图 7-1　进程依赖图

等待队列图引入 Hard Edge 和 Soft Edge 进行死锁建模，构建进程依赖图。Hard Edge 指某一进程申请对某个对象进行加锁，另一进程在该对象已经持有与此进程请求相冲突的锁。使用 Hard Edge 表示两个进程之间的关系需要同时满足两个条件。一个条件是两个进程对同一对象资源有冲突锁，另一个条件是其中一个进程对该对象资源已经拥有排他锁。Soft Edge 指某一进程申请对某个对象进行加锁，另一进程在该对象上还未持有与此冲突的锁。使用 Soft Edge 表示两个进程之间的关系同样需要满足两个条件。一个条件是两个进程对同一对象资源有冲突锁，另一个条件是没有进程对该对象资源占有排他锁。

在图 7-1 中，由于进程 A 持有对象 Y 的排他锁，进程 C 申请对象 Y 的排他锁，因此两个进程通过实线表示 Hard Edge 关系。在进程 A 和进程 B 之间，虽然两个进程都申请对象 X 的排他锁，但是这两个进程没有一个进程持有对象 X 的排他锁。因此，这两个进程之间通过虚线表示 Soft Edge 关系。等待队列图存在回路是发生死锁的一个充要条件。如果等待队列图中回路的所有边都为 Hard Edge，则必须回滚一个事务才能解除死锁；否则，若回路中存在带有 Soft Edge 的环，则通过拓扑排序对队列重排，尝试消除死锁。

如图 7-2 所示，在对某等待超时的进程进行死锁检测的过程中，死锁检测系统首先递归地按照 WFG 图中边的顺序扫描。如果在 WFG 图中没有发现被检测进程的回路，则说明不存在死锁，唤醒某个等待的进程。如果在 WFG 图中发现回路，并且检测到的回路全部是 Hard Edge，说明死锁不能自动解除，需要对回路中的某个事务执行回滚操作；否则，返回该回路 Soft Edge 的列表，调换任意一个 Soft Edge 中两个进程的位置，重排等待队列，都可能消除死锁回路。由于这样的调换可能产生新的回路，必须对重排后的等待队列进行死锁检测。由于死锁中的回路很少，且回路中涉及的进程也不会很多，因此在解决死锁问题时不必因为中止事务而频繁地读取数据库中的数据，大大减少 I/O 交互的次数，减少性能开销。

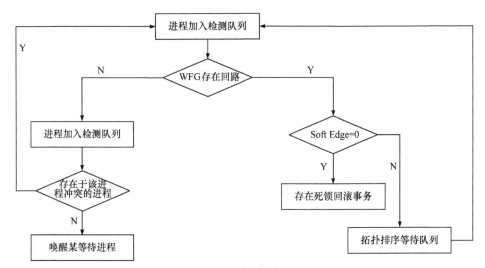

图 7-2　死锁检测流程

7.2　备份与恢复

尽管数据库系统采取各种保护措施实现数据库的安全性和完整性不被破坏，保证并发事务的正确执行，但是硬件故障、软件错误、操作员失误和恶意破坏仍是不可避免的。这会造成运行事务非正常中断，影响数据库中数据的正确性，甚至造成数据丢失。因此，数据库管理系统必须具有把数据库从错误状态恢复到某一已知正确状态的功能。这就是数据库的恢复。为了使被破坏的数据能够完整恢复就必须做备份。一个好的备份策略和方法对保护数据库的安全稳定至关重要。TOTEM 的故障恢复以数据备份为基础，运行各种恢复策略实现数据库的故障恢复。

7.2.1　故障恢复技术

故障恢复技术广泛地应用于文件系统和数据库系统中，主要通过将系统中的数据恢复到一个可用的状态来解决系统失败问题。系统失败是指一个事件导致系统无法按照特定要求运行，如硬件故障、软件故障、人员故障等。为了处理系统故障，需要在系统中附加组件和故障恢复算法。这些附加组件和故障恢复算法组成恢复技术。该技术尝试发生系统故障时不会执行后续的系统操作。理想情况下，系统能够移除故障恢复到正常的系统状态，继续后续任务的执行。

没有一种恢复技术或恢复技术的组合能够处理所有可能发生的故障。每种恢复技术都有自身特定的优势和不足，都是针对特定应用场景实现数据的恢复。一个数据库可能拥有多种数据恢复技术。当系统故障发生时，数据库系统需要结合系统恢复预期，选择相应的系统恢复方法。现有的故障恢复预期主要分为恢复到正确状态、恢复到某个正确状态、恢复到有效状态和恢复到一致性状态。恢复到正确状态指恢复到系统崩溃时的系统状态。恢复到某个正确状态指基于检查点技术恢复到系统运行过程中某个曾经正确的状态。恢复到有效状态指恢复到一个可用的状态。恢复到一致性状态指恢复到满足数据约束的状态。

随着数据处理任务向高可扩展性和高处理性能迈进，数据库系统支持整合具有特定应用功能的代码到数据库系统的接口。可扩展性数据库允许第三方应用增加新的数据类型和存储方法到数据库引擎。由于进程间通信代价昂贵，追求高性能的数据库允许外部应用直接访问数据库内存来提升数据库的处理能力，因此内部故障和外部错误都会影响现代数据库系统的可用性。复制越界和写越界等地址解析故障是一类典型的影响数据库系统可用性的软件故障。一种解决地址解析故障的方法是，要求第三方用户使用安全类型语言。但是，这种带有保护机制的安全类型语言需要牺牲大量的系统性能。带有跨进程领域边界的通信机制能够向数据库服务器提供安全访问机制，但是相对于进程内通信慢了好几个数量级。随着大内存服务器逐渐成为主流，OLTP 型数据库可以将所有数据缓存至内存，这样可以显著降低磁盘延迟对于性能的影响，提升进程间的通信能力。硬件内存保护机制是另一种缓存数据的保护方法。例如，经典数据库增加的 calls 功能，这种功能支持更新前取消对含有元组数据页的保护，在更新完成之后又重新进行数据页的保护支持。这种开关式的内存保护机制对于系统性能消耗相对比较小，但是需要使用特定操作系统提供的回调函数和相应硬件平台上的缓存机制。

在事务会话过程中，地址解析故障常导致数据的物理性损坏，而基于损坏的数据进行更新又会引起更多的间接性数据损坏。一种采用软件机制保证数据安全性的方法将内存中的数据区域分为保护区域和非保护区域。每一个保护区域基于某种对应关系关联一个码字的摘要性数据结构。基于预先定义的响应机制，当保护区域的内容发生变动时，相应的码字摘要也同步更新。这样，在出现使用未初始化的指针写数据或者其他地址故障更新数据时，由保护区域的数据内容即时计算的码字就无法匹配当前维护的码字。基于码字技术可以轻松实现数据的读预检机制，保证读取数据的正确性。为了降低码字技术的性能开销，该机制支持异步审计码字技术进行故障侦测。此外，采用数据库日志推迟码字的维护可以有效地错开数据更新和审计码字对于系统资源的争抢[2]。

TOTEM 的备份模块主要提供物理和逻辑两种类型的数据备份。物理备份通过数据文件和日志文件的物理备份实现数据的恢复工作，主要包含文件系统级别备份和在线备份。文件系统级备份主要通过操作系统级别的文件备份实现数据库数据的备份。TOTEM 的所有文件存储在 data 目录中，在脱机情况下对该目录进行拷贝就可以实现数据库的备份。这种备份有两个限制。第一个限制是，数据库服务器需要关闭，以便限制数据库系统的使用。第二个限制是数据库完整备份，无法深入数据库系统内部结构实现按需备份。在线备份主要通过文件系统级别备份和操作日志实现数据的定点恢复。文件系统级别备份只能实现备份时间点的恢复，无法再现备份时间点之后的数据操作，灵活性和可用性不高。系统日志则完整记录了对数据库数据的各项操作。结合检查点功能，数据库系统通过对最近检查点之后的操作日志进行重做，可恢复到故障时刻的数据状态。这种备份的缺点主要是备份数据量庞大，不但要进行数据文件备份，还要备份数据的操作日志。

TOTEM 采用 Clog 和 Xlog 两种日志记录类型。Clog 日志类型只记录事务提交或中止两种状态。Xlog 记录事务对数据更新的过程和事务的最终状态，它由<T D N B>四个部分组成，其中 T 存储日志的标识信息，D 记录事务对数据库的修改信息。如果该日志记录的是建立检查点后数据块第一次修改的信息，则需要对当前的数据块进行备份，用 N 和 B 描述数据块的备份信息。数据块在 B 中备份，N 记录备份涉及的文件结点和数据块号。预写式日志主要体现在事务提交时刷新日志缓冲区，确保日志先被冲刷到磁盘上。TOTEM 的检查点主要包含两个指针 REDO 和 UNDO。REDO 指向检查点之后的第一个日志记录的地址。UNDO 指向当前系统最早的目前"正在处理"的事务的第一条记录。

7.2.2 逻辑备份

逻辑备份是 TOTEM 特有的一种数据备份和恢复方法，通过备份选定的模式信息和数据信息实现面向需求的数据备份和崩溃恢复。TOTEM 通过 SQL 转储的方法实现数据库的逻辑备份。SQL 转储是一种热备份方法。在备份过程中，不影响数据库系统的执行，只需一个客户端连接数据库进行备份，而其他客户端仍可执行各自的事务操作，不需关闭数据库实例，从而不影响数据库的执行。在恢复数据库的过程中，同样不需要影响其他数据库的运行。

SQL 转储的方法是通过创建一个或多个二进制转储文件的方法备份数据库。该文件记录的是数据库 SQL 命令。当把转储文件导回数据库服务器时，数据库服务器将重建一个与转储时状态一致的数据库。TOTEM 转储的数据文件分为普通文本文件和 TAR 压缩归档文件。

TOTEM 的 SQL 转储过程如下。

(1) 连接数据库，得到数据库名、创建者、数据库管理员等，并生成数据库创建语句和删除语句。

(2) 备份数据库的模式信息，包括类的创建、索引、序列号、聚集函数、方法等。

(3) 备份数据库的数据，包括大对象备份。

(4) 备份触发器、规则等。

数据库名、触发器、规则等均是从系统表中直接读取的数据。下面介绍数据库类信息和对象信息的备份。

1) 类信息备份

TOTEM 通过查找系统表备份数据库的模式信息，由 od_types 备份数据类型，od_class 备份类的名称、类型等，od_attribute 备份属性信息，od_proc 备份方法，od_aggregate 备份聚集函数等。

TOTEM 的模式信息存储在系统表，因此系统表含有数据库的所有元数据信息可用于详细的数据收集和数据分析。系统表对数据库结构进行描述，包括外模式、模式、内模式的定义，数据库完整性定义，安全保密定义，如用户口令、级别、存取权限等，存取路径，描述类、列、方法和索引，还存储有关数据类型、函数、操作符、索引访问方法等。系统表是 TOTEM 运行的基本依据。TOTEM 不同系统表间有着紧密的联系。TOTEM 主要系统表间的联系如图 7-3 所示。

TOTEM 把模式信息存储在以下几张系统表中。

类表(od_class)记录数据库中所有的类，以及与类相关的信息，包括类名等信息。属性表(od_attribute)记录类属性的详细信息，包括名称、属性类型等信息。类型表(od_type)记录数据库中所有的属性类型信息，包括创建用户等信息。代理表(od_deputy)记录所有源类和代理类之间的代理关系，包括源类和代理类等信息。

模式备份就是从系统表中抽取模式信息，然后根据模式信息生成 SQL 创建语句。其主要过程如下。

(1) 从类表、索引表、触发器等系统表中抽取所有源类、代理类和索引的基本信息，作为中间信息抽取属性。

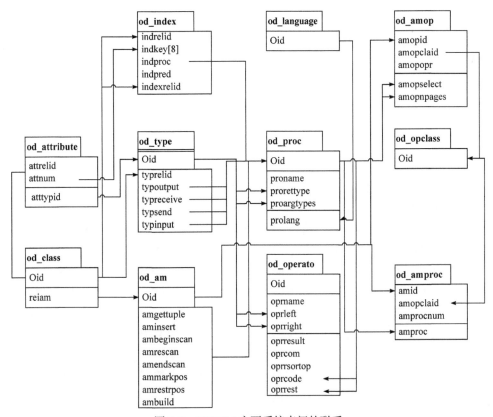

图 7-3　TOTEM 主要系统表间的联系

(2) 依据中间信息从属性表、类型表中抽取类中属性的名称和类型，创建 SQL 语句的基本信息。

(3) 根据(2)中基本信息，依据基本类、代理类、索引的不同类型生成 SQL 创建语句，并保存在归档文件。

对于基本类，根据类名、属性名、属性类型、主键索引等生成创建基本类语句。对于代理类，根据代理层次依次生成代理类的创建语句。od_deputytype 系统表记录代理类创建时的创建语句，因此代理类的创建语句只需要取出 od_deputytype 中的 deputy_desc 值。对于索引，直接从 od_index 抽取索引的创建语句。

2) 对象信息备份

TOTEM 对于数据的备份仍然采用 SQL 语句的形式，对于基本类生成 INSERT 语句，在恢复过程中，相当于重新执行 SQL 操作。

对于基本类，查找该类的所有对象，按照属性顺序生成 Insert 语句。例如，基本类 c 通过 SELECT* FROM c 语句得到 c 中所有对象，将对象属性数据生成 INSERT 语句，INSERT INTO c VALUES(a1，a2，…)。

对于代理类,首先区别代理类的实属性和虚属性,虚属性是代理源类的属性,即源类属性通过切换表达式计算得到。备份代理类对象通过 UPDATE 语句实现。根据代理属性值更新实属性, UPDATE d SET rattr1 = value1{, rattr2=value2 ···} WHERE vattr = vvalue1{and vattr2=vvalue2···}。

对于大对象备份, TOTEM 抽取大对象的标识符,并抽取大对象文件,保存在一个以标识符命名的文件中。

7.2.3 数据恢复

对于文件系统级别备份,直接使用备份文件替换目标数据库 data 目录下的文件就可以实现数据的恢复。

对于在线备份,需要文件系统级别备份和日志系统配合实现。由于日志系统的检查点保存数据操作前的数据状况,因此基于文件系统级别的备份和日志系统的检查点信息可以将数据恢复到最近一次检查点的数据状态,读出检查点中 REDO 指针指向的日志记录开始 REDO 操作。如果是备份数据块的日志,则把已备份的数据块拷贝到内存中,再将它重新刷新到磁盘上,顺着日志的记录顺序往后做,直到做完最后一个日志记录。随后读出检查点中 UNDO 指针指向的日志记录,如果该日志记录不是最后一个日志记录,则从最后一个日志记录向前 UNDO 操作,直至做完 UNDO 指针指向的日志记录。基于日志数据实现 REDO 和 UNDO 操作,数据库就可以恢复系统崩溃前的状态。

对于逻辑备份,数据库通过备份的 SQL 语句进行恢复。基于备份的各种文件,逻辑恢复引擎执行各种基本类、代理类、索引的创建工作。

7.3 更 新 迁 移

一致性约束是数据库系统正常运行的基本条件,主要指数据发生增、删、改操作时,如何保证数据的一致性不被破坏。传统的数据库主要通过回滚机制保证数据的一致性,而 TOTEM 除了回滚机制,还需要更新迁移机制保证数据的一致性。

7.3.1 一致性约束

在数据库系统中,一致性约束实际上是一种数据库状态逻辑可接受的陈述说明。在现有的数据库系统中,用于定义和保证一致性约束的机制是非常有限的。绝大多数的关系型数据库系统仅支持主键唯一性和外键一致性等常规类型的约束,没有一种机制能够支持任意类型的断言约束。当一致性约束遭到破坏时,系统通常只能提供回滚当前操作或者整个事务的方法来修复数据库状态一致性。随着数据库应用的不断深入，越来越多的前端应用约束后移交给数据库进行应用数据的一致性维护。现实应用需要数据库系统能够提供面向任意属性列的各种断言式一致性约束。在维护一致性约束时，常规的操作(例如事务回滚)已经无法满足越来越复杂的应用需要。一种基于 SQL 扩展语言的新型一致性约束方法的特点在于支持面向任意属性的断言设定和一致性约束动作的个性化定义[3]。该方法定义的每一个约束包含三个组件，一个触发断言，用于控制规则触发；一个判定条件，用于判定执行哪些一致性约束动作；一个动作集合，一个人为定义的操作序列或者操作，即事务回滚请求，用于保证数据一致性约束破坏后的一致性维护。该方法通过操作序列叠加的办法减少数据不一致性约束的维护代价，体现在以下四个方面。

(1) 针对同一个数据的多次修改，只维护最后一次数据一致性。

(2) 一个元组先被更新而后删除，只考虑删除数据的一致性维护。

(3) 一个元组被插入，而后更新，只考虑更新数据的一致性维护。

(4) 一个元素被插入，而后删除，不进行任何的一致性维护。

触发断言可以在特定的表或列上触发一组操作。这些操作涵盖插入、删除、更新等动作。

7.3.2　对象更新迁移

在 TOTEM 中，对象之间存在代理关系，而对象所在的类也存在这种关系。对象操作会对其源对象、代理对象产生影响。系统必须用一定的机制来保证，对象操作完成后，数据库数据依然是正确、完整、可靠的。

TOTEM 中对象迁移的主要过程如下。

(1) 计划器生成操作对象所在类的类层次结构树和各个类的代理规则。

(2) 执行器完成对对象本身的插入、删除、更新操作。

(3) 更新迁移按照类层次结构树逐层遍历各个代理类，通过代理规则判断是否需要在代理类中执行插入、删除、更新等操作。

1. 对象插入引起的更新迁移

1) 选择和合并代理的插入迁移

在进行选择和合并型代理的插入迁移时，系统检查新插入源类的对象是否满足代理类的代理规则。如果满足代理规则，那么对代理类、代理类的代理类进行递归的插入操作，否则不进行任何操作。选择和合并型代理的插入迁移如图 7-4 所示。

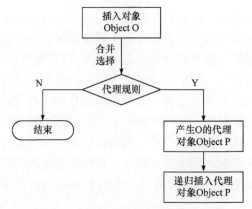

图 7-4　选择和合并型代理的插入迁移

2) 连接型代理的插入迁移

在进行连接型代理的插入迁移时，系统执行流程如下。

(1) 将新插入的对象和连接型代理类的其他源类中的每一个对象进行连接操作，形成满足连接代理规则的代理对象集 New Objects。

(2) 将集合 New Objects 中的所有对象插入代理类中。

(3) 如果代理类还有代理类，递归执行操作。

3) 分组型代理的插入迁移

在进行分组型代理的插入迁移时，系统检查新插入的对象，根据分组代理规则判断它与某些对象组成一个 group A，还是自己单独成为一个新的 group B。在此基础上，根据 HAVING 规则判断分组是否满足 HAVING 条件，将对象插入相应位置。分组型代理的插入迁移如图 7-5 所示。

2. 对象删除引起的更新迁移

由于代理类之间的继承关系是逐层构建的，因此系统需要从类继承层级的最高层代理对象开始逐层执行对象的删除操作。这样，源对象删除引起的代理对象删除就需要构建回溯机制。

1) 选择和合并型代理的删除迁移

源对象和选择/合并型代理对象之间是一对一的对应关系，因此删除源对象引起的选择/合并型代理对象的删除。

2) 连接型代理的删除迁移

源对象和连接型代理对象之间是多对一的对应关系，即不同源类的多个对象对应一个代理类对象。当删除代理对象中任意源对象时，该代理对象都不具备继续存在的代理类条件，因此也需要被删除。

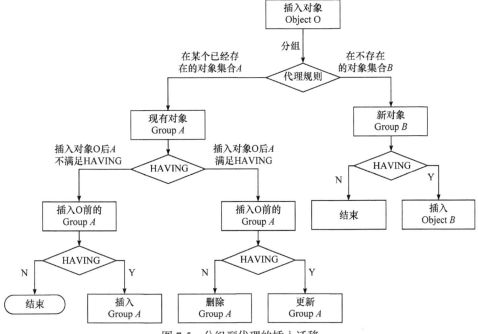

图 7-5 分组型代理的插入迁移

3) 分组型代理的删除迁移

由于构建分组型代理关系通常需要执行分组聚合操作，因此源类和分组型代理类之间的对象是多对一的对应关系。不同于连接型代理类，分组型代理要求源对象产生于同一个源类。此外，不同于选择/合并和连接型代理的删除迁移，分组型代理的源对象删除不一定要求删除代理对象。如果源对象删除之后，新的分组聚合代理对象仍然满足 HAVING 子条件，则只需要更新对应代理对象的取值，否则删除相应的代理对象，具体可以参考分组型代理的插入迁移的分类情况。需要指出的是，当存在多层分组型代理类时，也需要执行逐层检查。

3. 对象更新引起的更新迁移

对象更新通常是对对象属性的更新。在 TOTEM 中，对象属性分为代理属性和非代理属性。如果系统基于某一组属性构建代理类，则该组属性就是代理属性，而类的其他属性称为非代理属性。面向非代理属性的更新不会引起更新迁移，只有针对代理属性的更新才能引起更新迁移。由于 TOTEM 引入多版本机制，可以实现读写事务不相互阻塞，读事务需要维持原有代理关系，而写事务需要更新原有代理关系。为了保证事务的完整性，TOTEM 通常将代理属性的更新放大到整个对象。需要指出的是，对象的插入是面向新版本对象数据，而对象的删除是对象没有事务访问时运行于旧版本对象数据。这样，TOTEM 中的对象更新引起的更新迁移可以按照对象插入和删除引起的更新迁移执行。

7.3.3　类更新迁移

在 TOTEM 中，创建类需要将类创建过程的相关信息写入系统。由于创建类相关的类可能发生变更，因此需要检查其源类中是否有满足代理类代理规则的对象。如果存在满足代理规则的源对象，则在新创建的代理类中生成若干对象作为源类对象的代理对象，以维护代理规则的完整性。同样，删除类不仅要删除这个类中的对象，还应将所有的代理类删除。另外，由于存在一些源对象指向删除对象的指针，这些指针会形成悬空指针并造成系统故障，因此需要检查这些删除对象的源对象，并移除这些指针。

1. 创建类引起的更新迁移

创建基本类的操作不会引起更新迁移，只有创建代理类的操作才会引起更新迁移。创建代理类引起的更新迁移如图 7-6 所示。

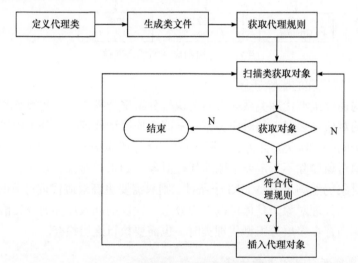

图 7-6　创建代理类引起的更新迁移

如果创建代理类 B 作为类 A 的选择型代理类，那么类 A 中所有符合选择代理规则的对象都会被 B 继承，并在 B 中产生代理对象。合并型代理、连接型代理、分组型代理依此类推。

2. 删除类引起的更新迁移

在删除一个类时，TOTEM 系统进行类的更新迁移。系统不但将该类相关的模式信息、属于该类的对象删除，还会对该类的代理类作删除或者更新操作。

(1) 删除源类。删除源类引起的更新迁移如图 7-7 所示。类 A 有 B、C、D、

E 四种不同的代理类。删除类 A，首先会引起类 A 的全部对象和类 A 相关系统表中的记录删除。

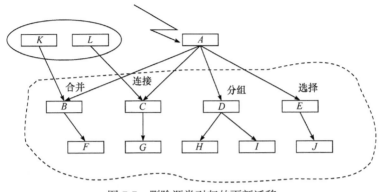

图 7-7　删除源类引起的更新迁移

① 选择型代理。类 E 是类 A 的选择型代理类，删除类 A 后，类 E 的全部对象、类 E 的下级代理类(J)及其对象将全部被删除。

② 分组型代理。类 D 是类 A 的分组型代理类，删除类 A 后，类 D 的全部对象、类 D 的下级代理类(H、I)及其对象将全部被删除。

③ 连接型代理。类 C 是类 A 和类 L 产生的连接型代理类，删除类 A 后，类 C 的全部对象、类 C 的下级代理类(G)及其对象将全部被删除。除此之外，迁移还将影响类 L。在类 L 的模式信息中，L 的代理类集合中去掉类 C；在类 L 的对象中，指向类 C 中对象的指针也会被删除。

④ 合并型代理。类 B 是类 A 和类 K 产生的合并型代理类，删除类 A 后，类 B 的全部对象、类 B 的下级代理类(F)及其对象将全部被删除。此外，迁移还会影响类 K。在类 K 的模式信息中，K 的代理类集合中去掉类 B；在类 K 的对象中，指向类 B 中对象的指针也会被删除。

删除类 A 最终导致类 A、B、C、D、E、F、G、H、I、J(虚线框中的类)及其对象的全部删除，还会导致类 K、L 代理类的减少。K、L 对象中指向虚线框中类对象指针的删除。

(2) 删除中间层代理类。中间层代理类的删除同基本类删除相似，不同点在于迁移会波及其自身全部的源类。

如图 7-8 所示，中间层类 E 的删除会导致虚线框中类(E、I、J、K、L)及其类对象的全部删除，还会导致实线框中类(A、F)的代理类的减少。A、F 对象中指向虚线框中类对象指针的删除。

(3) 删除底层代理类。删除底层代理类引起的更新迁移如图 7-9 所示。删除类 L 的操作会删除 L 及其全部对象，导致 L 源类(E、F)的代理类的减少。E、F 的对

象指向 L 类对象指针的删除。

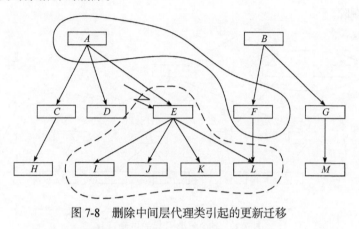

图 7-8　删除中间层代理类引起的更新迁移

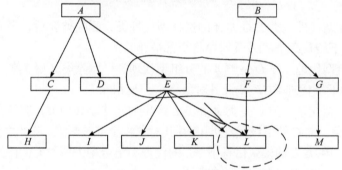

图 7-9　删除底层代理类引起的更新迁移

7.3.4　索引更新迁移

　　TOTEM 提供 B+、HASH、GIST 等大量的索引用于提升数据的查询响应能力。当类和对象发生变化时，索引需要对这种变化迅速做出反应以保证数据库系统的正确性和完整性。索引通常是构建在类的属性或者属性组合之上，实现索引属性值和对象之间的快速关联。在 TOTEM 中，对象属性分为实属性和虚属性两种类型。当需要在虚属性上构建索引时，系统调用切换表达式获得代理属性值，进而构建代理属性值和代理对象之间的关联关系。本质上来说，索引更新迁移的动力源于类和对象的更新迁移。

　　从类层级来看，索引应该构建在已经存在的类/代理类之上，因此创建新的源类和代理类不会引起现有索引的更新迁移。当删除源类和代理类时，类的更新迁移导致后续构建的代理类发生删除操作，那么构建在代理类上的索引自然会失去存在的必要性。由于 TOTEM 在实属性和虚属性上都采用索引类实例的属性值-对象关联方式构建索引，因此删除类引起的索引更新迁移只需删除源类和代理类上的索引。当操作类上构建有代理类时，需要迭代地删除后续代理类构建的索引信息。类层级的索引更新迁移如图 7-10 所示。

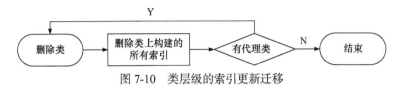

图 7-10　类层级的索引更新迁移

从对象层级来看，对象的更新迁移推动索引的更新迁移。如图 7-11 所示，对于插入操作引起的更新迁移，只要索引所在的类由插入更新迁移增加了新的对象，则需要将新对象的属性值和对象之间的关联关系补充进索引。对于删除操作引起的更新迁移，只要索引所在的类由删除更新迁移删除对象，则需要移除索引该对象的索引值和对象之间的关联关系。对于更新操作引起的更新迁移，由于 TOTEM 将对象更新操作看成旧对象的删除和新对象的插入两个操作，因此相应的索引也将删除旧对象的属性值和对象之间的关联关系，同时增加新对象的属性值和对象之间的关联关系。不同类型代理对象的属性有实属性和虚属性之分，因此对象层面维护索引需要根据对象的类型进行区别对待。

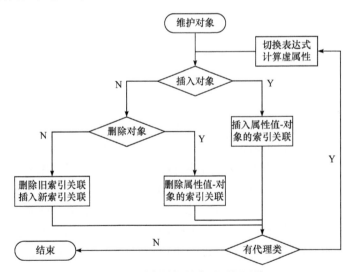

图 7-11　对象层级的索引更新迁移

(1) 无代理对象类型。该类型的对象主要包含对象无代理对象和末层代理对象两种类型。依据插入、删除和更新等操作对象的不同操作类型，采用相应的策略维护属性值和对象之间的索引关系。

(2) 中间层代理对象类型。对于当前层代理对象，参照无代理对象类型方式维护属性值和对象之间的索引关系。对于下一层代理对象，依据切换表达式获取当前层虚属性的属性值，参考无代理对象类型方式维护属性值和对象之间的索引关系。后续层代理对象则参照上一层代理对象的处理方式维护当前层属性值和对象之间的索引关系。

7.4 类和类事务冲突

类是面向对象数据库的模式信息，而对象则是面向对象数据库并发控制的基本单元。在面向对象数据库系统中，通常将类中定义的属性和方法看成一个整体的类对象，任何对类对象的存取都需要在整个类对象上进行封锁。因此，无论一个事务对一个类对象执行什么样的操作，都会阻塞其他事务对该类对象的更新，即使这两个事务更新的是类对象的不同部分，如增加一个属性和方法。这种将类对象整体作为一个封锁对象的方法，封锁粒度太大，会降低面向类对象存取的并发执行效率。为了提升类对象存取的并发度，面向对象数据库系统将类对象的定义划分成属性定义和方法定义。这样就可以将面向类对象存取的封锁粒度降低到属性定义或者方法定义的级别，以此提高类定义对象存取之间的并发度。类定义对属性的写操作包括增加属性、修改属性、删除属性，而类定义对方法的写操作包括增加方法、删除方法、改变方法的实现代码等。因此，只要两个类定义写操作存取的是类对象的不同部分，就能实现类对象存取在属性定义和方法定义之间的并发执行[4]。需要注意的是，面向对象数据库中属性和方法的单个写操作应该作为一个原子操作进行处理，即要么全部执行，要么全部不执行。在面向对象数据库系统中，一个事务通常由一组有序的操作组成，而操作的可交互性则是判断操作冲突的主要依据。如果调换两个操作的执行顺序导致不同的执行结果，那么这两个操作是不可交互的，即并发执行将引起操作冲突。

类对象方法更新操作的可交互性矩阵如表 7-2 所示。类对象方法更新操作的可交互性矩阵主要介绍增加(add)、删除(del)、替换(rep)等三种类型的类对象方法更新操作和一个类对象方法访问操作(acc)。其中，add(m)表示向某个类增加方法 m，del(m)表示从某个类删除方法 m，rep(m)表示以新的代码实现替换现有方法 m 的代码实现。如果这些操作得到正确的执行，那么类对象方法更新操作返回 ok，否则返回 no。需要注意的是，可交互性是向右可交互性。假设两个面向方法的操作 α 和 β 在一个事务中的执行顺序是 $\alpha\beta$，如果 $\alpha\beta$ 的执行结果等同于 $\beta\alpha$，则这两个操作是满足向右可交互性的。在表 7-2 中，"⊥"指这种操作的执行顺序调整是不存在的或者没有定义的。例如，如果删除方法 del(m)的操作得到正确执行，则访问方法 acc(m)的操作将无法获得返回结果 ok。"yes"表示行操作和相应的列操作存在向右可交互性关系。如果一个事务有访问方法 m，接着另一个事务改变方法 m 的代码实现，则这两个操作的执行顺序是不相关的。如果一个事务增加方法 m，接着另一个事务改变方法 m 的代码实现。由于两个操作的不同执行顺序可能造成不同的结果，因此两个操作的执行顺序是重要的。如果两个操作的执行顺序导致不同的执行结果，则两个操作的执行顺序是重要的，可交互性矩阵被标注为"no"，意味着操作冲突或者不可交互。

表 7-2　类对象方法更新操作的可交互性矩阵

[acc(m), ok]	[acc(m), no]	[add(m), ok]	[add(m), no]	[del(m), ok]	[del(m), no]	[rep(m), ok]	[rep(m), no]	
yes	$\perp$	no	yes	$\perp$	$\perp$	yes	$\perp$	[acc(m), ok]
$\perp$	yes	$\perp$	$\perp$	no	yes	$\perp$	yes	[acc(m), no]
$\perp$	no	$\perp$	$\perp$	no	no	$\perp$	no	[add(m), ok]
yes	$\perp$	no	yes	$\perp$	$\perp$	yes	$\perp$	[add(m), no]
no	$\perp$	no	no	$\perp$	$\perp$	no	$\perp$	[del(m), ok]
$\perp$	yes	$\perp$	$\perp$	yes	yes	$\perp$	yes	[del(m), no]
yes	$\perp$	no	yes	$\perp$	$\perp$	no	$\perp$	[rep(m), ok]
$\perp$	yes	$\perp$	yes	no	yes	$\perp$	yes	[rep(m), no]

操作间的可交互性关系同样存在于类对象的属性。类对象属性更新操作的可交互性矩阵如表 7-3 所示。类对象属性更新操作的可交互性矩阵主要介绍增加(add)、删除(del)等两种类型的类对象属性更新操作和一个类对象属性访问操作(acc)。其中，add(a)表示向某个类增加属性 a，del(a)表示从某个类删除属性 a。对于属性的更新或访问可能成功(ok)，也可能不成功(no)。类对象的属性列表和方法列表保存在特定的类对象结构。在一个数据库事务中，一个方法的访问操作 acc(m)可以读取方法 m 的数据结构，同时 acc(m)通过调用属性的访问方法 acc(a)就可以读取属性 a 的数据结构。假设两个面向属性 a 的操作 α 和 β 在一个事务中的执行顺序是 $\alpha\beta$。如果 $\alpha\beta$ 的执行结果等同于 $\beta\alpha$，则这两个操作满足向右可交互性。

表 7-3　类对象属性更新操作的可交互性矩阵

[acc(a), ok]	[acc(a), no]	[add(a), ok]	[add(a), no]	[del(a), ok]	[del(a), no]	
yes	$\perp$	no	yes	$\perp$	$\perp$	[acc(a), ok]
$\perp$	yes	$\perp$	$\perp$	no	Yes	[acc(a), no]
$\perp$	no	$\perp$	$\perp$	no	no	[add(a), ok]

续表

[acc(a), ok]	[acc(a), no]	[add(a), ok]	[add(a), no]	[del(a), ok]	[del(a), no]	
yes	$\perp$	no	yes	$\perp$	$\perp$	[add(a), no]
no	$\perp$	no	no	$\perp$	$\perp$	[del(a), ok]
$\perp$	yes	$\perp$	$\perp$	no	yes	[del(a), no]

TOTEM 是在面向对象数据库的基础上发展而来的，可以克服面向对象数据库中的固有缺陷，并具有一些特有的模型特点和事务冲突类型。TOTEM 的鲜明特性给并发控制带来新的挑战。例如，在 TOTEM 中，用户可以通过代理类和代理对象对不同的对象进行特化、泛化、聚集、分组等分割组合形成新对象，代理机制引起的更新迁移机制在给数据一致性维护提供巨大便利的同时，也带来新的事务冲突。

TOTEM 和面向对象数据库对类定义的读取是一致的，但二者对类定义的更新具有不同的观点。具体来说，面向对象数据库系统把类定义的更新视为对类封装性的破坏，当一个事务更新一个类的定义时，必须防止其他事务对该类定义和类中实例对象的存取，因此更新类定义的操作需要申请很高强度的锁。TOTEM 将对类定义的更新处理成创建该类的一个代理类，从而避免上述问题。在 TOTEM 中，将对基类的类定义更新转换成创建该基类代理类的具体方式如下。

(1) 如果对类定义的更新是要增加基类的属性或者方法，则创建该基类的选择代理类，并采用扩展操作在代理类中增加相应的属性或者方法。

(2) 如果对类定义的更新是要删除基类的属性或者方法，则创建该基类的选择代理类，同时采用投影操作，选择性地继承基类的相关属性或方法。

(3) 如果对类定义的更新是要修改基类的属性或者方法，则创建该基类的选择代理类，同时在代理类的相应属性或方法中添加切换操作。

(4) 如果要更改类继承关系，则把该代理类删除，并根据实际需要重新创建适当的反映现实类继承关系的代理类。

把对类定义的更新处理成创建代理类之后，TOTEM 中类定义更新造成的冲突就减少了，对类对象的并发控制要求也相应降低。同时，TOTEM 中对类的操作多了一种类型——创建该类的代理类。

创建一个代理类的过程包括两个阶段。第一个阶段是类模式级别的，即在系统表中加入该代理类的模式信息，添加该代理类及其源类的对应关系。第二个阶段是实例对象级别的，即 TOTEM 根据代理类的代理条件，扫描源类，并在源类中选取满足代理条件的实例对象，建立源对象与代理对象的双向联系，实现源类与代理类中数据的一致性。

在创建代理类的第一个阶段，TOTEM 需要把代理类的模式信息，包括该代理类及其源类的对应关系保存起来。代理类的模式信息被 TOTEM 作为反映现实世界的一个实例对象进行存储管理，因此在同一个类或者类的集合上执行多个创建代理类的操作。其结果会归并为 TOTEM 实例对象级别的操作集合。显而易见，如果把代理类及其源类的对应关系有效地存储在一个类实例对象中，则在同一个类或者类的集合上创建 N 个代理类的操作结果是在系统中添加 N 个类实例对象。这样就可以避免多个创建代理类操作之间的冲突，从而提高系统的并发度。

创建代理类的第二个阶段是在源类中选取满足代理条件的实例对象，并进一步自动派生这些实例对象对应的代理对象的过程。当并发执行的两个事务同时在一个类或者类的集合上创建代理类的时候，如果这两个代理类涉及源类上不相交的两个实例对象集合，则它们之间并不存在冲突。只有在两个代理类涉及的源类中实例对象集合有非空交集的时候，才会产生冲突。这种冲突已经不是原来的类对象存取级别的冲突，而是源类中实例对象存取级别的冲突。显然，保证实例对象存取的冲突可串行化的代价比保证类对象存取的冲突可串行化的代价小很多。如果对类进行操作的两个事务中有一个执行的是删除该类的操作，则这个操作会与该类对象上的任何存取操作和所有实例对象的存取操作冲突。

7.5　类和实例事务冲突

实例对象是面向对象数据库的另一个重要的并发控制单元。实例对象存取主要包括读或更新实例对象的属性值，增加、删除一个实例对象。在面向对象数据库系统研究早期，对类对象的读、写(更新)和对实例对象的读、写(增加、更新和删除)一样，都采用共享锁和排他锁的方式。由于基于共享锁和排他锁的并发控制方法将类对象的定义和类的实例对象看成一个整体，造成读类对象的定义和写该类的任何实例对象是相冲突的，因此这种方式会严重限制事务访问的并发性。虽然实例对象是基于类对象的定义生成的，并且在实例对象的整个生命周期都会保持与类对象定义相一致，但是类对象和实例对象在一定程度上仍然保持着数据访问的某种独立性。实际上，在具体的操作层面，读类对象和写实例对象之间是不冲突的。通过将类对象和实例对象的读、写模式分别进行定义就可以解决上述冲突问题。但是，这种方法依然限制写类对象定义与实例对象存取之间的并发性[5]。

在面向对象数据库系统中，类对象和实例对象之间的并发控制需要充分考虑类对象和类对象之间的继承关系，以及类对象和实例对象之间的隶属关系。在面向对象数据库系统中，类对象和实例对象之间的并发控制需要充分考虑类对象和类对象之间的继承关系，以及类对象和实例对象之间的隶属关系。图 7-12(a)是一张类图，呈现类对象之间的多重继承关系，SC(C)指类 C 的父类集合，sc(C)指类 C 直接或者间接的子类集合。假如 $C=C_i$ 表示当前类，则 SC(C)=\{C_0\} 是 C 的父类集合，而 sc(C)=\{C_k\} 是 C 的子类集合。图 7-12(b)是一颗实例树，叶子结点是实例对象，中间结点是类对象，根结点是实例根节点。

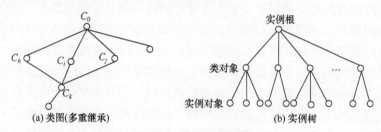

(a) 类图(多重继承)　　　　　　　　　　(b) 实例树

图 7-12　类图和实例树

面向对象数据库通过方法访问类对象和实例对象。面向实例对象的访问包括查询和更新属性值。面向类对象的访问则包括查询类的定义，增加、删除类对象的属性和方法，改变类对象属性的取值范围，改变类对象方法的实现代码和改变类对象的继承关系。这些操作方法依据对操作对象造成的影响分为读方法或写方法。依据操作对象的不同，面向对象数据库的所有操作可以分为 read-c、write-c、read-i、write-i 等四种抽象的操作类型。创建和删除对象的过程中可能产生幽灵对象。幽灵对象主要是指事务执行创建和删除操作的结果没有被并发执行的事务感知操作。在图 7-12 中，类对象和实例对象之间形成一种上下位关系，而父类对象和子类对象之间也形成类似的上下位关系。因此，解决面向对象数据库中幽灵对象的方法是采用多粒度锁，通过对上位对象加相应的意向锁提升下位对象读写操作的并发处理能力。

在面向对象数据库中，考虑类对象之间的继承、类对象和实例对象之间的隶属等各种依赖关系，特定对象的访问可能关联到其他相关的对象。这样，面向特定对象的访问称为实际访问，而关联对象的访问称为虚拟访问。每一种实际访问诱导的虚拟访问总结如下。

(1) 读类对象 C 对应于一个实际的读操作 read-c(C)和一个虚拟的读操作 read-c(C')，$\forall C' \in$ SC(C)。

(2) 写类对象 C 对应于一个实际的写操作 write-c(C)、一个实际的写操作 write-c(C'')，$\forall C'' \in$ sc(C)和一个虚拟的读操作 read-c(C')，$\forall C' \in$ SC(C)。

(3) 读实例对象 I 对应于一个实际的读操作 read-i(I)，$I \in C$ 和一个虚拟的读操作 read-c(C') $\forall C' \in \{C\} \bigcup$ SC(C)。

(4) 写实例对象 I 对应于一个实际的写操作 write-i(I)，$I \in C$ 和一个虚拟的读操作 read-c(C') $\forall C' \in \{C\} \bigcup$ SC(C)。

如果两个方法在没有并发控制的情况下能够并发运行，即一个方法的运行不会影响另一个方法的正确运行，则称这两个方法是兼容的。两个方法的兼容性依赖实际访问和虚拟访问过程中是否关联同一个对象。当两个方法是读写操作或者写写操作关联同一个对象时，那么这两个方法就不具备兼容性。表 7-4 和表 7-5 为方法的兼容性。

表 7-4　类和实例上方法的兼容性

操作	class C		$C' \in sc(C)$		$C'' \in SC(C)$	
	read-c(C)	write-c(C)	read-c(C')	write-c(C')	read-c(C'')	write-c(C'')
read-c(C)	Y	N	Y	Y	Y	N
write-c(C)	N	N	N	N	Y	N
read-i(I)，$I \in C$	Y	N	Y	Y	Y	N
write-i(I)，$I \in C$	Y	N	Y	Y	Y	N

表 7-5　实例上方法的兼容性

操作	$I \in C$		$I' \in C'$ and $C' \in sc(C)$		$I'' \in C''$ and $C'' \in SC(C)$	
	read-i(I)	write-i(I)	read-i(I')	write-i(I')	read-i(I'')	write-i(I'')
read-i(I)，$I \in C$	Y	N	Y	Y	Y	Y
write-i(I)，$I \in C$	N	N	Y	Y	Y	Y

由于面向对象数据库系统中操作的是具有复杂层次结构的对象，类可以从它的父类中继承属性和方法，因此通常规定当一个事务正在存取一个类的实例对象时，另一个事务不允许更新这个类对象和父类对象的定义。一些面向对象数据库系统提出的并发控制方法允许写类对象和写实例对象之间并发执行。其主要做法是类对象的更新对实例对象的更新不可见。实例对象更新操作先采用旧的类对象定义，一旦完成类对象定义的更新，实例对象依据新的类对象定义，并进行相应的更新操作。这样，并行事务生成的旧类对象定义的实例将自动更新到新的类对象定义。此外，另一些面向对象数据库系统通过降低封锁的粒度提高写类对象定义和写实例对象之间的并发度，将类对象定义存取分成属性定义存取和方法定义存取，为属性定义存取构造一个属性访问向量(attribute access vector，AAV)，用于记录类对象中属性当前的存取模式，为方法定义存取构造一个方法访问向量(method access vector，MAV)，记录类中方法当前的存取模式。当一个事务提出对某个实例对象进行写操作时，首先检查访问这个实例对象的方法在 MAV 中是否

显示正在被其他的事务更新其方法定义，若无，则给该方法设置读锁。然后，检查 AAV 中是否有其他的事务正在更新当前方法访问的属性，若无，则为该方法存取的每一个属性设置读锁。由于一个类对象可能含有多个属性和方法，通过构建 AAV 和 MAV 可以将封锁的粒度降低到特定的属性和方法。只要所写的实例对象与当前正在更新的类定义的属性和方法不产生冲突，就允许并发执行。

不同于传统的数据模型，TOTEM 倾向于将类定义对象的更新看成创建新的代理类。这样，TOTEM 就在不需要更新类对象、类的各种继承关系和实例对象的情况下获取新的类对象和相关的实例对象。由于 TOTEM 把类定义对象的更新看作创建新的代理类，因此类对象存取和实例对象存取之间的冲突可以简化为创建代理类和实例对象存取之间的冲突。

创建代理类的过程包含类对象层面关系的维护和实例对象层面的生成。从类对象层面来看，创建代理类需要将代理类与源类之间的继承关系添加到相应的系统表，实现类对象层面关系的维护。从实例对象层面来看，系统需要在一个或者多个源类中扫描并选择满足代理条件的实例对象，基于这些实例对象生成相应的代理类对象，并建立源实例对象与代理实例对象之间的双向联系。在创建代理类和生成相应实例对象的过程中，如果有另一个事务在源类中增加、删除、更新满足代理条件的实例对象，则有可能造成事务冲突。

我们通过一个示例来理解创建一个类的代理类与在该代理类关联的源类中增加、删除、更新实例对象可能引起的事务冲突。类对象存取和实例对象存取之间的事务冲突如图 7-13 所示。

图 7-13　类对象存取和实例对象存取之间的事务冲突

源类 Music 的定义为 CREATE CLASS Music(Title varchar，Artist varchar，Rating int)。

事务 T1 为 CREATE SELECTDEPUTYCLASS Topmusic AS(SELECT Music.Title，

Music.Artist，Music.Rating FROM Music WHERE Rating > 8)。

事务 T2 为 UPDATE CLASS Music SET Rating = 10 WHERE Title = 'Ships and Snow'。

事务 T1 与 T2 并发执行。事务 T1 创建类 Music 的一个选择代理类。该代理类代理源类 Music 中所有 Rating 大于 8 的实例对象。事务 T2 更新 Music 类中的一个实例对象，把 Title 为"Ships and Snow"实例对象的 Rating 值设置为 10。这样，Title 为"Ships and Snow"的实例对象就符合事务 T1 代理条件。

假设事务 T1 先扫描源类 Music 中的所有实例对象，并筛选 Title 为"The Dawn"的实例对象，进而进入源实例对象与代理实例对象双向指针的建立过程。此时，系统执行事务 T2 把 Title 为"Ships and Snow"的实例对象的 Rating 域置为 10 并完成提交动作，而事务 T1 等到事务 T2 提交后才提交。此时，代理类 Topmusic 中只有一个 Title 为"The Dawn"的实例对象，而 Title 为"Ships and Snow"的实例对象的 Rating 值为 10，符合代理类 Topmusic 的代理条件。这就导致两个事务 T1 和 T2 不可串行化，代理类 Topmusic 中的数据"丢失"，造成数据的不一致性。

创建一个类的代理类与增加、删除该类中实例对象也会出现相应的事务冲突。冲突情况类似于创建代理类和更新实例对象出现的冲突。需要指出的是，上述示例以单个源类为基础构建代理类，但是对象代理模型的许多代理关系可以构建在多个源类上。在 TOTEM 中，由于创建代理类需要同时进行类和实例对象两个层面的关系维护，造成创建代理类的时间可能相对比较长，这样也会相应地提高事务冲突的频率。

7.6　实例和实例事务冲突

在基于锁的并发控制中，可交换性作为一种广泛应用于面向对象数据库系统中的并发控制技术，用于确定一个方法能否和访问同一个实例对象的另一个方法并发运行。如果这两个方法的执行顺序不影响最终的执行结果，则能交换，即触发方法的两个事务能并行执行；否则，其中一个事务被阻塞。被阻塞的事务只有等到持有这个实例对象上锁的事务中止或提交才能继续执行。鉴于此，一些面向对象数据库通过分析方法间的语义可交换性来提高实例对象存取之间的并发度。如果两个方法是语义可交换的，则可以同时存取同一个实例对象。方法间的语义可交换性主要有两种确定方法。一种方法是应用程序员在定义类的过程中预先进行定义，另一种方法是运行过程中通过一些检测手段动态地确定方法间的语义交换性。在实例对象的封锁过程中，有些研究定义封锁粒度的最小单位是实例对象，另一些研究则将封锁的最小粒度降低到属性级别。为了将封锁的粒度降低属性级别，一些工作以类的方法作为单元构建 DAV。一个 DAV 对应于类中的一个方法，而向量中的每个域对应于方法操作的一个属性。这样可以实现类方法的向量化表示。如果两个方法相应的 DAV 没有交集，则表明方法每个属性的存取模式是相容的，即这两个方法是可交换的；否则，这两个方法就不可交换，无法实现并发执行。一组执行逻辑组成一个方法，而方法访问属性的方式可以区分为静态存取模式和动态存取模式两种。由于方法中可能存在一些逻辑判断，因此不是每一个属性在方法执行过程中都能得到存取访问。DAV 方法建模了方法中属性的静态存取模式，但是无法建模方法中属性的动态存取模式。当运行环境发生变化时，方法的执行路径也会做出相应的改变，导致方法的 DAV 值发生相应的调整。因此，一些工作提出一种改进的 DAV 表示方法，通过挖掘方法执行过程中的时间信息和环境信息实现 DAV 存取模式随着方法执行路径的改变而改变[6]。此外，也有一些工作采用时间戳算法消除封锁算法带来死锁预防或死锁检测需要的系统开销。

TOTEM 在对象级别采用多版本控制策略，通过在数据库保留对象的多个版本进行并发控制，用对象的头信息标明该对象的状态，因此对于单个事务而言，看到的是数据库的快照。TOTEM 在对象头部记录了插入事务和删除事务的 ID 号，用来判断对象的有效性，并为每个事务分配唯一的 ID 号。事务 ID 号由系统内部维护的计数器产生，不断递增。当事务对对象删除时，并不是实际的物理删除，而是通过更改对象头信息的方式标明该版本对象的状态，只有在系统进行垃圾空间回收操作时，才会删除那些无效版本。当事务对对象进行更新时，并不是用新值覆盖旧值，而是另开辟一片空间存放新的对象，让新值与旧值同时存放在数据库中，通过设置一些参数让系统能识别它们。

TOTEM 的多版本主要体现在通过已提交事务的事务号标明对象版本。数据库中除了存储每个对象的属性值、源对象域、代理对象域，还存储有关该对象的信息结构，主要包括创建该对象的事务号 CreateID 和删除该对象的事务号 DeleteID。对象的更新可以看成是先删除旧的对象，即更新原对象的 DeleteID 为当前事务号，再创建新对象并设置新对象的 CreateID 为当前事务号，DeleteID 置为 Null。如果 CreateID 事务已提交，并且 DeleteID 事务失败、正在执行或 Null，表明该对象目前的版本是合法的。如果对象的 DeleteID 事务已提交，说明该对象目前的版本不合法。事务在执行的过程中，首先判断该对象是否合法，读操作可以直接将合法的版本选择出来，而更新和删除操作还需进一步判断能否对此版本更新，即如果 DeleteID 事务正在执行，则需要等待它提交或中止之后方能继续执行。例如，两事务 T1 和 T2 分别对同一个对象 o 读和更新，T2 先执行，由于 TOTEM 采用"读已提交"隔离级别，即事务只能读取已提交的数据，通过判断 CreateID 和 DeleteID，T2 找到 o 当前的合法版本 o_1，将 o_1 的 DeleteID 修改为 T2，

再增加一个新版本 o_2。事务 T2 并不能阻塞事务 T1 对 o_1 的读。因为通过判断 CreateID 和 DeleteID，所以 o_1 是合法版本。

在 TOTEM 中，源类和代理类有非常紧密的联系，而源实例对象是代理实例对象中虚属性的根源。在 TOTEM 中，不仅需要解决两个写事务对于同一个对象和属性的增删改操作引起的事务冲突，还需要解决更新迁移操作对相关源对象和代理对象操作引起的事务冲突。

TOTEM 的代理机制把数据库中类对象和实例对象紧密地联系在一起，因此对实例对象的增、删、改可能引起一系列相关实例对象的增、删、改。这一系列动作可能引发冲突，下面对实例对象操作可能引发的冲突情况进行详细分析。

1) 存取同一个类中实例对象可能引起的冲突

分析两个并发事务操作同一个类 C 中的实例对象是否可能引起冲突，需要对类 C 进行分情况讨论。

(1) 类 C 为基类且没有代理类。对于类 C 没有代理类的情况，只需考虑并发执行的两个事务操作的实例对象集合是否有非空交集，遵循一般实例对象级别的锁定规则即可避免冲突。此时，即使没有在类对象级别的封锁，也不会造成事务冲突。

(2) 类 C 仅有选择/合并代理类。选择代理类中实例对象与源类中实例对象是一对一的关系，合并代理类中实例对象与源类中的实例对象也是一对一的关系。这种情况类似于类 C 没有代理类的情况，只是在实例对象级别的封锁范围要大一些，需要把源类和代理类的相关实例对象同时加锁。

(3) 类 C 有分组/连接代理类。如果类 C 具有分组代理类，两个并发事务同时执行对类 C 中实例对象的增、删、改操作，则可能发生事务冲突。两个事务同时操作同一个具有分组代理类的源类引起的事务冲突如图 7-14 所示。

图 7-14 两个事务同时操作同一个具有分组代理类的源类引起的事务冲突

代理类 Artist_Rating 的定义为 CREATE GROUPDEPUTYCLASS Artist_Rating AS (SELECT Artist，Avg(Rating) FROM Music GROUP BY Artist)。

事务 T1 为 UPDATE Music SET Rating = 10 WHERE Title = 'Ships and Snow' AND Artist = 'Morricone'。

事务 T2 为 INSERT INTO Music VALUES ('1900's Theme'，'Morricone'，'8')。

事务 T1 和 T2 并发执行。事务 T1 更新 Music 类中的一个实例对象，把 Title 为"Ships and Snow"，Artist 为"Morricone"的实例对象的 Rating 置为 10。事务 T2 向源类 Music 中插入一个新的实例对象，Artist 的属性值为"Morricone"。

假设事务 T1 先执行，完成对源类 Music 中实例对象的更新之后，扫描源类 Music 并判断需要更新代理类中的实例对象，把代理类中的实例对象"('Morricone'，6)"更新为"('Morricone'，'10')"。在事务 T1 提交之前，事务 T2 执行，向源类 Music 插入新的实例对象并更新代理类的实例对象，把代理类 Artist_Rating 中的实例对象"('Morricone'，6)"更新为"('Morricone'，7)"，接着提交事务 T2。然后，事务 T1 再完成提交。此时，代理类 Artist_Rating 中 Artist 为"Morricone"的实例对象 rating 值被更新为 10，事务 T2 的更新结果丢失了，因此造成数据库不一致错误。

若两个事务操作的同一个类具有连接代理类，也可能造成类似冲突。

在 TOTEM 中，源实例对象和代理实例对象之间具有双向联系。如果类 C 存在源类 S，两个并发事务对类 C 中实例对象的操作可能造成对源类 S 中实例对象的影响。此时，我们把源类 S 作为考虑对象，采用本节的分类讨论方法判断是否可能发生事务冲突。

2) 存取不同类中的实例对象可能引起的冲突

分析两个并发事务分别操作类 A 和类 B 中的实例对象是否可能引起冲突，对类 A 和类 B 的关系分情况讨论。

(1) 类 A 和类 B 既没有共同的代理类，也没有共同的源类。并发事务分别操作的类 A 和类 B 彼此独立，两个类之间没有任何联系，那么两个类中的实例对象也相应地没有关联。一个事务存取类 A 的实例对象必定不会影响另一个事务对类 B 中实例对象的存取，此时不可能出现事务冲突。

(2) 类 A 和类 B 仅有共同的合并代理类。合并代理类中实例对象与源类的实例对象是一对一的关系。如果类 A 和类 B 之间仅有合并代理类，由于合并是一种泛化操作，每个实例对象只对应某个源类中的一个实例对象。若事务 T1 操作类 A 中的实例对象，事务 T2 操作类 B 中的实例对象，即类 A 中的实例对象在合并代理类 U 中的代理实例对象集合为 Set1，类 B 中的实例对象在合并代理类 U 中的代理实例对象集合为 Set2，则 Set1 和 Set2 的交集为空。也就是说，对合并代理类的两个源类中实例对象分别进行增、删、改并不会引发事务冲突。

(3) 类 *A* 和类 *B* 有共同的连接代理类。连接是一个聚集操作，一个源类中的实例对象可能在代理类中产生零到多个代理实例对象。向源类 *A* 插入一个实例对象，实例对象需要扫描另一个源类 *B* 的每个实例对象，根据代理类 *J* 的代理规则，判断两个实例对象是否满足代理条件。如果类 *A* 中新插入的实例对象与类 *B* 中的实例对象满足代理条件，则把这两个实例对象进行连接，并在代理类 *J* 中产生一个代理实例对象，同时建立两个源类的实例对象与代理类 *J* 中新派生的代理实例对象之间的双向联系。记源类 *A* 中的实例对象在代理类 *J* 中的代理实例对象集合为 Set1，源类 *B* 中实例对象在代理类 *J* 中的代理实例对象集合为 Set2。显然，Set1和 Set2 的交集非空。因此，对连接代理类两个源类中的实例对象进行增、删、改可能引发事务冲突。

下面以图 7-15 所示的情况为例说明可能的冲突情况。

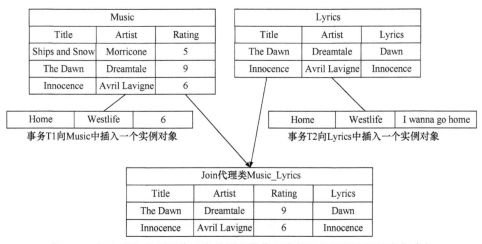

图 7-15　两个事务分别操作具有共同连接代理类的两个源类引起的事务冲突

源类 Lyrics 的定义为 CREATE CLASS Lyrics(Title varchar，Artist varchar，Lyrics text)。

连接代理类 Music_Lyrics 的定义为 CREATE JOINDEPUTYCLASS Music_Lyrics AS (SELECT Music.Title，Music.Artist，Music.Rating，Lyrics.Lyrics FROM Music，Lyrics WHERE Music.Title = Lyrics.Title AND Music.Artist = Lyrics.Artist)。

事务 T1 为 INSERT INTO Music Values (‘Home’，‘Westlife’，‘6’)；

事务 T2 为 INSERT INTO Lyrics Values (‘Home’，‘Westlife’，‘I wanna go home’)；

事务 T1 和 T2 并发执行。事务 T1 和 T2 分别在源类 Music 和源类 Lyrics 中插入一个实例对象。由于事务 T1 和 T2 插入的实例对象符合连接代理类 Music_Lyrics 的代理条件“Music.Title = Lyrics.Title And Music.Artist = Lyrics.Artist”，因此事务 T1 和 T2 执行完成之后，代理类 Music_Lyrics 中应该派生一个代理实例对象。假设事务 T1 先执行,在源类 Music 中插入一个实例对象,然后扫描源类 Lyrics,判断是否需要派生代理实例对象到代理类中。在事务 T1 已经完成对源类 Lyrics 的扫描但未提交时,事务 T2 开始执行,在源类 Lyrics 中插入一个实例对象,然后扫描源类 Music,判断是否需要派生代理对象到代理类 Music_Lyrics。因为事务 T1 未提交,事务 T2 无法"看到"事务 T1 在 Music 类中插入的新实例对象,所以事务 T2 认为无须派生新实例对象到代理类 Music_Lyrics,并完成提交。在 T2 提交之后,事务 T1 才完成提交动作。此时,源类 Music 和 Lyrics 中各有一个实例对象满足代理类 Music_Lyrics 的代理条件,同时又没有在代理类中产生相应的代理实例对象。这就出现了数据库的不一致。

(4) 类 A 和类 B 有共同的源类。如果类 A 和类 B 具有共同的源类,两个并发事务分别对类 A 和类 B 中实例对象的操作可能造成对共同源类中实例对象的影响。这种情况是否可能发生冲突,可以根据关于存取同一个类中的实例对象是否会引起的冲突的讨论结果进行分析。

7.7　加锁机制

由于 TOTEM 与传统数据库系统在存取对象上的不同,因此 TOTEM 采用的并发控制方法与传统数据库存在诸多差异。在 TOTEM 中,代理对象属性值的更新通过定义在该属性上的切换操作直接转换成对其源对象上相应属性值的更新,而更新后的属性值可能导致对象的更新迁移。为了适应 TOTEM 的需要,保证数据库的一致性和正确性,TOTEM 的事务管理系统提出一种基于原子分段的多粒度、多版本严格两阶段锁协议,确保事务正确有效地运行。

TOTEM 的并发控制主要分为两个层次。第一层是类层次,即处理类与类之间的冲突,只有在类级别获得相应的锁,事务才有权对属于该类的实例进行访问。第二层是实例层次,即处理对象实例级别的冲突,解决多个事务同时访问同一个对象实例的问题。

7.7.1　封锁机制简介

面向对象数据模型的复杂性导致并发控制变得异常困难,因此面向对象数据库并未解决传统数据库中存在的更新丢失和未提交依赖等并发控制问题。锁模式是现有数据库系统进行并发控制的主流手段,而面向对象数据模型使锁模式变得异常复杂。由于数据库系统对面向对象数据模型的实现方式存在一定的区别,因此不同面向对象数据库系统的封锁机制也存在较大的差异性。本节以 ORION 数据库系统为基础介绍面向对象数据库系统封锁机制的实现方式[7]。在 ORION 数据库系统中，对象拥有属性和方法，而拥有相同属性和方法的对象可以抽象出类的概念。这样，对象和类之间的关系就是实例和类的关系。ORION 数据库的锁模式是基于层级锁模式构建的，分为实例对象和类对象两个层级。

在实例对象层级，ORION 提供共享锁(share，S)锁和排他 (exclusive，X)锁两种锁模式。带有 S 锁的实例意味着允许对实例对象进行读取操作。带有 X 锁的实例意味着允许对实例对象进行读取或更新操作。

在类对象层级，ORION 提供 S 锁、X 锁、IS 锁、IX 锁和 SIX 锁五种锁模式。带有 S 锁的类意味着对类对象定义加了 S 锁模式，类的所有实例对象隐式地加 S 锁模式；带有 X 锁的类意味着对类对象加 X 锁模式，类的所有实例对象隐式地加 X 锁模式；带有共享意向锁的类对象意味着访问类实例对象需要显式地加 S 锁模式；带有排他意向锁的类意味着访问类实例对象需要显式地加 X 锁模式；带有共享排他意向锁意味着对类对象加 S 锁模式，类实例对象隐式地加 S 锁模式。同时，访问类实例对象需要显式地加 X 锁模式。

通过继承方式可以构建类和类之间子类和父类的关系，进而形成一个有向无环图，即类晶格。在 ORION 数据库系统中，类之间的继承关系描述子类和父类之间的垂直关系。为了将继承对象类作为一种封锁粒度进行管理，ORION 数据库系统提出星型 S 锁(S^*)、星型 X 锁(X^*)、星型 IS 锁(IS^*)、星型 IX 锁(IX^*)和星型 SIX 锁(SIX^*)等五种锁模式。带有星型 S 锁的类 C 意味着以类 C 为根的类晶格中所有类对象和实例对象隐式地加 S 锁模式；带有星型 X 锁的类 C 意味着以类 C 为根的类晶格中所有类对象和实例对象隐式地加 X 锁模式；带有星型 IS 锁的类 C 意味着以类 C 为根的类晶格中所有类对象隐式地加 IS 锁模式。同时，访问类晶格中所有类实例对象需要显式地加 S 锁模式；带有星型 IX 锁的类 C 意味着以类 C 为根的类晶格中所有类对象隐式地加 IX 锁模式。访问类晶格中所有类实例对象需要显式地加 S 或者 X 锁模式；带有星型 SIX 锁的类 C 意味着以类 C 为根的类晶格中所有类对象隐式地加 SIX 锁模式。类晶格中所有类的实例对象隐式地加 S 锁模式，访问类晶格中所有类的实例对象需要显式地加 X 锁模式。

在继承关系中，星型锁模式主要用于当前类和子类的加锁。在实施星型锁模式时，数据库系统还需要先行实现对父类加相应的意向锁。ORION 数据库系统提出读意向(read intention，IR)锁、写意向(write intention，IW)锁、读意向实例(read intention instance，IRI)锁和写意向实例(write intention instance，IWI)锁。带有 IR 锁的类 C 意味着访问类 C 的子类对象时需要加 S 或者 S^* 等锁模式；带有 IW 锁的类 C 意味着访问类 C 的子类对象时需要显式地加 X、X^*、SIX、SIX^* 等锁模式；带有 IRI 锁的类 C 意味着访问类 C 子类对象时需要加 IS 或者 IS^* 锁模式；带有 IWI 锁的类 C 意味着访问类 C 子类对象时需要加 IX 或者 IX^* 锁模式。

7.7.2　原子段封锁机制

在 TOTEM 系统中,由于代理类与源类之间不是相互独立的,它们的实例对象通过双向指针联系,其中代理对象的虚属性值通过定义在该属性上的切换操作读取源对象相应的属性值,再经过算术运算得到。另外,更新一个实例对象的属性值,增加、删除一个实例对象都会引起更新迁移。因此,分别更新源对象和代理对象,在具有分组或连接代理类的源类中更新不同实例对象的属性值,增加、删除不同实例对象都可能产生冲突。由于引入了多版本思想,两事务分别对同一个实例对象读和更新的冲突可以消除。因此,本节主要考虑增加、删除基本对象和更新基本对象或代理对象的情况。

如图 7-16 所示,SinScore 是两基本类 Singer 和 Album 的连接代理类,同时增加了一个实属性 Score 表示歌手的成绩。SinAverScore 类是 SinScore 类的一个分组代理类,它将 SinScore 类中歌手编号(Sno)相同的对象分组并派生出一个代理对象,表示一个歌手所有歌曲的平均得分。平均得分大于或等于 85 分的歌手被选择到 GoodSinger 代理类中。图中阴影部分表示对象的虚属性,通过切换操作来确定,即不占实际的存储空间。

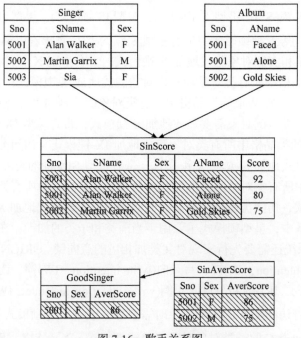

图 7-16　歌手关系图

事务 T 的执行操作为 UPDATE SinScore SET AName = "Alone", Score = 85 WHERE Sno = 5002。

　　事务 T 需要更新的是 SinScore 类中的第 3 个对象。这个对象分别是 Singer 类和 Album 类的 Sno 为 5002 的两个对象通过连接操作形成的。在这个过程中，事务 T 首先需要找到 Sno 是 5002 的对象。由于 Sno 是从 Singer 类中通过切换操作继承来的，因此需要通过切换操作转换到 Singer 类中，找到 Sno 是 5002 的对象。同样，由于需要更新的 AName 是从 Album 类中通过切换操作继承来的，因此也需要回溯到 Album 类中，更新相应的 AName 为 "Alone"。由于 Score 是 SinScore 类的实属性，直接更新即可。更新后，再依次检查该对象是否引起更新迁移。在 SinAverScore 类中，由于该对象的代理对象的 AverScore 改成 85 分，满足 GoodSinger 类的代理规则，因此在 GoodSinger 类中增加了一个 Sno 为 5002 的对象，并且建立与上层源对象的双向指针，即更新源对象的代理域。

　　事务 T1 为 DELETE FROM Album WHERE Sno = 5001 AND AName = "Faced"。事务 T2 为 CREATE SELECTDEPUTYCLASS GoodSinger AS(SELECT * FROM SinAverScore WHERE AverScore > = 85)。两事务并发执行。

　　如图 7-17 所示，事务 T1 删除的对象导致 SinScore 类中第 1 个代理对象的删除。该代理对象的删除又将 SinAverScore 类中第 1 个代理对象的 AverScore 改成 80 分。由于更新了代理对象，因此需要将该代理对象加锁。如果不加锁，事务 T2 创建 SinAverScore 的一个代理类 GoodSinger，假设 T1 还未提交，那么 T2 看不到修改后的代理对象，因此仍然会在 GoodSinger 类中派生一个代理对象，造成事务的不可串行化行为，引起数据的不一致。实际上，如果对该代理对象加锁，它就会阻止事务 T2 创建 GoodSinger 代理类。

图 7-17　事务冲突

　　可以看出，当一个基本对象被更新或删除时，它的代理对象均被更新或删除，对于这些代理对象在更新迁移过程中需要加锁。将更新迁移过程中涉及的基本对象与代理对象形成一棵更新树，树的上层结点被更新或删除，则它的子树上的所有结点均会被更新或删除。因此，在更新迁移的过程中，需要将一棵更新树上所有的基本对象和代理对象加锁。

　　然而，我们没有必要将整棵更新树上的对象同时加锁，只需分段加锁即可在对象级别保证数据库的一致性。由上述例子可以分析出，TOTEM 中对一个对象的更新操作由两部分组成。对该对象自身或其源对象的更新和对象更新所引起的迁移可以将更新及更新导致的每次迁移分为一个原子段。每一个原子段都必须作为一个原子操作。在最开始的更新阶段，把更新涉及的源对象和代理对象作为一个逻辑整体，对这些对象同时加锁，才能更新。该原子段称为更新段。在迁移阶段，除了增加、更新或删除代理对象，还可能调整源对象和代理对象之间的指针，即增加或删除源对象的代理域。因此，把每一次更新迁移涉及的代理对象和需要调整代理域的源对象作为一个整体进行加锁。该原子段称为迁移段。这样采用对多个原子段依次加锁的方式，而不必一次将更新过程涉及的所有对象和该对象的源对象与代理对象封装在一起，阻止其他事务的访问，即通过松弛事务原子性和隔离性来最大限度地提高系统的并发度。

　　在上述示例中，整个更新过程分为 3 个原子段，第一个原子段是更新段，将 Singer 类中 Sno 为 5002 的对象，Album 类中 Sno 为 5002 的对象，SinScore 类中 Sno 为 5002 的对象同时加锁，才能进行更新。后两个原子段是迁移段，将 SinScore 类中 Sno 为 5002 的对象的更新迁移涉及的所有对象和 SinAverScore 类中 Sno 为 5002 的对象的更新迁移涉及的所有对象分成两个原子段，依次加锁。

　　这种基于原子段依次加锁的方法预先对整棵更新树上的对象规定统一封锁顺序，即在更新段将涉及的对象同时加锁；在迁移段封锁的顺序必须是从根结点开始，然后是下一级的子结点，逐级封锁。若所有事务都按这个顺序实行封锁，可以有效避免更新迁移过程中死锁的产生。虽然我们能保证在同一棵更新树上的事务调度不会产生死锁，但是 TOTEM 中的一个事务能够处理多条 SQL 语句，因此一个事务可能会更新多个更新树中的基本对象或代理对象。事务对更新树的封锁请求随着事务的执行而动态地决定，很难事先确定每一个事务要封锁哪些更新树中的对象，封锁更新树的顺序，因此不同的事务很难按规定的顺序封锁更新树。例如，存在基本对象 o_1 为根结点的更新树 Tree($o1$) 和基本对象 o_2 为根结点的更新树 Tree(o_2)。事务 T1 和 T2 同时更新 Tree(o_1) 和 Tree(o_2) 中的基本对象或代理对象。如果两事务封锁 Tree(o_1) 和 Tree(o_2) 的顺序不同，则造成死锁。对于这种死锁情况，系统是无法避免的，只能采用检测解除方法。TOTEM 对死锁问题采用等待队列图 WFG 检测死锁，一旦检测到死锁，就选择一个处理死锁代价最小的事务，将其撤销，释放事务持有的锁，使其他事务得以继续运行。

　　相比较于 ORION 数据库，TOTEM 没有为源类和代理类构建锁系统，也没有构建组合对象同时对类对象和实例对象进行大范围的加锁。TOTEM 构建的原子段封锁协议将关联的源类对象和代理类对象、源实例对象和代理实例对象划分为多个更新段和迁移段实现分段加锁。这就可以极大地降低封锁的范围，提升事务操作的并发性，降低事务并发控制模块的设计难度。

7.7.3　多粒度多版本严格两阶段锁协议

在 TOTEM 中，多个事务读取同一个类对象，或者实例对象不会造成事务冲突。因此，TOTEM 构建的多粒度、多版本严格两阶段锁协议主要采用六种锁模式，即读类定义或类中对象的访问意向锁；更新、增加、删除类中对象的更新意向锁；创建代理类锁；更新、删除类中对象时对对象或整个类加的一般更新锁；遇到分组和连接代理类需要将一般更新锁升级到更新迁移锁；删除基本类或代理类时，需要对当前代理类和后续代理类加访问排他锁。封锁相容矩阵如表 7-6 所示，其中 Y 表示不冲突，N 表示冲突。

表 7-6　封锁相容矩阵

类型	访问意向锁	更新意向锁	创建代理类锁	一般更新锁	更新迁移锁	访问排他锁
访问意向锁	Y	Y	Y	Y	Y	N
更新意向锁	Y	Y	N	N	Y	N
创建代理类锁	Y	N	Y	N	N	N
一般更新锁	Y	N	N	N	N	N
更新迁移锁	Y	N	N	N	N	N
访问排他锁	N	N	N	N	N	N

考虑访问意向锁列，当事务准备读取类对象或类中某个实例对象而请求访问意向锁时，系统采用多版本控制，因此唯一产生的冲突是另一个事务已经执行删除类的操作。考虑更新意向锁列，事务准备更新、增加、删除类中的某一个实例对象，必须防止另一个事务对整个类的写操作。因此，更新意向锁与一般更新锁、更新迁移锁和访问排他锁事务冲突。一个事务在类对象上进行增加、删除、更新与另一个事务创建该类的代理类对象是相互冲突的，因此更新意向锁与创建代理类锁事务冲突。但是，更新、增加、删除类中某一个实例对象潜在的冲突可以在实例对象的层次解决，因此类对象上的更新意向锁与另一个类对象上的更新意向锁不冲突。考虑创建代理类锁列，一个事务创建一个类的代理类，那么必须防止另一个事务对整个类对象的写操作。因此，一般更新锁和访问 X 锁事务冲突。两个事务可以同时创建同一个类的代理类，因此创建代理类锁和创建代理类锁事务不冲突。考虑一般更新锁列，一个事务更新、删除类中的实例对象，则必须防止

另一个事务对同一个实例对象的写操作。如果一个事务遇到分组和连接代理类需要升级类上锁的级别，那么必须防止另一个事务对整个类的写操作，因此更新迁移锁和一般更新锁是事务冲突的。最后，访问排他锁列上只有 N。这说明，当一个事务删除一个类对象时，另一个事务既不被允许存取需要删除的类对象，也不允许存取类中的所有实例对象。

该协议的规则如下。

(1) 如果事务 T 需要读一个类 C 的类对象或读该类中的某一个实例对象，则 T 必须在 C 上持有访问意向锁。

(2) 如果事务 T 需要创建一个类 C 的代理类，则需要在 C 上获得创建代理类锁；如果事务 T 需要删除一个类 C，则需要在 C 及其代理类上获得访问排他锁。

(3) 如果事务 T 需要增加或删除一个对象 o，则 T 必须获得 o 所属类上的更新意向锁；如果事务 T 需要更新一个对象 o，则 T 必须获得 o 所属类上的更新意向锁或创建代理类锁。

(4) 如果事务 T 需要增加、更新、删除类 C 中的实例对象，并且已经在 C 上获得一般更新锁，C 具有分组代理类，则将一般更新锁级别升级到更新迁移锁；如果 C 具有连接代理类，则在形成该连接代理类的其他源类上加上更新迁移锁。

(5) 如果事务 T 删除一个对象 o，则将该对象的 DeleteID 域置为当前的事务号；如果事务 T 更新一个对象 o，就创建 o 的一个新版本，将旧版本的 DeleteID 域和新版本的 CreateID 置为当前的事务号。当事务 T 执行 o 的读操作时，则读取当前的合法版本。

(6) 如果事务 T 需要更新或删除一个对象 o，T 必须在 o 上持有一般更新锁；读或增加一个对象 o，不需要在对象上加锁。

(7) 如果事务 T 需要更新或删除的 o 是一个代理对象，并且在 T 执行过程中涉及同时对 o 及其源对象 os 实属性的读、更新、删除，则需要同时对 o 及其源对象 os 加一般更新锁。

(8) 如果事务 T 更新对象 o 后引起更新迁移，那么将更新导致的每次更新迁移分为一个原子段。在更新迁移的第一层先对 o 的代理对象 od 和需要更新代理域 od 的源对象作为一个整体，同时加一般更新锁；如果 od 的更新引起 od1 的更新迁移，则对 od1 和需要更新代理域的 od1 的源对象同时加一般更新锁，否则不对 od1 加锁。依次加锁，直到更新迁移过程完成。

(9) 事务 T 能获得类 C 或对象 o 上某种类型的锁，当且仅当没有其他事务在类 C 或对象 o 上持有与这种类型冲突的锁模式。

(10) 如果事务 T 当前持有一个对象 o 上的锁，则它不能释放 o 所属类层次上的锁；事务 T 提交或中止后，才释放它占有的锁。

7.8　小　　结

　　事务管理系统经历了从层次、网状、关系、面向对象到对象代理的发展历程，每个阶段都有丰富的科研成果和实践经验。本章介绍 TOTEM 在发生事务故障时利用三种备份机制实现数据库的数据恢复，并概述事务、可串行化、事务隔离级别和日志等方面的基本知识，以及 TOTEM 的特有机制-更新迁移机制和由此引发的类和类、类和实例、实例和实例之间的事务冲突。TOTEM 通过多版本并发控制机制和锁机制实现事务的并发控制。以版本标记方式实现的多版本并发控制可以实现数据的快速恢复和查找，而锁机制则面向类和实例的事务冲突类型提出五种基本锁模式。

　　随着新一代信息技术的到来，特别是移动实时推荐和工业物联网技术的发展，大规模实时数据分析应用的需求对数据库并发控制提出更多具有挑战性的要求[8]。移动实时推荐和工业物联网等应用产生了大量的实时数据，需要数据库系统支持传统事务型操作和点查询功能，同时也需要数据库系统提供面向数据集合的实时数据分析服务。因此，这些新型应用一方面可以延伸数据库的使用范围，突出数据库作为基础软件的核心地位，另一方面，事务并发数的提升和数据库故障容忍能力的下降都迫使数据库管理系统需要进一步提升事务管理能力。现有的数据库管理系统依据实际的应用需要分为事务型和分析型两种事务管理引擎。但是，新的应用场景要求数据库系统能够提供融合事务和分析的混合型数据库系统。混合型数据库系统兼具高效的个性化事务访问和分析功能，需要不同于现有事务管理的优化方式和架构设计。同时，现有的事务型数据库系统通常采用行存储形式来提高查询效率，而分析型数据库系统则采用列存形式加速面向特定域值的统计分析。混合型数据库系统不管采用何种存储形式都需要重新设计事务管理系统。此外，现有的分析型数据库系统通常采用悲观的并发控制策略，即锁模式，并且封锁级别大多停留在模式级别，封锁的粒度相对比较大。未来是否有可能采用乐观并发控制，或者细粒度的封锁级别来兼容事务分析应用还有待进一步的研究和探索。

参 考 文 献

[1] Barghouti N S, Kaiser G S. Concurrency control in advanced database applications. ACM Computer Survey, 1991, 23(3): 269-317.

[2] Bohannon P, Rastogi R, Seshadri S, et al. Detection and recovery techniques for database corruption. IEEE Transactions on Knowledge and Data Engineering, 2003, 15(5): 1120-1136.

[3] Ceri S, Widom J. Deriving production rules for constraint maintenance//Proceedings of the 16th

International Conference on Very Large Data Bases, 1990: 566-577.

[4] Agrawal D, Abbadi A E. A non-restrictive concurrency control protocol for object oriented databases. Distributed and Parallel Database, 1994, 2(1): 7-31.

[5] Cart M, Ferrie J. Integrity maintenance in an object-oriented database//Proceedings of the 18th International Conference on Very Large Data Bases, 1992: 469-493.

[6] Malta C, Martinez J. Automating fine concurrency control in object-oriented database// Proceedings of the 9th International Conference on Data Engineering, 1993: 253-260.

[7] Lee S Y, Liou R L. A multi-granularity locking model for concurrency control in object-oriented database systems. IEEE Transaction Knowledge Data Engineering, 1996, 8(1): 144-156.

[8] Özcan F, Tian Y, Tözün P. Hybrid transactional/analytical processing: A Survey//Proceedings of the 2017 ACM SIGMOD International Conference on Management of Data, 2017: 1771-1775.

第8章　对象代理数据库安全

在信息时代，各类计算机应用逐渐改变着人们的工作和生活方式。数据作为计算机应用的基础，其重要性也越来越受到重视。由于数据中包含大量的敏感信息，如果不对其进行妥善的保护，使用者将面临严重的安全和隐私问题。数据库系统作为对数据存储、管理、处理的软件，其安全性不但决定各种计算机应用能否提供正确、可靠的数据服务，而且对数据本身的安全性与隐私性也起着决定性的作用。因此，数据库安全是数据库系统基础且必要的功能组成。

8.1　数据库安全简介

8.1.1　数据库安全定义

数据库系统是计算机系统中负责对整个系统内的数据进行存储和管理的软件。计算机应用需要和产生的各类数据均存储在数据库中。数据库安全就是保证其存储和管理的数据安全。由于数据库中存储的数据往往包含大量的机密与隐私，因此数据库在提供有效可靠的数据服务的同时，还需要保护这些资源不受来自外部和内部的非法访问和恶意篡改。由于数据库系统在整个计算机系统体系架构中处于中间层，因此数据库运行环境中的软件、硬件、使用环境等多方面的安全因素都会对数据库系统安全产生影响。在广义上，数据库安全能够涵盖整个计算机系统的安全，主要包括软件安全、硬件、管理安全。其中，软件安全包含传输过程的数据安全、操作系统的内核安全、数据库安全、应用软件运行安全等；硬件和管理安全包含计算机硬件安全、计算机机房环境安全、数据库管理人员操作安全等。狭义的数据库系统安全即数据库安全。对于数据库系统，数据库安全是基础且重要的功能。实现数据库安全的过程包括制定数据库安全隐私保护策略和选择安全隐私保护机制。前者宏观定义了数据库对计算机硬件、软件及环境的安全需求。后者则挑选适当的安全隐私保护机制，令抽象的安全隐私策略具体实现。

本节首先从数据库安全定义出发，描述数据库的安全需求，并结合相关概念讨论其实现机制。数据库安全的核心目标是，保证数据库中存储数据的机密性、完整性和可用性[1]。其中，机密性指数据库中的数据不被泄露和未授权的获取；

完整性需要确保数据库中的数据不被未授权的操作修改；可用性需要确保数据库中的数据不因人为和自然原因对授权用户不可用。根据以上定义可知，数据库的可用性需要数据库部署相关的数据备份及主从切换策略实现，而数据库的机密性和完整性则需要相关的数据库安全策略来保证，因此本章重点围绕数据的机密性和完整性展开介绍。

　　根据数据库安全定义，在制定数据库安全策略时需要考虑各方面的安全需求以保证数据库数据的安全性。由于数据库处于计算机系统的中间层，用户在使用数据库的过程中需要操作系统、应用程序等访问或使用数据库，因此数据库安全与操作系统、网络和应用程序也密切相关。如图 8-1 所示，数据库的运行过程需要对用户的合法性进行识别，并确保授权用户得到正确的数据服务；同时保护数据，防止不合法使用造成的数据泄露、更改、破坏。因此，数据库不仅要实现数据存储和管理，还要为使用者提供必要的信息，以确保授权用户在符合规则的约束和控制下使用数据库，并防止恶意用户对数据库的非法访问。数据库的安全性主要在数据库系统中体现。

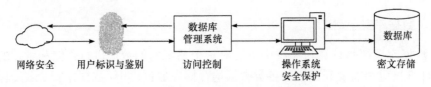

图 8-1　数据库安全与计算机安全关系

　　数据库系统作为一个软件系统，其面临的安全挑战主要有非授权用户对数据库的恶意存取和破坏，数据库中重要敏感数据被泄露和安全环境的脆弱性。因此，数据库安全机制需要解决上述存在的安全挑战来保证数据库系统安全。

8.1.2　常见的数据库安全机制

　　1. 用户身份验证机制

　　用户身份验证是数据库安全机制中最基本的方法。每个用户在数据库系统中都存在一个唯一的用户身份标识，通常使用用户标识符(user identification，UID)表示。用户只有经过系统提供的某种用户身份识别方式通过系统鉴别后才能获得对应该用户身份的数据库系统的操作权限。系统通过用户身份验证可以阻止非法用户对数据的访问。常见的用户身份识别方法有静态口令验证、动态口令验证、生物特征验证、数字证书验证、操作系统验证、硬件设备验证等方法。

　　2. 访问控制机制

　　访问控制以数据库授权为基础，只有数据库合法用户经授权后才能实现对其许可范围内数据的访问和操作。系统通过访问控制机制阻止用户对数据的越权访问。访问控制限制了访问者和应用程序对数据库数据的访问范围。数据库安全中,主/客体的划分机制和访问关系构成数据库安全的基础。主体指对数据库中的数据发起访问请求的角色,可以是用户、程序和进程。客体指数据库中存储的数据或数据的其他表现形式(如视图等)。常用的访问控制机制有自主访问控制、强制访问控制和基于角色的访问控制。

(1) 自主访问控制机制是基于用户身份或所属群组来实现访问控制的方法。自主意味着拥有对某些数据访问权限的用户可以把该种访问权限许可传递给其他用户,还可以通过授权的形式变更某些操作权限。此访问控制方法受限于主体主观意愿,即用户可以随意将自己的访问权限授权给其他用户,并且授权关系存在传递关系。同时,自主访问控制机制允许用户在没有数据库管理员监控下对其拥有访问授权的客体进行权限修改。因此,自主访问控制是一种安全性受限的访问控制方法。

(2) 强制访问控制机制是由 BLP(Bell-Lapadula)模型发展而来的。在 BLP 强制访问控制模型中,实体被分为主体和客体。每个实体都被赋予相应的安全等级。模型通过比较主体和客体的安全等级来检测主体对客体的操作权限,从而限制主体对客体的操作。在采用强制访问控制机制的数据库系统中,所有主体和客体互不相交且覆盖整个实体集。主体和客体间存在单向访问关系,即主体在通过访问控制验证后可以访问客体。强制访问控制机制要求所有用户遵循由数据库管理员建立的规则,即数据库管理员为系统的主体和客体都分配对应的安全访问级别,每当主体尝试访问客体时,都会由系统强制检查主体和客体的安全访问级别来决定主体是否拥有访问目标客体的权限。强制访问控制是主体访问客体的一种强制性的安全控制模型。该模型对系统实体做出统一的、强制性的访问管理策略。其访问策略可以描述为上读(主体不可读取安全级别高于该主体的客体数据)和下写(主体不可写入安全级别低于该主体的客体数据)。

(3) 基于角色的访问控制机制通过安全授权和角色相联系实现访问控制。系统首先设置拥有不同访问权限的角色。用户通过成为对应角色的成员,获得该角色对应的数据访问权限。系统随着功能和策略的改变,可以通过增加、删除、更改角色权限的方式控制用户的访问授权。这样不仅可以实现更为灵活的访问控制策略,还可以简化系统授权管理的开销。因此,基于角色的访问控制被认为是一种更能有效管理的安全策略,在某种程度上可以说是自主访问控制和强制访问控制的扩展。

3. 数据库加密机制

虽然用户身份验证和访问控制机制能满足数据库系统的一般性安全需求,但是随着网络攻击方法的不断进化，为了抵抗 SQL 注入、木马攻击、内部泄密等攻击方式，数据库系统需要为安全级别较高的敏感数据提供更高级别的安全防护措施。数据库利用加密算法将数据库中的数据加密后存储，只有拥有密钥的用户才能拥有对对应密文数据的访问授权。因此，基于密钥的访问控制机制随之出现。需要注意的是，数据在加密后会失去明文数据的一些特性，因此若采用数据库加密的方式提供数据安全保护时，还需要添加密文检索、密文计算、密文操作等功能。透明加密机制可以在一定程度上解决密文数据检索、计算、操作的问题，近年来获得企业界的广泛关注与应用。所谓透明加密指数据或文件在系统硬盘上以密文形式存储，在进入内存后进行解密，对用户来说感受不到数据的加密解密过程。透明加密机制对指定的数据或文件执行强制加密，使非法用户无法绕过验证机制访问明文数据，但该机制无法抵抗内存溢出攻击和 0day 漏洞攻击。0day 漏洞指未被官方知晓并发布升级补丁且被攻击者掌握的系统漏洞。

　　4. 数据库审计机制

　　尽管身份验证、访问控制、数据库加密等技术为数据库系统提供数据保密性，但这些安全机制只能在攻击发生前起到防范作用，无法在数据遭到泄露或破坏后发挥作用。数据库审计机制可以提供事中或事后的安全防护作用，并在一定程度上满足数据完整性的需求。数据库审计是对数据库访问行为进行监管的系统，一般采用记录用户操作并将其存储在日志的方式采集数据库的所有访问操作记录，并基于 SQL 语法、语义的解析技术，记录数据库的所有访问和操作行为。例如，访问数据的用户(IP、账号)、时间、操作(增、删、改、查)、对象(表、字段)等。数据库审计系统的主要价值有两点，一是在发生数据库安全事件(例如数据篡改、泄露)后为事件的追责定责提供依据；二是对数据库操作的风险行为进行实时报警。当前数据库审计方式主要基于日志的审计模式，用户对数据库的登入登出、对数据的访问和操作等信息都被记录在日志当中。当对数据的恶意修改和删除发生时，数据库系统可根据数据库事务日志及审计日志对受损数据进行还原，并对恶意用户定位和惩罚。

8.1.3　数据库安全标准发展脉络

　　作为软件系统的组成部分，数据库安全发展历史与计算机安全发展史紧密相关。1972 年，詹姆斯·安德森发表的《计算机安全技术规划研究报告》被认为是计算机安全的里程碑。数据库安全等级这一概念源于美国国家安全局下属国家计算机安全中心于 1983 年颁布的《可信计算机系统评估标准》(Trusted Computer System Evaluation Criteria，TCSEC)。该标准将一个计算机系统可接受的信任程度按照安全性划分为四类七级[2]。在 TCSEC 影响下，德国、英国、加拿大等在 20 世纪 80

年代后期陆续推出各自的安全标准。在英国、法国、德国、荷兰制定的安全评估准则基础上诞生了欧洲《信息技术安全评估标准》(Information Technology Security Evaluation Criteria，ITSEC)。该标准参照 TCSEC，将安全性划分为七个等级，并引入完整性、可用性、机密性的概念。20 世纪 90 年代初，美国与加拿大等六国联合制定《信息技术安全评估通用标准》(The Common Criteria for Information Technology Security Evaluation，CC)评估信息系统、信息产品的安全性。CC 于 1999 年国际标准化组织转化为国际标准(ISO/IEC15408-1999)《信息技术-安全技术-信息技术安全的评估标准》。从 CC 标准开始，各个标准更多关注系统和产品的安全性，并且评估等级更多地注重系统结构化的评估过程。2001 年，我国将 ISO/IEC15408-1999 标准转化为国家推荐性标准(GB/T 18336—2001)《信息技术安全技术　信息技术安全评估准则》。(GB 17859—1999)《计算机信息系统安全保护等级划分准则》给出了我国对于数据库安全等级的划分标准。

　　数据库安全标准系统性地将数据库安全策略按照其提供的安全强弱程度进行了等级划分，并将数据库安全机制与安全等级进行对应，形成一套可提供量化评估的数据库安全等级架构。

8.2　TCSEC 简介及安全等级划分

　　TCSEC 作为首个涉及数据库安全的评估标准，其安全等级划分思想对后续一系列安全标准产生了巨大的影响。由于 TCSEC 能够对计算机系统的安全状态进行衡量，因此 TCSEC 也可用于评估数据库系统的安全等级。事实上，大部分数据库的安全等级评估过程参照 TCSEC。本节对 TCSEC 标准进行简介，并对其安全等级划分和对应的安全机制进行梳理归类。

8.2.1　TCSEC 简介

　　TCSEC 是美国国家计算机安全中心在 1983 年提出，1985 年出版的第一套正式的计算机系统安全相关标准。该标准的出发点是为计算机系统提供必要的安全功能描述和避免数据泄露的系统信任要求。其前身是评估计算机和计算机软件生产过程的可信产品评估程序，涉及的产品包括计算机硬件、操作系统、软件包、网络及其组件和工作站。数据库管理系统也在其覆盖范围内。其目的包括确保政府使用商业计算机可信产品的广泛可用性；提高信息系统安全包括在设计、构建和评估等领域的技术水平；将计算机安全技术从生产者向使用者转移，使计算机可信产品适应市场需要。TCSEC 在此基础上建立计算机安全技术的评估标准。TCSEC 将计算机系统安全需求分为安全策略需求、标记需求、识别需求、问责需求、保障需求和持续性需求。

安全策略需求要求系统执行一个定义明确的安全策略，即由系统显式定义主体对客体的访问规则。

标记需求要求系统对每个客体的安全级别用访问控制标签描述，以实现安全策略需求。

识别需求要求在访问过程中主体的安全级别能够被系统识别。标记需求和识别需求由系统维护。

问责需求要求系统保存审计信息，使其能够追溯到危害系统安全的主体。

保障需求要求系统提供必要的措施来实现上述四类需求。

持续性需求要求上述安全机制的持续性。

8.2.2　TCSEC 安全等级划分

TCSEC 将上述安全需求按照安全性强弱关系划分为 C、B、A 三个等级，并在每个等级中划分为一个或多个评估等级，将不属于这三个等级的其他情况归纳为 D 等级。具体来说，TCSEC 将计算机安全等级由低到高分为四个等级七个类别，分别为 D 级、$C1$ 级、$C2$ 级、$B1$ 级、$B2$ 级、$B3$ 级、A 级。不同的安全等级对应不同的数据库安全策略，这些安全级别存在偏序兼容关系，即高级别等级提供的安全保护包含低级别功能，同时采用更多的安全机制。数据库管理系统通过选用不同的安全机制实现这些安全策略，使其对应不同的安全等级，通常认为一个安全的数据库产品至少需要满足 $C2$ 级别的安全策略。不同级别的数据库安全策略描述如下。

D 等级称为最小保护等级。系统不要求登录口令保护、无安全保护措施的数据库系统。安全性不满足 $C1$ 级别的都可归于此级。

C 等级也称自主保护等级，支持自主访问控制和对象重用安全策略，并包括身份标识与验证和审计功能。

$C1$ 级也称自主安全保护等级。建立访问许可权限机制，具有主体与客体的概念，实现用户与数据分离，具备用户身份鉴别、数据完整性控制功能。该级别安全策略的核心是自主访问控制机制。该等级不强制要求将身份标识和验证功能在个体用户上实现，而是放在用户组的等级上，安全粒度较为粗犷。该级别对应 CC 标准评估保证级-2 等级(evaluation assurance level-2，EAL-2)。

$C2$ 级也称受控存取保护等级。满足 $C1$ 级包含的安全策略与功能，对主体对客体的操作监控纳入安全策略，引入审计功能。该级别安全策略核心是审计功能，需要引入个人识别和问责策略，在单个用户粒度上执行 C 等级所要求的安全策略。该级别对应 CC 标准的 EAL-3 等级。

B 等级也称强制保护等级，通过引入敏感度标签和强制访问控制机制实现多级安全。从 $B2$ 等级开始，系统架构和其他保障需求扮演重要的作用。对于 $C1$ 到 $B1$ 等级的信息系统，其安全性可以作为系统设计后加入的组件进行考虑，但对 $B2$ 及以上等级的系统而言，在设计时就需要考虑系统的安全性。

$B1$ 级也称标记安全保护等级。满足 $C2$ 级包含的安全策略与功能，对系统数据进行标记，对主体指定不同安全策略，不允许主体访问超越权限的数据。该级别安全策略的核心是强制访问控制功能。目前，安全数据库系统一般满足 $B1$ 级的安全策略。该级别对应 CC 标准的 EAL-4 等级。

$B2$ 级也称结构化保护等级。满足 $B1$ 级包含的安全策略与功能，建立形式化的安全策略模型，对系统所有主体和客体实施自主访问控制和强制访问控制，具有对数据访问的隐通道防控的功能，将系统管理员和操作员角色分离。该级别安全策略的核心是形式化安全模型。从该级别开始，安全策略和问责制功能开始得到重视，系统开发过程要求引入正式的安全策略模型，并证明其与安全公理一致，为用户提供可信路径，使其能够安全地与系统进行通信。该级别对应 CC 标准的 EAL-5 等级。

$B3$ 级也称安全域等级。满足 $B2$ 级包含的安全策略与功能，要求实现访问过程的机密性保证，提供系统恢复功能，并且具有监控器访问功能。该级别安全策略的核心是访问监控器，引入基于安全审计的实时监控和报警功能。该级别对应 CC 标准的 EAL-6 等级。

A 级也称验证设计等级，是 TCSEC 安全等级的最高一级，满足 $B3$ 级包含的安全策略与功能。该级别具有更高的形式化要求，并要求给出系统的形式化证明各个安全措施具体实现。通过正式或非正式的技术实现形式化顶级规范和形式化安全策略模型间的一致性，隐通道分析需要形式化证明。该级别对应 CC 标准的 EAL-7 等级。

特别地，在 $B2$ 等级及以上安全级别的数据库系统中都需要针对隐通道进行分析与防控。隐通道本质上是一个通信通道，但它不是系统设计者或安全策略制定者预期存在于系统中的信息通道。因此，数据库中的隐通道指某一主体通过违反或绕过系统安全策略的方式将数据直接或间接传递给另一个主体的通道。由于隐通道的存在，数据库系统中存在可绕过强制安全机制的数据泄密途径，因此隐通道的存在会对数据库系统的安全性产生严重的安全威胁。$B2$ 及以上的数据库安全等级对应的安全策略都需要对隐通道进行防控。最直接的方法是在数据库系统设计和开发中对形式化的说明书和源代码进行分析，以识别是否存在隐通道，但此类方法类似于软件测试中的白盒测试，工作量大且无法识别出系统中所有的隐通道。目前隐通道的识别方法包括信息流分析法、无干扰分析法、共享资源矩阵法、源码分析法等。

各级别的安全策略需求需要不同的安全机制来实现。数据库安全等级对应实现机制如表 8-1 所示。

表 8-1 数据库安全等级对应实现机制

级别	安全机制
C1 自主安全保护级	自主访问控制、身份鉴别、数据完整性
C2 受控存取保护级	C1 机制、客体重用、审计
B1 标记安全保护级	C2 机制、强制访问控制、标记
B2 结构化保护级	B1 机制、隐蔽信道分析、可信路径
B3 安全域级	B2 机制、可信恢复

TCSEC 给出了计算机系统和数据处理系统的安全等级评定过程，包括初步技术评审阶段、开发者辅助阶段、设计分析阶段和形式化评估阶段。该过程也适用于数据库系统安全等级的评定。

初步技术评审阶段由系统开发者将技术及开发文档提交给评估部门，由评估小组对文档材料进行初步审阅，核对系统架构是否符合对应安全级别的评定标准。在初步技术评审阶段，保障需求扮演重要作用，建议在系统设计或开发初期进行评估。

开发者辅助阶段需要评估组成员对开发者的设计与开发过程进行反馈，使其了解设计与开发过程的行为对等级评估的影响。整个指导过程建立在开发者文档基础上，包括安全功能用户指南、可信设备手册、设计文档和测试用例。在 B2 级别以上，还包含配置管理文档、系统架构文档、隐通道分析报告、形式化模型、形式化和描述性的顶层规范，因此建议在系统设计和开发环节执行该评估。

在设计分析阶段，评估小组对系统内部设计和部署进行了解，对系统是否具有满足目标安全等级的能力进行评估，因此建议在系统测试环节进行评估。

在形式化评估阶段，评估小组对系统功能与代码进行检查，判别其是否符合系统架构与设计需求。对于 A 级别，还需要核对形式化安全策略模型、形式化顶层规范、描述性顶层规范等模型，以及系统功能与代码的一致性，因此建议在系统正式发布或部署前进行评估。

由于 D 级不提供安全保护，A 级安全策略过于严苛，其实现过程需要牺牲大量数据库性能。因此，通过对数据库运行效率和安全性的综合考虑，当前主流商用数据库的安全级别主要对应 C1 级到 B3 级的安全保护机制。A 级主要用于研究

型数据库。值得注意的是，越高的安全级别意味着性能效用方面的降低。LOCK
Data Views 系统是一个基于 LOCK 机制的多层安全关系数据库系统，其安全级别
达到 A 标准。在商用数据库领域，Trusted Oracle、SQL Secure Server 均满足 TCSEC
标准 B1 级别的安全策略。

8.3　对象代理数据库安全机制

本节首先介绍面向对象数据库中强制访问控制机制的实现原理，然后在此基
础上给出 TOTEM 中强制访问控制和基于角色的访问控制机制的实现方法，并对
比分析两种访问控制方法的特点。

8.3.1　面向对象数据库的强制访问控制实现原理

由于强制访问控制机制能够克服自主访问控制机制的安全保护力度不足的问
题，因此早期的数据库系统大多会选择强制访问控制机制作为数据访问控制的实
现机制。如 8.1.2 节所述，强制访问控制机制基于 BLP 范式，由于面向对象数据
库的对象同时包含客体(即存储数据的属性)和主体(访问或修改属性的方法和调
用)，使 BLP 无法直接应用在面向对象数据库中。因此，若在面向对象数据库中
应用 BLP 范式，则需要将 BLP 范式中关于主体和客体的访问规则与面向对象数
据库特点进行结合，演化出适用于面向对象数据库的 BLP 机制。

在面向对象数据库中，主体对客体的访问过程可以看作主体调用客体的方法
来访问客体属性的操作。该访问过程可看作信息流方式的实现，并被命名为消息。
消息是信息流的唯一实现方式。因此，可以将强制访问控制机制中关于主体与客
体安全标签匹配的过程转换为对象方法与对象属性的安全标签的匹配过程。对象
的方法与属性的安全标签可以通过继承规则从与之对应的对象处获得，即在定义
类时，系统可对该类分配某个安全标签，通过该类创建的对象则自动获取该类的
安全标签。该类对应对象的方法访问另一个对象的属性时，系统对两者的安全标
签进行比配，若符合强制访问控制规则，则允许访问，反之则拒绝访问。以上就
是在面向对象数据库中实现强制访问控制的基本原理。在实际应用中，对象和类
之间的继承关系会形成多层继承关系，因此其安全标签的继承和匹配过程也更为
复杂和充满挑战。为解决这些问题，Jajodia 等提出面向对象数据模型的多层安全
(object-oriented data model with multilevel security，OODM-MS)方法[3]，对强制访
问控制模型进行改进，并将其引入面向对象数据库当中，提升面向对象数据库的
安全性。

为了在多层对象数据模型中实现强制访问控制机制，OODM-MS 在对象间的

消息传递过程中引入过滤器的概念，由过滤器实现消息双方安全标签的匹配判定，决定消息的合法性。通过消息过滤器的设定，OODM-MS 将面向对象数据模型中的强制访问控制机制的实现问题转化为找到对象数据模型中消息流向控制问题，通过对消息间不同对象的安全级别匹配来实现强制访问控制。

在 OODM-MS 中，系统设计了安全分类函数实现安全标签的分配。具体地，安全分类函数 L：O->S 表示将一个对象指定到唯一的安全级别上，其中 S 表示安全级别的集合。对于 $S_i<=S_j$，当 $i=j$ 或 $S_i<S_j$，S_i 被 S_j 支配。因此，OODM-MS 实现强制访问控制主要通过控制客体间的信息流(消息)实现。当且仅当 $L(O_j)<=L(O_k)$ 时，对象 O_j 到对象 O_k 的信息流合法。

考虑封装的特性，信息在客体间的传输发生在以下两种情况。消息从一个对象发送到另一个对象，或者当一个对象被创建的时候：情况一，信息可以双向流动，发送方到接收方的信息包含信息列表，接收方到发送方的信息流包含返回值；情况二，信息流是单方向的，从创建对象到被创建对象，为新对象提供属性值。只有当客体属性的属性值变化时，消息才需要被传送，若不满足这个条件，发送方给接收方的消息被认为是无效的。在情况一中，如果消息的返回值为 null，接收方返回的消息可以认为是无效的。理论上来说，每个对象的安全级别都是静态的，但在实际应用中，对象模型的安全级别需要被改变，因此新对象需要被创建来替换原对象的安全级别，其他内容不变。除了对象和对象间的消息，还存在过渡消息，例如 O_1 到 O_2 的过渡流指消息从 O_1 到 O_3，再从 O_3 到 O_2。

上述场景都是直接信息流，还有间接信息流的场景。O_1 给 O_2 发送消息 g_1，其中包含一些参数，而 O_2 不改变自己的状态，是利用 g_1 中的部分参数发送消息 g_2 给 O_3。在这个过程中，O_1 和 O_3 不存在信息交换，同时 O_3 也不是由 O_1 创建的，因此它们之间不存在直接的信息流。

如果要保证数据库系统的访问控制规则是遵循安全等级约束的，则直接和间接非法信息流都要禁止。一个对象可以对自己发送读、写、调用、创建 4 种消息。消息过滤是系统的安全元素，目的是识别和预防非法信息流。消息过滤器会拦截并识别所有发送方与接收方之间的消息。具体规则如下。

在对象与对象之间，若两个对象 O_1 和 O_2 的安全等级相同，消息 g 可以通过过滤器，O_1 的方法调用状态赋值给 O_2；若两个对象的安全等级不相关，则阻止消息 g 的传递；若接收方的安全等级大于发送方的安全等级，则接收方的返回值置为 null，防止接收方的信息泄露；若发送方的安全等级大于接收方，则对应消息的接收方的方法调用被置为受限制状态。这样做的目的是防止接收方对自己的属性信息进行更新，保留从消息中提取的敏感信息。

在对象内部，如果消息对应写操作，且方法调用状态是非限制的，则过滤器允许消息通过；如果方法调用状态受限制，则阻止消息传递；如果消息对应读操作，则允许消息通过；如果消息对应创建操作，创建对象的方法调用状态是非限制的，并且被创建对象的安全级别小于创建对象的安全级别，则阻止消息的传递；如果创建对象的方法调用状态受限，则阻止该消息传递；如果创建对象的方法调用是非限制状态，并且创建对象的安全级别小于等于被创建对象，则允许消息通过；如果消息对应调用操作，则允许消息通过，接受方的方法调用状态被赋值为发送方的方法调用状态。

OODM-MS 方法通过将主体与客体安全标签的匹配过程转化为面向对象数据库中的对象间或对象内部的属性与方法的匹配过程，实现面向对象数据库中的强制访问控制机制。

8.3.2 对象代理数据库强制访问控制机制实现

TOTEM 强制访问控制的安全模型同样基于 BLP 安全模型，如图 8-2 所示。TOTEM 中除了数据库、基本类、代理类等数据库对象被分配安全标签，基本类的实属性、代理类的虚属性和实属性也被分配安全标签。这个安全标签反映数据库对象的安全等级。同时，对数据库进行操作和访问的主体也被授予一个安全标签。主体指可以请求数据库资源的实体，包括数据库用户、用户组和进程。主体上的安全标签反映主体拥有对哪些安全等级的数据库对象进行访问的权限。

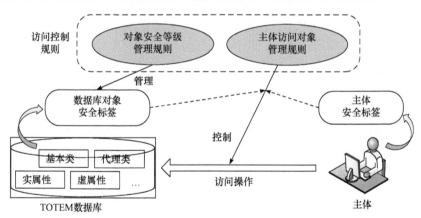

图 8-2　TOTEM 强制访问控制安全模型

TOTEM 中存在多层复杂的代理关系，具有代理关系的数据库对象之间的安全等级关系需要受到严格限制，以保证相关联数据的安全性。TOTEM 的强制访问控制模型中的访问控制规则主要包括主体访问对象管理规则和对象安全等级管理规则。在数据库对象安全标签的生成和修改过程中，需要根据对象安全等级管理规则判断数据库对象安全标签的合法性。在保证数据库对象安全等级符合管理规则的基础上，当主体访问数据库对象时，需要比较二者的安全标签是否符合主体访问数据库对象管理规则，然后才能确定主体是否有数据库对象的访问权限。

在介绍 TOTEM 的强制访问控制规则之前，先对基本概念进行介绍。

安全级别序列是一个有 n 个元素的单调递增序列，用 $SL=(sl_1, sl_2, \cdots, sl_n)$ 表示，其中 $sl_i (1 \leqslant i \leqslant n)$ 表示第 i 个元素。安全级别表示数据库对象的安全级别，对于安全级别越高的数据库对象，表示其安全级别标签在 SL 中的位置也越靠后。

类别范围集合是一个有 m 个元素的集合，用 $CR=\{cr_1, cr_2, \cdots, cr_m\}$ 表示，对于任意两个元素 cr_i 和 cr_j，若 $i \neq j$，则有 $cr_i \neq cr_j$。

安全标签 SecL 由安全级别元素和类别范围集合组成，表示为 $SecL=sl: CR$，其中 sl 为安全级别序列 SL 中的一个元素，CR 为空集或者类别范围集合 CR 中的一个或多个元素的集合。数据库对象的安全标签表示为 $SecL_{obj}=SL_{obj}: CR_{obj}$，请求访问数据库对象的主体的安全标签表示为 $SecL_{sub}=SL_{sub}: CR_{sub}$。

数据库对象的安全等级由数据库对象的安全标签体现，对于数据库对象 obj1 和 obj2，obj1 的安全标签 $SecL_{obj1}$ 表示为 $SL_{obj1}: CR_{obj1}$，obj2 的安全标签 $SecL_{obj2}$ 表示为 $SL_{obj2}: CR_{obj2}$。当且仅当 $SL_{obj1}>SL_{obj2}$ 且 $CR_{obj1} \supset CR_{obj2}$，有 obj1 的安全等级高于 obj2 的安全等级；当且仅当 $SL_{obj1}=SL_{obj2}$ 且 $CR_{obj1}=CR_{obj2}$，有 obj1 的安全等级等于 obj2 的安全等级。

基本类用 BC 表示，基本类的第 i 个属性表示为 $BC.ra_i$，则基本类的安全标签表示为 $SecL_{BC}=SL_{BC}: CR_{BC}$，基本类的第 i 个属性的安全标签表示为 $SecL_{BC.rai}=SL_{BC.rai}: CR_{BC.rai}$。

TOTEM 中存在代理类，即通过特定的代理规则从源类继承部分或全部属性值的类。这里的源类就是代理类中部分属性的数据源。一个代理类可以有一个或多个源类，一个代理类的 n 个源类可以用集合 SC 表示，$SC = \{SC_i | 1 \leqslant i \leqslant n\}$。

代理类中必定有虚属性，即根据代理规则从源类中继承的属性。同时，代理类中也可以新增属性，这些属性为代理类中实际存储的实属性。代理类中的实属性个数可为 0 个或若干个。代理类用 DC 表示，代理类的第 i 个虚属性表示为 $DC.va_i$，代理类的第 j 个实属性表示为 $DC.ra_j$，则基本类的安全标签表示为 $SecL_{DC}=SL_{DC}: CR_{DC}$，代理类的第 i 个虚属性的安全标签表示为 $SecL_{DC.vai}=SL_{DC.vai}: CR_{DC.vai}$，代理类的第 j 个实属性的安全标签表示为 $SecL_{DC.raj}=SL_{DC.raj}: CR_{DC.raj}$。

由于代理类的源类可以是基本类，也可以是代理类，因此 TOTEM 中会形成多层代理的结构。在实现过程中，所有源类都为基本类的代理类称为一级代理类，源类为基本类和一级代理类，或者源类均为一级代理类的代理类称为二级代理类，依次往下推直至 n 级代理类 $(n \geqslant 2)$。n 级代理类的源类必须满足源类中有 $(n-1)$ 级代理类，且无 m 级代理类 $(m \geqslant n)$。n 级代理类中的第 i 个代理类用 DCn_i 表示。

根据 TOTEM 特性，一个代理类可以有多个源类，一个源类也可以有多个代理类，因此类和类之间的代理关系是多对多的复杂关系。不过任意两个确定的类之间只存在一种代理关系，TOTEM 中用 DR(SC，DC)表示这种代理关系，并且 DR(SC，DC)描述源类和代理类根据代理规则形成的属性之间的对应关系。

TOTEM 中代理类与代理关系会使安全等级匹配过程更加复杂，因此需要考虑数据库对象之间的安全等级关系。下面介绍存在代理关系的对象之间的安全等级管理规则和主体访问数据库对象管理规则。

1. 对象之间安全等级管理规则

TOTEM 中存在代理关系的数据库对象有源类(基本类或者代理类)、代理类、代理类中的虚属性和源类中对应的属性(源类中的属性可以是虚属性或者实属性)。数据库系统对用户在基本类和代理类上操作请求的处理过程是一样的，因此为了防止数据库用户通过访问代理类获取其不具备访问权限的基本类中的数据，设置如下存在代理关系的对象之间的安全等级管理规则。

代理类中虚属性的安全级别需要大于等于各源类中对应属性的安全级别。代理类中虚属性的类别范围包含各源类对应属性的类别范围。代理类的安全级别需要小于等于代理类中所有虚属性的安全级别。代理类的类别范围包含代理类中所有虚属性的类别范围。代理类所有实属性的安全级别需要大于等于代理类的安全级别，所有实属性的类别范围包含代理类的类别范围。

2. 主体访问数据库对象管理规则

TOTEM 沿用 BLP 模型中向下读的规则，但是 BLP 模型中向上写规则可能破坏数据库中高安全等级数据的完整性和安全性，因此将其改为"不能读就不能写，只能同级写"的规则。这两条规则描述如下。

当数据库对象的安全级别小于等于主体的安全级别，数据库对象的类别范围包含于主体的类别范围时，主体才拥有对数据库对象进行读操作的权限；当数据库对象的安全级别等于主体的安全级别，数据库对象的类别范围等于主体的类别范围时，主体才拥有对数据库对象进行写操作的权限。

TOTEM 中的强制访问控制得以正确执行，在很大程度上取决于拥有代理关系的数据库对象之间的安全等级是否被严格按照规则进行管理。为了更好地理解 TOTEM 中强制访问控制机制的运行原理，TOTEM 的层次模型如图 8-3 所示。

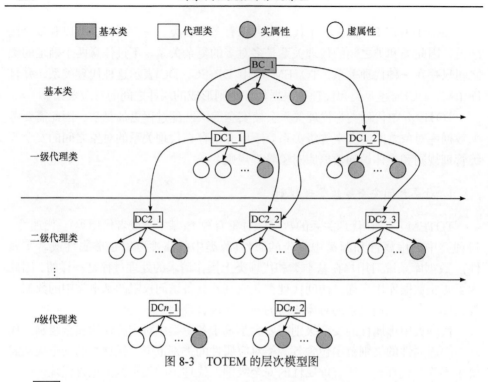

图 8-3 TOTEM 的层次模型图

▨ 表示一个基本类，基本类中的所有属性都是实属性。以音乐系统为例，BC_1 表示基本类歌曲类。▢ 表示一个代理类，并且由于代理类也可以成为源类，因此代理类被分为多层结构组织，从一级代理类一直到 n 级代理类。DC1_1 表示一级代理类集合中的中国歌曲代理类。DC2_1 表示二级代理类集合中的中国民族歌曲代理类。⬤ 表示一个实属性，基本类和代理类都可以有实属性。例如，基本类 BC_1 中的第 i 个实属性可以表示为 $BC\_1.ra_i$。代理类 DC1_1 中也有其新增的实属性，那么第 j 个实属性可以表示为 $DC1\_1.ra_j$。◯ 表示一个虚属性，只有代理类才有虚属性。例如，代理类 DC1_1 中的第 i 个虚属性可以表示为 $DC1\_1.va_i$。→用于连接满足访问控制规则中对象间安全等级管理规则的类和属性，形成类及其属性之间的树形结构。例如，代理类 DC1_1 及其虚属性 $DC1\_1.va_i$ 连接意味着 $SL_{DC1\_1.va_i} \geqslant SL_{DC1\_1}$ 且 $CR_{DC1\_1.va_i} \supseteq CR_{DC1\_1}$，代理类 DC1_1 及其实属性 $DC1\_1.ra_j$ 连接意味着 $SL_{DC1\_1.ra_j} \geqslant SL_{DC1\_1}$ 且 $CR_{DC1\_1.ra_j} \supseteq CR_{DC1\_1}$。⋁⋀ 表示被带箭头的连接线连接的两个类之间存在代理关系，连接线起点为源类，终点为代理类。该代理关系引申出一个集合 DR(SC, DC)，其中 SC 的代理级数小于 DC 的代理级数，且 DR(SC, DC)= $\{SC.va/_{ra} \rightarrow DC.va\}$，用于描述源类 SC 和代理类 DC 根据代理规则形成的属性间的映射关系，并且只要包含在 DR(SC, DC)所述映射关系中的源类属性及其对应的代理类属性，必须满足对象安全等级管理规则。例如，二级代理类 DC2_2 和一级代理类 DC1_1 存在代理关系，DC2_2 中虚属性 va_1 的内容来源于 DC1_1 的虚属性 va_1，DC2_2 中虚属性 va_2 的内容来源于 DC1_1 的实属性 ra_1，则属性映射关系集合 DR(DC1_1，DC2_2)= {DC1_1.va_1→DC2_2.va_1，DC1_1.ra_1→DC2_2.va_2}，那么包含在 DR(DC1_1，DC2_2)中属性之间的安全等级必须受到约束，即 $SL_{DC2\_2.val} \geqslant SL_{DC1\_1.val}$ 且 $CR_{DC2\_2.val} \supseteq CR_{DC1\_1.val}$，$SL_{DC2\_2.va2} \geqslant SL_{DC1\_1.ra1}$ 且 $CR_{DC2\_2.va2} \supseteq CR_{DC1\_1.ra1}$。

根据源类和代理类的生成关系，TOTEM 将严格按照强制访问控制规则对每个代理类和代理对象生成符合规则的安全标签。基于数据库类和属性上的安全标签等级约束，基于对象代理特性的对象安全等级管理模型可以为 TOTEM 中存在代理关系的类及其属性的安全等级进行严格的管制，确保这些数据库对象的安全等级符合为了兼顾数据可用性和安全性而设定的规则，并且该模型中各层代理类之间环环相扣的连接关系也使各层代理类的安全等级受到统一的管理和约束，从而为 TOTEM 实现正确的强制访问控制创造基础。

如图 8-4 所示，基本类 BC_1 可表示为"歌曲"类，包括"演唱者""专辑"等基本属性；基于"歌曲"类可派生出 DC1_1"中国歌曲"和 DC1_2"欧美歌曲"两个代理类。两个代理类各自追加"国籍"的实属性，其他属性是继承于 BC_1 的虚属性；在二级代理类中，DC1_1 派生出 DC2_1"中国民族歌曲"代理类，DC1_2 派生出 DC2_2"乡村歌曲"代理类，同时 DC1_1 和 DC1_2 共同派生出 DC2_3"流行歌曲"代理类。依照强制访问控制机制的安全等级管理规则，二级代理类 $SL_{DC2\_i} \geqslant SL_{DC1\_j} \geqslant SL_{BC\_1}$，$i, j \in \{1, 2\}$。当主体 Alice 访问二级代理类 DC2_2 创建的对象"我和你"时，系统会判断条件 $SL_{Alice} \geqslant SL_{DC2\_2}$ 是否成立，若成立，系统允许 Alice 访问歌曲"我和你"；否则，系统拒绝本次访问。

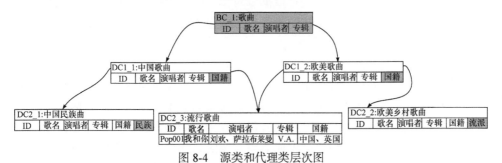

图 8-4 源类和代理类层次图

8.3.3 对象代理数据库角色访问控制机制实现

基于角色的访问控制将数据库中客体对应的访问权限授权给角色，再将角色授予数据库中的用户或用户组，并据此生成访问控制列表。当用户提出对某个数据库对象的操作请求后，通过检查访问控制列表判断用户是否拥有执行该操作的

权限。如果用户拥有进行合法操作的权限，数据库系统才会允许用户对此数据库
对象执行相应的操作。TOTEM 中基于角色的访问控制模型如图 8-5 所示。

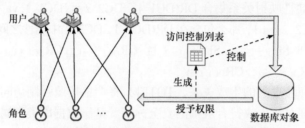

图 8-5　TOTEM 中基于角色的访问控制模型

下面从角色权限管理和对象访问控制两个方面对 TOTEM 系统中的访问控制
进行具体介绍。

1) 角色权限管理

TOTEM 中的权限分为系统权限和对象权限。系统权限指系统规定用户使用
数据库的权限，如连接数据库、创建数据库、创建用户等。对象权限指在类、代
理类、函数等数据库对象上执行特殊操作的权限，如创建、选择、更新、删除、
插入、执行等。TOTEM 中的每一个角色都有一组属性。这些属性定义该角色的系
统权限，以及与客户端认证系统的交互。

值得注意的是，拥有超级用户属性的角色将拥有最高级别的权限。它不仅可
以创建其他超级用户，也可以创建其他角色和数据库对象等。超级用户在访问数
据库对象时，不需要检测其是否具有访问该数据库对象的权限。

2) 对象访问控制

进行对象访问控制的前提是将数据库对象上的权限授予角色(用户、用户组)，
形成访问控制列表。TOTEM 中的对象权限通过 GRANT 和 REVOKE 指令进行
管理。

(1) 对象权限授权。

对象权限授予语句可以使用 GRANT 语句将数据库对象的各种操作权限授予
一个或者多个角色。在 TOTEM 中，数据库对象的最小粒度是类，包括代理类。
当数据库对象为代理类时，GRANT 语句允许授权的操作只有选择和更新。在对
象获得授权后，系统在该对象数据库对象专属的访问控制列表中添加一个元素，
记录授予该对象访问权限的角色及其在该对象上的具体权限。

(2) 对象权限回收。

对象权限回收语句可以撤销之前使用 GRANT 语句赋予角色(用户、用户组)
的权限。当对象权限回收后，系统会找到数据库对象专属的访问控制列表，并根
据被撤销操作权限的角色查找其在访问控制列表中对应的元素，删除之前授予该

用户的相应权限。

因此，通过 GRANT 和 REVOKE 指令的使用，各个数据库对象专属的访问控制列表可以实时反映各个数据库角色在该数据库对象所拥有的操作权限，从而使访问控制列表成为对象访问控制的基础。

在用户提交对数据库对象的操作请求时，系统会先根据该数据库对象的访问控制列表检查该用户是否具有对对象进行相关操作的权限。只有用户通过对象操作权限检查时其操作请求才可以得到回应，从而在请求操作的数据库对象上进行相关操作。

例如，音乐系统中存在只读权限角色和只写权限角色，前者只能访问音乐系统中的数据，后者能读取和修改数据。假设当用户 Alice 在进入系统时，系统管理员利用 GRANT 命令将 Alice 和只读角色进行绑定。此时，用户 Alice 拥有只读角色对应的访问控制列表中对数据库的操作权限。Alice 对数据库访问时，系统会根据 Alice 绑定的角色查询该角色对应的访问控制列表，检查该角色的访问控制列表是否具有对目标客体的访问权限。若 Alice 对应的只读角色拥有该目标客体的访问权限，则系统允许 Alice 对该数据进行访问，若没有权限，则系统拒绝 Alice 的本次操作请求。当系统管理员要回收 Alice 的访问权限时，只需要调用 REVOKE 命令将 Alice 与只读解绑即可。

TOTEM 中基于角色的自主访问控制，本质上是通过角色对应的访问控制列表实现用户对数据库客体的访问和操作请求，实现类级别的访问控制管理。相较于强制访问控制机制，基于角色访问控制机制可以对目标用户组设置对应的角色和角色访问控制列表，而不必像强制访问控制机制对每一个用户和数据客体设置安全级别，在实现对用户的授权管理方面显得更为灵活。

在对基本类的安全保护上，强制访问控制机制和基于角色访问控制提供的安全保护区别不大，分别以主客体安全标签对比和访问控制列表判定用户的访问权限。在对代理类的安全保护上，强制访问控制机制的安全性要优于基于角色访问控制。客体安全标签可以依照类的继承机制和多重继承安全标签一致性原则实现代理类安全级别的分配，但在基于角色访问控制机制中，基本类和代理类中被物理存储的实属性内容可以通过访问一个或者多个代理类得到。这个过程会给访问控制列表的设定带来困难，给授权管理过程增加难度。TOTEM 中两种访问授权机制对比如表 8-2 所示。

表 8-2　TOTEM 中两种访问授权机制对比

访问授权机制	访问粒度	用户管理	安全表现
强制访问控制	属性级别	复杂	强
基于角色访问控制	类级别	灵活	中等

8.4　云数据库安全

随着信息技术的发展，数字化设备的普及，数据增长呈现爆发性趋势。根据国际权威机构 Statista 的统计和预测，全球数据总量将在 2035 年达到 2142ZB。传统的单结点或分布式数据库在数据存储和处理能力上将无法胜任如此规模的数据。云数据库以其便利、经济、高可扩展性等优势吸引了越来越多的关注。政府、机构、企业能够充分利用其强大的存储能力、数据处理能力、扩展性和经济性降低本地数据库部署和管理开销。因此，云数据库代表数据库技术在信息时代大数据存储、管理、服务的方向。我们也将 TOTEM 部署在云上，使之成为云数据库。

8.4.1　云数据库概念与特点

类似于云计算中的设施即服务、平台即服务、软件即服务的概念，云数据库可看作数据库即服务。其本质是在云计算框架下，通过网络将大量的计算机结点组织在一起，形成一个存储和计算能力可以无限扩展的资源池，并通过虚拟化技术将资源按需分配给用户。云数据库是部署和虚拟化在云计算环境中的数据库，它可以增强数据库的数据存储和处理能力，消除了人员、硬件、软件的重复配置，使数据库更容易升级和维护。在云数据库环境下，云数据库服务提供商，简称云服务商，负责数据库管理的全部职责，包括数据库备份、管理、恢复、空间管理，在服务提供商的软硬件基础上提供数据存储、管理和访问服务。云数据库系统架构如图 8-6 所示。用户不需要了解云数据库底层细节，通过用户接口展现的云数据库服务就像运行在本地服务器上的数据库一样。

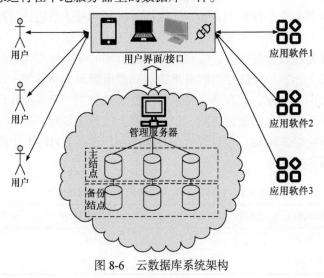

图 8-6　云数据库系统架构

用户界面/接口主要是将云数据库提供的各项服务和数据以可视化形式或程序接口展现给前端用户和其他应用，并提供身份验证功能。云数据库系统的各个角色可以通过该部分实现对数据库内容的访问、操作，以及对数据库本身的维护和管理，在实际应用中一般以 B/S 架构或移动端 APP 实现。

服务管理器主要提供对底层硬件资源的虚拟化和并行化处理，需要实现读写分离、负载均衡、一主多备、主从切换、安全隐私保护等功能。通过服务管理器，云数据库可实现对传统数据库的功能扩展，使其更好地适应云计算环境下用户的各项需求。服务管理器的功能可根据实际应用进行扩展或缩减，如加入计费管理、性能监控、多租户等服务。

底层数据库主要负责数据存储、备份、管理。数据层由若干个计算结点组成，每个结点可部署一个或多个数据库，用户数据实质上是在结点上进行存储。通过服务管理器提供的虚拟化服务，系统可将资源和数据根据映射关系构成统一、完整的逻辑结构，然后利用用户端的可视化界面，将数据以某种形态展现给用户。

云数据库具有以下特性。

(1) 动态可扩展性。云数据库性能在理论上具有无限可扩展性，在面对不断增加的数据存储和处理方面需求时，可以通过增加资源结点的方式满足需求变化。同时，这种变化可以根据用户的需求来确定是否永久保留下来。

(2) 高可用性。云数据库不会因为单个结点的故障导致数据库服务不可用。由于一主多备等机制的存在，剩余的结点会迅速接管故障结点的数据事务。

(3) 较低的使用代价。云数据库通常采用多租户的形式向不同用户提供数据库资源的共享。对用户而言，这种按需付费的方式可以节省部署、运维等方面的开销。同时，云数据库通常在底层使用较为廉价的商用服务器，其硬件使用成本较低。

(4) 易用性。云数据库用户无须掌握底层硬件、软件相关的部署和操作知识，只需具备数据库操作相关技能就可以使用云数据库。

(5) 高性能。云数据库通过负载均衡、读写分离和 MapReduce 等机制，可以为用户提供实时、高效、可靠的科学计算和数据处理等服务。

云数据库会极大地影响数据库技术在应用和研究领域的发展。在一定程度上，云数据库可以看作数据库未来发展的主要方向，传统数据库厂商，如甲骨文、IBM、微软，新兴信息技术(information technology，IT)企业，如亚马逊、谷歌、阿里、腾讯、华为都发布了各自的云数据库产品，并投入实际应用。

8.4.2　云数据库面临的安全挑战

云数据库在蓬勃发展的同时，其安全性成为影响其应用普及的主要因素。系统及运行环境的安全也会影响数据库的安全，因此云数据库中每一个环节的安全问题都会对用户数据的安全和隐私造成影响。用户需要同时面临来自云数据库内部与外部的安全威胁[4]。考虑这些安全威胁和云数据库所特有的运行模式相关联，云数据库的外包式服务计算模式、虚拟化管理及多租户运营模式为云数据库中的数据安全和隐私保护带来新的挑战。

(1) 外包式服务计算模式引发的安全问题。用户数据中往往包含大量敏感或具有价值的信息。在传统数据库场景下，由本地服务器负责提供用户数据的存储、处理等服务。在云数据库场景下，上述数据服务则由网络中的服务器结点提供。因此，当用户将数据外包给云数据库时，云服务提供商就获得该数据的访问权和使用权。大量数据安全泄露事件表明，由于存在内部人员失职、黑客攻击、系统漏洞导致安全机制失效等多种风险，云服务提供商无法为用户提供安全可靠的数据存储与处理环境。

(2) 虚拟化管理及多租户运营模式引发的安全问题。在云数据库环境中，资源以虚拟、租用的形式提供给用户。同时，虚拟化机制可以在一定程度上为云数据库提供安全保护机制，防止恶意用户攻击数据库或攻击底层基础设施。云数据库不可能将所有资源进行虚拟化处理，同时虚拟化环境也可能存在漏洞。如果物理设备或虚拟化软件存在安全隐患，那么内部的恶意用户和外部攻击者均可能非法获取其他用户的数据。

从长远来看，用户数据安全与隐私保护需求是云数据库在工业界和学术界同时面临的关键问题。考虑云数据库的数据外包式场景，云数据库提供商不仅要向用户证明其具有抵挡来自外部黑客安全攻击的能力，还要证明自己无法破坏用户数据与应用的能力。一方面，云数据库提供商应具备传统数据库的安全保护措施。例如，在物理层考虑厂房安全，在存储层考虑完整性和文件/日志管理、数据容灾备份等，在网络层考虑分布式拒绝服务攻击防护、域名服务器安全、网络可达性等，在系统层考虑系统安全、补丁管理、系统用户身份等，在数据层考虑传统数据库安全机制，在应用层考虑程序完整性检验与漏洞管理。另一方面，云数据库提供商还需要向用户证明，数据库服务具备一定程度的数据安全保护能力，能够应用在云数据库的安全策略与机制。

1) 数据机密性策略

云数据库在存储用户数据时，需要保证云环境中的数据在存储、通信、操作过程中的机密性，使其免受攻击者直接获取或简单推断出用户的敏感数据，避免云数据库提供的正常服务受到破坏。为了确保用户外包数据安全和隐私保护，需要对用户数据进行加密处理。数据加密机制是当前云数据库在保护用户敏感数据时常用且有效的方法。其基本思想是，用户在外包数据之前对明文数据进行加密然后上传至云端，防止云服务提供商和其他非法用户的恶意访问。由于外包场景不允许在云端对数据进行解密，因此云数据库提供商需要提供密文搜索和轻量级的密文计算等服务，同时也需要对密钥和数字证书进行管理与分发。采用数据加密机制的云数据库称为可信云数据库。它能够利用加密机制实现返回结果的正确性验证和与访问控制技术相结合的可信访问控制。

2) 数据访问控制策略

由于现有的适用于单机或分布式环境的访问控制机制并不能直接应用在云数据库环境中，因此需要结合云数据库的特点设计新的访问控制机制。用户数据经过加密被转换成密文数据，只有拥有相应解密密钥的其他用户才能解密该密文，进而获得访问该密文数据的能力。因此，基于密文加解密方法的可信访问授权机制在保证云数据库机密性前提下，成为一种能够满足云数据库安全需求的访问控制方法。

3) 数据隐私保护策略

云数据库在满足数据机密性和可用性的同时，还需要提供数据隐私保护功能。云数据库在提供数据存储、处理和计算服务的同时，还需要提供数据发布或共享等服务。当用户数据离开云数据库环境后，简单的数据脱敏技术无法提供足够强度的数据隐私保护。攻击者仍然能够根据背景知识或其他数据推测出用户的隐私信息。因此，云数据库需要采用更安全的隐私保护策略。当前可应用在云数据库中的隐私保护机制主要有数据泛化机制、差分隐私机制和敏感数据加密机制。云数据库根据用户不同级别的隐私保护需求，提供相应的数据隐私保护机制。

4) 审计服务策略

审计服务是数据库系统中一项必要的安全机制。该机制通常采用旁路监听方式，独立于数据库系统进行部署，在不影响数据库正常运行的前提下实现对数据库操作的监控。通过对用户的登录、访问、更新、删除等数据库操作语句进行记录，并利用分析工具对用户行为和系统运行状态进行审计，以保证用户操作的合规性。

云数据库中的数据安全需要覆盖数据传输、数据存储、数据访问三个方面，采用数据加密的形式既能满足数据传输和数据存储的安全需求，又能实现数据访问的安全需求。因此，当前云数据库采用的安全机制主要有基于密文的可信访问控制、云数据库隐私保护机制、云数据库审计机制等。

8.5　云数据库可信访问控制机制

在云数据库环境中，数据被外包给第三方云数据库服务商进行存储和管理。用户在享受云数据库强大便捷的云数据服务的同时，还需要解决来自云数据库内部和外部的安全威胁。数据库的传统安全机制均建立在数据库部署配置在本地或本地可控环境、数据库管理员完全可信的假设前提下。在云数据库环境中，传统的访问控制机制，如自主访问控制、强制访问控制、基于角色访问控制，由于架构、安全性、模型等原因无法满足预期安全保护策略的安全需求。与此同时，为了保护外包数据机密性和隐私性，用户需要对明文数据进行加密处理后上传云数据库。在可信存储场景中，数据使用者在缺少数据密钥的前提下无法实现对云端密文数据的访问与操作，因此可将数据密钥和传统访问控制机制中的数据访问权限等同起来。基于此原理，出现基于密文的可信访问控制策略。可信访问控制策略的本质是通过对数据使用者获取解密密钥的过程管理来实现密文数据的访问授权。在云数据库中，不仅可以采用自主访问控制、强制访问控制、基于角色访问控制，同时还可以将可信访问控制策略应用到云环境中来满足更严格的安全策略。现有的可信访问控制方法包括基于密钥的访问控制机制和基于属性的访问控制机制。

8.5.1 基于密钥的访问控制机制

基于密钥的访问控制机制本质上是数据使用者合法持有数据解密密钥的访问控制策略。其原理是，数据拥有者对数据加密，通过密钥交换协议或密钥推导算法等密码学方法将对应的数据解密秘钥安全地分发到数据使用者手中，使数据使用者合法地获得目标数据访问和使用权限。Diffie-Hellman 密钥交换协议可以实现基于公钥密码体制的密钥访问控制，但该协议无法抵抗中间人攻击，并且存在密钥托管的安全隐患。无证书公钥加密机制可以解决密钥托管问题，但当密文数据规模增大时，每个用户在访问密文数据时的通信开销和密钥管理的存储开销也随之增加，导致其可用性降低。当前常用的可信访问控制方法基于逻辑层次图或逻辑层次树的密钥推导机制。该机制从密文数据的角度出发，将每一个数据对象对应一个授权访问用户组，基于用户组之间的授权关系构建逻辑层次图或逻辑层次树。层次图(树)中每个结点对应一个唯一的解密密钥及与其对应的数据访问授权用户组，且子结点代表的用户组包含父结点代表的用户组。通过上述方式构建的逻辑层次图(树)就能构建父结点到子结点的密钥推导关系。授权用户只要掌握逻辑层次图(树)中上层结点所对应的解密密钥，就能导出子结点对应的解密密钥。通过逻辑层次图(树)可减轻系统和用户对共享解密密钥需要的通信开销和存储开销。

如图 8-7 所示，该方案能够在可信数据库环境下实现基于密钥的授权访问方法。在满足数据库安全需求的同时，能够有效降低系统和用户在推导密钥过程中的通信与计算开销。

图 8-7 左侧的全局访问策略控制矩阵表示用户是否拥有数据的访问权限。例如，$\{A, d_1\} = 1$ 表示用户 A 拥有对数据 d_1 的访问权限，即用户 A 拥有数据 d_1 的解

密密钥。系统根据数据授权策略生成全局访问策略控制矩阵，并生成右侧的全局逻辑层次密钥推导图。其构造过程如下，用户 A 和 D 拥有对数据 d_3 的访问授权，用户 A 和 C 拥有对数据 d_2 和 d_{14} 的访问授权，可以得到结点 V_1 和 V_2，其中每个结点表示对应数据的解密密钥，其他结点可按照相应策略生成。结点间的边表示密钥推导路径。推导路径表示的推导关系是单向的，且拥有父结点对应密钥及数据访问权限的用户也必然拥有其子结点对应密钥及数据的访问权限。根据父结点和子结点的对应关系，利用代理重加密(proxy re-encryption，PRE)机制实现密钥的推导，如 $v_7 = \mathrm{PRE}(v_1, v_2)$。同时，还可以根据生成的逻辑层次图对密钥推导过程中存在的冗余结点和冗余关系进行简化，例如可通过加入虚拟结点的方式减少推导路径的数量。图 8-7 右侧为简化后的全局逻辑层次图。通过构建解密密钥的全局逻辑层次图，优化密钥冗余和推导冗余可以减少用户密钥存储开销、数据密钥存储开销、密钥推导计算开销。

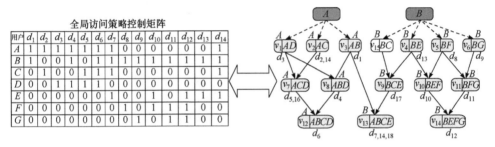

图 8-7　逻辑层次图中解密密钥间的推导关系

8.5.2　基于属性加密的访问控制机制

基于属性加密的访问控制机制的思想是，数据拥有者将访问控制树内嵌到密文数据中，将数据解密密钥利用线性秘密分割方案分割，并与数据使用者的角色属性关联。只有拥有一定数量属性且满足访问控制结构的数据使用者才能还原出解密密钥，从而完成访问密文数据的过程。基于属性的访问控制方法能够在云数据库环境下实现一对多的密文数据授权访问机制，可有效缓解基于密钥的访问控制方法中存在的密钥管理开销过大的问题。

属性加密(attribute-based encryption，ABE)是由 Sahai 等 2005 年提出的一种加密数据访问控制方法。该方法将用户群体的身份用一个能够描述用户信息的属性集合表示。数据拥有者加密数据时，利用若干属性构造一个 (t, n) 阈值的访问策略，当且仅当数据使用者自身属性满足该阈值的范文策略时，数据使用者才能正确解密密文。在 ABE 机制中，解密密钥不再绑定于某个用户的身份，而是与属性集合的某个子集相关。因此，基于 ABE 机制可以在云计算环境下实现一对一、一对多的密文访问控制策略，但初始 ABE 机制只支持属性集合上的阈值访问控制策略。为了支持更为灵活的访问策略，Sahai 等先后提出密钥策略 ABE(key-policy ABE，KP-ABE)和密文策略 ABE(ciphertext-policy ABE，CP-ABE)。KP-ABE 和 CP-ABE 都支持属性子集的树形访问策略，

如图 8-8 所示，ABE 模型包括四个实体，即数据拥有者、数据使用者、可信授权中心、云服务提供商。以 CP-ABE 机制为例，在初始化阶段，可信中心生成系统公开参数和系统私钥；在用户注册阶段，可信中心根据用户的属性集合为其生成访问密钥；在数据加密阶段，数据拥有者通过全局属性集合构造访问控制策略，并基于该策略对明文数据进行加密，然后将密文数据发送给云端进行存储；在查询阶段，数据使用者生成查询信息发送给云端，云端将符合查询条件的密文信息发送给数据使用者；在解密阶段，使用者利用访问密钥解密。当且仅当用户的属性集合满足访问控制策略时，访问密钥才能正确地完成解密并还原出明文数据。

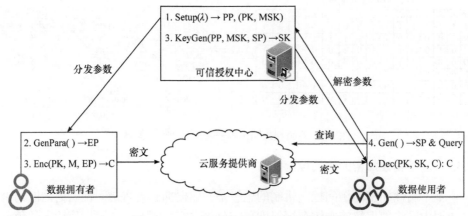

图 8-8　ABE 机制在云环境下的结构模型

两种 ABE 机制的主要区别在于，访问策略和属性子集在密钥和密文的位置不同。在 KP-ABE 中，访问策略作为输入参与解密密钥的生成过程当中，属性子集则参与数据加密的过程。CP-ABE 与 KP-ABE 相反，属性子集与解密密钥相关联，访问策略和密文相互关联。由于 CP-ABE 机制能够为个人数据管理模式的数据访问控制提供安全可靠、自主可控的细粒度可信数据授权策略，因此在云数据库领域，CP-ABE 被看作细粒度可信数据授权访问的实现方法。CP-ABE 提供云数据库中实现可信访问控制策略的一种安全机制，但在实际应用场景中，原始的 CP-ABE 机制无法满足各场景中的其他访问限制。因此，需要针对不同应用场景特点，对 CP-ABE 机制进行改进。

基于 CP-ABE 访问控制策略，有学者提出一种具有访问条件限制的可信数据

授权访问方法[5]。在该方案中，数据拥有者在生成访问控制策略时，使用用户私钥和访问条件将数据密钥封装生成转换密钥；数据访问者发起访问请求时，将访问属性和访问条件参数一同发送给云端。云端使用公共参数和转换密钥对密文进行半解密操作。首先，对访问属性进行转换和匹配，并进行访问条件判定，只有两者同时满足数据拥有者设定的访问要求，云端才能够实现密文数据的半解密操作。云端将半解密数据发送给数据拥有者，由其进行最终的解密。该方案可以充分利用云数据库强大的数据计算和处理能力，将用户端解密计算开销降低到最小。在实现基于属性的访问策略的前提下，将访问条件判定加入访问属性匹配过程中，丰富 CP-ABE 机制在云数据库可信访问授权的应用场景。

8.5.3　云数据库密文搜索机制

在云数据库环境下，可信存储机制需要可搜索加密技术的支持。可搜索加密技术允许用户在不暴露查询信息给非可信云数据库提供商的前提下，对数据库的信息进行查询检索。这种技术既可以保证数据的高安全性，也可以保证数据的可用性。常见的可搜索加密的密码学工具包括保序加密、同态加密、属性加密、布隆过滤器等。密文搜索机制的基本思想如下，数据拥有者在对上传数据进行加密前，对明文数据构造对应的安全索引结构，如布隆过滤器、加密的索引树，然后将加密数据和安全索引结构外包给云服务提供商。数据使用者利用密钥对待查询关键词生成查询陷门(关键词的密文形态)并将其发送给云端。云端收到查询陷门后在密文上进行匹配操作，将符合匹配结果的密文数据发送给数据使用者，然后由数据使用者根据可信访问控制机制来对和查询陷门匹配的密文进行解密，进而获得查询结果。密文搜索模型如图 8-9 所示。

图 8-9　密文搜索模型

在云数据库中，数据拥有者 Alice 在上传数据之前，需要生成对应的安全索引，并将生成安全索引的陷门函数与系统其他用户共享，然后将密文和安全索引一并上传至云端。用户在对云端数据进行检索时，首先生成查询关键词，利用陷门函数生成陷门查询，然后将访问属性集和陷门查询一并发送给云服务器。云服务器在收到访问属性集和陷门查询之后，首先根据陷门查询对所有的安全索引进行检索，找到对应的密文，然后根据对应密文绑定的访问策略对其访问属性集进行匹配。

在数据库检索中，索引结构会跟随数据类型和内容的不同而改变。因此，上述对应的安全索引的类型也会随之改变。在实际应用中，云服务提供商会提供支持结果验证的密文搜索机制，以保证用户查询数据的正确性和完整性。

8.5.4　对象代理数据库可信访问控制机制实现原理

可信访问控制机制作为数据安全保护机制，可根据数据库安全与隐私策略部署在不同场景下的数据库中。因此，在部署过程中需要根据应用场景和数据库运行机制对可信访问控制机制进行调整。基于密钥和属性加密的可信访问控制机制都可移植到 TOTEM 中，并且后者在云数据库场景下支持用户群组的访问控制策略，因此本节基于 CP-ABE 在云数据库中的执行过程，给出基于属性加密访问控制机制在 TOTEM 中的实现思想。

CP-ABE 在云数据库场景下的执行流程如下。系统将所有可描述用户身份的信息抽取出来形成一个属性集合 Attr。数据拥有者 Alice 在上传明文数据 M 前构造 M 的访问策略 AP，其中 AP 为属性集合 Attr 的子集构成的树形访问结构，同时利用文件密钥 DS 对明文 M 进行加密，生成密文 C，然后利用线性秘密分割方案和访问策略 AP 对随机数 R 进行分割 $R \rightarrow \{r_1, r_2, \cdots, r_n\}$，并利用随机数 R 对文件密钥进行盲化处理，生成盲化文件密钥，然后将密钥密文发送给云数据库。云数据库收到盲化文件密钥、访问策略和数据密文后对其进行绑定。数据使用者 Bob 在访问数据时需要构造查询和访问属性集，然后将查询和访问属性集发送给云数据库。

云数据库收到 Bob 发送的查询和访问属性集后，首先对数据进行检索，找到符合查询的密文数据，以及与其绑定的访问策略和盲化文件密钥，系统利用同态加密机制验证查询和访问属性集是否匹配。若两者匹配，证明数据访问者符合该密文的访问策略，系统允许访问，反之则拒绝。Bob 通过验证后，系统利用查询生成 Bob 拥有的每个属性对应的子秘密，Bob 利用属性子秘密对 $\{r_1, r_2, \cdots, r_n\}$ 进行还原操作，计算出随机数 R，然后对盲化文件密钥进行脱盲计算得到文件密钥。云端利用代理重加密技术对密文进行半解密操作得到半解密密文，并发送给 Bob。Bob 利用系统公开参数和文件密钥对半解密密文进行解密操作，还原出明文。

在 TOTEM 中，基于属性加密的访问控制机制可根据用户的安全策略决定密文粒度，即可在库、表、元组、类和对象级别追加访问策略属性的方式实现 CP-ABE 机制。

TOTEM 部署 CP-ABE 的实现思想如下。由于访问策略和明文数据对应，因此在部署过程中，访问策略可以与数据库、表、元组、类和对象各粒度的明文数据对应和绑定。在数据库、表、元组粒度上的实现可通过在对应的粒度级别上额外增加访问策略属性的方式描述其数据粒度的访问策略。例如，可在原有的数据表上额外增加一个名为访问策略的列，该列存储的值即用户在该数据上制定的访问控制树。这样可实现不同粒度上的访问策略。在数据库级别，库中所有表的访问策略属性相同。在表级别，不同表的访问策略属性不同，同表的访问策略属性相同。在元组级别，表中每条记录的访问策略属性均不相同。

上述方法主要针对数据表类型，在处理类和对象数据类型时，需要针对类和对象的特点进行调整。以对象粒度为例，用户 Alice 制定对象 O 的访问策略 AP，并以 O.AP 表示，同时在对象 O 中设置方法 O.match()，实现用户 Bob 向数据库发起查询的权限匹配操作。其匹配过程仍采用 ABE 机制的属性匹配过程。类粒度上的部署原理和对象粒度类似，由于类是对象的抽象，因此在创建类 C 时，仅对 C.AP 的类型进行声明，在实例化 C 的时候再由用户对 C.AP 派生出的对象 O.AP 进行指定。

CP-ABE 在部署过程中还需要支持 TOTEM 中的数据运算、类与对象的继承操作。对于选择、投影操作，可将表中的 AP 属性附加在运算结果上。对于连接操作，则需要比较两个数据表的访问策略属性，并由访问策略制定者制定新的访问策略。考虑 TOTEM 中存在代理类和代理对象等情况，CP-ABE 只需要遵循面向对象的继承规则，即单继承关系。代理对象直接继承源对象的访问策略，而代理对象中追加的实属性的访问策略将遵循继承而来的对象或类所代表的访问策略。如果要修改访问策略，则需要数据拥有者完成密文数据所有权证明，利用代理重加密技术将新的访问策略内嵌入密文当中。对于多继承关系，代理类中来自不同源类的属性继承其源类的访问策略。同时，数据创建者也可采用相同的策略，为该代理类生成新的访问策略。

在 TOTEM 中，密文查询功能的实现和现有关系数据库上的密文查询功能的实现原理相同，可通过构建关键词的密文索引和查询陷门函数实现。

8.6　云数据库隐私保护机制

云数据库在部署适当安全策略后能够有效保证数据在存储和访问过程的数据机密性，即数据只被合法且拥有对应访问权限的用户访问，从而在向数据使用者提供各种数据服务的过程中保证数据访问控制策略的正常运行。然而，在大数据环境下，数据间天然存在的关联关系会导致合法但恶意的用户从合规的访问过程中推测得出未被授权访问的数据中包含的隐私信息。数据分析和数据发布是数据库应用领域的两个主要服务功能，数据分析的目的是从数据库存储的大量数据中发现和抽取有应用价值的知识、规则、模型。数据发布则是将数据库中的数据以直接或统计结果的形式展现给数据使用者。因此，在数据分析和数据发布的过程中，数据库中的数据必然会暴露给数据应用第三方，如果数据库系统不采取合适的隐私保护机制，数据库中的敏感信息将被泄露，如 2006 年 Netflix 公司在举行数据分析比赛过程中导致的隐私泄密事件。因此，大数据时代的云数据库安全策略需要兼顾安全性和隐私性。

8.6.1　数据库隐私保护概念

数据库的隐私问题自数据库出现后就随之而来。传统数据库的安全机制将数据机密性和隐私性绑定，用户的隐私数据可通过身份验证和访问等级等安全机制进行层层筛选，进行小范围和有限度的披露。随着信息技术和网络应用的发展，攻击者可以从用户非隐私数据和隐私数据的关联关系中推测出用户的隐私信息。特别是，社交网络和众包技术的出现，数据隐私问题越来越受到人们的关注。

数据库隐私性指数据库数据在共享过程中要保证只有被授权并用于指定用途的用户访问，并适当地向外部披露数据[1]，即数据库隐私性要保证数据库数据在使用过程中只允许披露和用户隐私信息无关的数据，确保数据库中的数据在离开数据库后，第三方无法从已公布的数据或数据模型中推测其他信息。数据库的隐私保护机制需要解决如何在数据使用过程中不泄露隐私的情况下提高数据使用的效率，在隐私保护强度和数据使用效率间取得平衡。

数据隐私指数据拥有者不愿披露给其他实体的敏感信息，包括敏感数据和敏感数据对应的数据特征。对于不同的数据拥有者，数据隐私的范围和粒度也不同，因此传统的数据库隐私保护策略往往是由数据库提供者统一定制的。例如，各种 APP 在用户注册时向用户展示的用户信息和用户隐私保护政策。隐私保护机制的选择需要符合数据应用场景的隐私保护需求。当前常用在云数据库的数据分析和数据发布场景的隐私保护机制可分为以下三类。

1) 基于数据限制发布的隐私保护机制

该类机制根据具体情况有条件地发布数据。例如，不发布数据表的某些字段或对发布的数据进行数据泛化等方式实现数据限制发布。

2) 基于数据失真的隐私保护机制

该类机制通过对数据添加噪声或交换的方式对原始数据进行扰动处理，以牺牲一部分数据精确性为代价提供敏感数据的隐私保护。该机制在数据失真的前提下要确保扰动后的数据仍然具有相当的宏观特性，如统计规模等。

3) 基于数据加密的隐私保护机制

该类机制通过对数据库中的敏感数据进行加密来实现数据使用过程中的隐私

保护，如安全多方计算等场景。

上述方法是以牺牲数据可用性或数据处理效率的形式实现隐私保护的，因此在选择的过程中需要根据实际应用场景谨慎选择。由于隐私保护策略部署在数据库与第三方应用之间，上述隐私保护机制也能够应用在本地或分布式数据库的隐私保护策略中。基于数据加密的隐私保护机制可参考 8.5 节的可信访问控制的相关内容。本节介绍基于数据限制发布的数据泛化技术，并详细讨论基于数据失真的数据扰动技术。

8.6.2　基于数据泛化的数据隐私保护机制

数据泛化指将数据库中的数据从具体准确的数据描述转化为较为抽象的、不准确的数据描述，例如将具体住址泛化为住址街道名称或更为抽象的市区名称。数据泛化方法将共享数据中的敏感信息转化为非敏感信息来实现数据隐私保护，但该方法无法抵抗攻击者对数据的链接攻击。所谓链式攻击指，攻击者通过对发布的数据和从其他渠道获取的外部数据进行链接操作推理出隐私数据，从而造成隐私泄露。这相当于一种个人信息维度的扩充。最简单的例子就是两张表通过主键关联，得到更多的信息。链接攻击的原理是，由于数据泛化程度不足，没有破坏用户敏感信息与个体间的关联关系。2006 年，Narayanan 等通过信息关联的方法将 Netflix 匿名化的训练数据库与 IMDb 数据库进行比对，部分还原了 Netflix 匿名数据库中的用户信息，从而证明现有的数据库匿名化隐私保护方法在大数据环境下存在致命缺陷。

为了抵抗链式攻击，Samarati 等提出 k-匿名的概念。其基本思想是，通过泛化和隐匿技术，发布精度较低的数据，使每条记录至少与数据表中其他 $k-1$ 条记录具有完全相同的准标识符属性值，从而减少链接攻击导致的隐私泄露。在该场景下，标识符指 ID 等能够唯一确定用户的数据项。准标识符指能够以较高概率结合一定外部信息确定用户的数据项或数据项集合。如图 8-10 所示，利用 k-匿名方法，可使攻击者通过准标识符识别用户的置信度不高于 $1/k$。k-匿名可以阻止身份公开，但无法防止属性公开，因此无法抵抗同质攻击和背景知识攻击。

对于同质攻击，图 8-10 中第 1～3 条记录的敏感数据是一致的，因此这时候 k-匿名机制无法保护用户隐私。攻击者只要知道数据集中某一用户的邮编是 476**，年龄在 20 多岁就可以确定他有心脏病。

对于背景知识攻击，如果攻击者通过邮编和年龄确定目标用户在匿名数据集的等价类 3 中，同时攻击者知道对方患心脏病的可能很小，那么就可以确定攻击目标患有癌症。

原始数据集				k-匿名数据集				l-多样性数据集			
ID	邮编	年龄	疾病	等价类	邮编	年龄	疾病	等价类	邮编	年龄	疾病
1	47667	29	心脏病		476**	2*	心脏病		47***	<40	心脏病
2	47602	22	心脏病	1	476**	2*	心脏病	1	47***	<40	感冒
3	47678	27	心脏病		476**	2*	心脏病		47***	<40	癌症
4	47905	43	感冒		479**	>40	感冒		47***	>40	感冒
5	47909	52	心脏病	2	479**	>40	心脏病	2	47***	>40	心脏病
6	47906	47	癌症		479**	>40	癌症		47***	>40	癌症
7	47605	30	心脏病		476**	3*	心脏病		47***	<40	心脏病
8	47673	36	癌症	3	476**	3*	癌症	3	47***	<40	感冒
9	47607	32	癌症		476**	3*	癌症		47***	<40	癌症

图 8-10　数据泛化隐私保护机制对比

为了抵抗同质攻击和背景知识攻击，Machanavajjhala 等提出 *l*-多样性的概念。如果一个等价类中的敏感属性至少有 *l* 个可区分的取值，则称该等价类满足 *l*-多样性。如果一个数据集中所有的等价类都满足 *l*-多样性，则称该数据集满足 *l*-多样性。

虽然 *l*-多样性方法能够提升数据发布的隐私保护安全性，但其本质上仍然依赖对攻击者拥有的背景知识和攻击手段的假设，其安全性存在不足。因此，学者陆续提出 t-closeness、(a, k)-anonymity、M-invariance 等改进方法，但这些方法在本质上都无法解决对攻击者的假设前提，也无法提供严格有效的方法来证明其隐私保护水平。

8.6.3　基于差分隐私的数据隐私保护机制

差分隐私是 Dwork 在 2006 年提出的一种针对统计数据库的隐私保护定义。在此定义下，单个记录是否在数据集中对计算结果的影响是微不足道的(不敏感的)。因此，差分隐私机制能够保证一个记录加入数据集中产生的隐私泄露风险被控制在可接受、可量化的范围内。攻击者无法通过观察对比计算结果推断出准确的个体信息。差分隐私机制假设攻击者能够掌握除攻击目标外所有记录的信息，即拥有最大知识背景。同时，差分隐私机制建立在坚实的数学基础上，对隐私保护进行严格的数学定义并提供量化评估方法。因此，差分隐私迅速被学术界和工业界认可，并提出适用于不同应用场景的差分隐私方案：如面向流数据的实时数据差分隐私发布方法、面向不同发布场景的指数机制发布方法、面向用户的本地化差分隐私发布方法等。同时，差分隐私还被广泛应用在数据挖掘过程的隐私保护当中。

差分隐私定义为对给定的隐私预算 $\varepsilon \in R^+$，设 $\text{Dom}(M)$ 和 $\text{Ran}(M)$ 分别是随机算法 M 的定义域和值域。当且仅当 M 对于任意邻近数据集 D 和 D' 得到相同的输出结果 y 的概率满足不等式，即

$$\Pr\big[M(D) = y\big] \leqslant e^{\varepsilon} * \Pr\big[M(D') = y\big]$$

随机算法 M 满足 ε-差分隐私。临近数据集 D 和 D' 彼此相差一条记录，可通过在数据集 D 中添加或删除一条记录得到数据集 D'；隐私预算 ε 可表示为差分隐私机制所提供的安全等级，ε 越小，表示安全等级越高，相对应的差分隐私机制输出数据的可用性也越差。

当前的差分隐私机制根据实现隐私保护位置的区别，分为面向中心化的差分隐私保护机制和面向本地化的差分隐私保护机制。在中心化差分隐私保护机制中，主要采用拉普拉斯机制实现差分隐私保护；在本地化差分隐私保护机制中，主要采用随机响应机制实现差分隐私保护。本节主要讨论中心化的隐私保护机制。在中心化的差分隐私保护机制中，拉普拉斯机制通过向原始查询结果中加入服从拉普拉斯分布的随机噪声来实现 ε-差分隐私，其噪声规模服从 $\mathrm{Lap}\left(\dfrac{\Delta}{\varepsilon}\right)$。由于拉普拉斯机制只能在对数值类型的查询结果上实现隐私保护，在针对非数值类型的查询结果的应用场景中，可以采用指数机制。

衡量差分隐私机制优劣的主要标准是发布数据的可用性，即原始查询结果与扰动结果间的方差或均方差的大小。显然，隐私预算 ε 越大，发布数据的可用性越高；隐私预算 ε 越小，发布数据的可用性越差。当隐私预算 ε 固定时，不同方案对隐私预算 ε 的利用率成为影响发布数据可用性的关键因素。文献[6]针对实时数据发布的隐私保护场景，基于滑动窗口机制提出一种适用于流数据发布的用户级别的差分隐私方案。该方案克服了传统差分隐私方案中隐私预算分配不均衡与利用率不高的问题，提出自适应采样算法，根据实时数据的变化幅度确定时间维度上的采样点间隔；在确定采样点位置后，利用动态预算分配算法，将剩余的隐私预算按照采样点间大小所对应的比例分配给当前采样点；然后将不同区域依照其数据变化规模的皮尔森相关系数进行分组，将数据变化与数据规模相似的区域拟合在一起，并调整同组内的隐私预算；在经过拉普拉斯机制扰动后，利用卡尔曼过滤器对扰动结果进行修正，提高发布数据的可用性。由于在采样点预测、隐私预算分配和扰动数据优化方面均有所改进，因此该方案在实时数据上具有更好的可用性。

8.6.4　对象代理数据库隐私保护机制

数据库安全性需要保证数据库系统的合法用户能够正确有效地对被许可范围内的数据执行被授权允许的数据操作。数据库隐私性需要保证数据库数据在使用过程中只允许披露和用户隐私信息无关的数据，并阻断披露数据与敏感数据间的关联关系。从数据流动的角度看，数据库安全性是"由外向内"发生的，即外界对数据库的访问请求在进入数据库系统后，经过身份识别、访问控制等安全机制验证后完成合规的数据访问操作。而数据库隐私性是"由内向外"的，即数据库内存储的数据根据数据使用者的查询请求和访问控制筛选后，离开数据库管理域之前执行相应的隐私保护机制，使任何用户都无法从获得的发布数据中获取与之相关的隐私信息。

　　如上所述，可将数据库隐私保护机制部署在数据库系统和用户之间，作为数据库系统向外的安全保护措施。由于其位置远离数据库系统内核，仅和数据相关，因此现有的大多数隐私保护机制都是面向数据的。TOTEM 隐私保护机制的部署过程也可遵循上述思想。具体地，数据库管理员根据系统或用户给出的数据隐私需求制定与之对应的数据隐私保护策略、并选择适当的数据安全与隐私保护机制实现该隐私保护策略。例如，针对底层存储的数据内容安全需求，可选择密钥封装数据加密机制实现可信数据存储，并通过匹配的密文访问控制策略实现可信数据的授权访问。针对数据查询过程的隐私安全需求，可采用基于密文的索引结构实现数据内容和索引结构在查询过程中的数据安全与隐私保护。同时还可以通过引入不确定性陷门函数提供访问模式的隐私保护。针对数据共享应用场景的隐私保护需求，可采用包括数据预处理、数据截断、数据替换、数据随机化和数据加密等方式在内的静态/动态数据脱敏技术实现共享数据中敏感字段的隐私保护。目前，数据脱敏技术被广泛应用于华为云、阿里云、腾讯云数据库；针对数据发布和数据挖掘等应用场景，通过中心化/本地化差分隐私技术可以实现敏感数据的隐私保护。在确定隐私需求、隐私保护策略和对应的隐私保护机制后，可根据具体的用户和数据隐私安全等级需求、实际应用场景具体化隐私保护机制的参数设置和方案部署。需要注意的是，上述隐私保护机制可通过功能模块或系统插件的形式部署在数据库系统数据存储层和用户接口层之间。

8.7　云数据库审计验证机制

　　数据库安全机制是保证数据库信息保密性和完整性的关键，利用用户身份验证、访问控制、数据库加密等安全机制为数据库提供各个角度的安全保护，能够有效预防和抵抗针对数据库正常运行和敏感数据的攻击行为，保障数据库的正常运行。从网络攻防的角度来讲，上述数据安全和隐私保护方法均属于被动防御方式，并不能预防所有攻击方式，同时内部滥用也给数据库安全造成巨大威胁。因此，当数据库安全遭到破坏时，事中报警和事后取证功能就显得尤为重要。数据库审计是实现这一功能的必要机制。同时，数据库审计机制也能有效地限制在支持多级安全的数据库系统中的隐通道带来的安全问题。

8.7.1　基于日志的数据库审计机制

安德森于 1980 年首次在信息系统中提出基于日志进行安全审计的思想。毕夏普于 1991 年提出的安全审计包括审计和日志，为数据库审计提供了依据。对于安全审计而言，日志和审计代表两类完全不同的操作。日志把系统操作相关或性能相关的时间和统计信息记录下来，而审计对这些信息进行分析，并以清晰明了的方式把分析结果表达出来。日志系统把日志信息记录和存储在文件系统或数据库当中。当系统被攻击或发生故障时，则对日志系统的日志记录进行查看，即对日志进行审计分析。日志系统常用于安全分析领域，在 C2 或更高级别的安全标准中，要求提供日志审计功能。因此，广义上的审计指日志和审计分析的混合。其步骤包含从日志文件中提取与目标安全事件相关的原始日志信息；对提取出的日志信息进行分析，得到对相关安全事件的分析结果；将分析后的结果报告给对应的程序、进程、用户，或可依据预先制定的安全策略执行相应的安全措施。

在图 8-11 中，数据库日志审计模型包括日志模块、分析模块、显示模块、通知模块等。日志模块负责对用户操作进行记录。分析模块负责对日志中的用户操作进行分析处理。显示模块负责将日志文件和分析结果以用户要求的形式和内容可视化呈现出来。通知模块负责将分析后的结果及判定反馈给用户。

当前包括 Oracle、MySQL、PostgreSQL 在内的主流数据库产品均支持日志审计功能或日志审计插件。由于当前数据库管理系统自带的操作审计功能存在一些功能和安全方面的问题，因此独立的数据库审计系统，如 DB Protect、DB Audit 等审计软件被开发出来解决交互和可视化等问题。

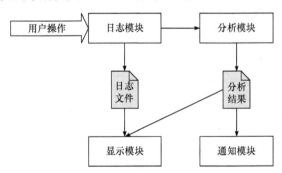

图 8-11　数据库日志审计模型

8.7.2　审计机制的安全性增强

数据库审计的本质是将用户对数据库的访问操作过程记录下来，形成用户不可否认的操作记录，并支持该操作记录被相关用户合规地访问。为了实现这一目标，研究者提出数据库三权分立的概念，即将整个数据库中的管理权限一分为三的一种安全策略。三权分立可以有效避免传统数据库中数据库管理员权力过于集中带来的安全隐患，增加数据库内部管理人员恶意损害用户数据的难度。在该策略下，数据库的管理权限被分配给数据库管理员、安全策略管理员、审计日志管理员三个角色。每个角色的任务如下。

数据库管理员拥有包括数据库设计、数据库备份、数据库维护、数据库优化等管理权限，类似于传统的数据库管理员角色，但将其数据库安全与审计相关的管理权限剥离。

安全策略管理员负责制定数据库中数据的访问控制权限。例如，指定某些数据只能由哪些用户访问，在未指定情况下，数据库管理员也无法访问该数据。

审计日志管理员拥有审计日志的相关操作权限，能够对以上两种角色的数据操作行为进行审计。若将审计日志看作数据库，审计日志管理员可看作审计数据库的管理员角色。

虽然数据库审计机制和三权分立能够有效地增强数据库的安全性，但在精明的外部攻击者面前还存在一定的安全隐患。攻击者利用漏洞或木马进入数据库系统并完成攻击后，可通过篡改审计日志的方式擦除外部入侵的痕迹。当这种情况发生时，数据库审计功能会失去其应有的作用。针对此问题，可以在审计功能中引入审计日志数据验证的方式增强数据库审计功能的安全性。审计日志数据验证的本质是，避免审计日志数据被恶意篡改或删除而采用密码学方法，校验审计日志内容的完整性。对应的密码学方法包括 Hash 函数、消息验证码、数字签名等。同时，可采用 Merkle 哈希树(Merkle hash tree，MHT)来提高审计日志的验证效率。MHT 是一种树形的数据结构，一般以二叉树形式出现。其叶子结点由对应的原始数据的哈希值构成，非叶子结点由孩子结点数据的哈希值构成。对 MHT 中任意一个结点的修改都会导致 MHT 根结点的验证结果失败，进而通过对树结构的检索发现篡改位置。在审计日志验证过程中，叶子结点对应的原始数据可以由预定大小的审计日志文件构成，且哈希函数可采用哈希运算消息认证码来构造，进一步增强 MHT 的防篡改性。

8.7.3 区块链数据库的审计机制

由于传统的基于日志的数据库审计系统是中心化管理模式的，因此无法抵抗来自内部的恶意攻击，例如审计管理员对日志记录的恶意篡改。为了避免数据库审计系统的日志文件遭到恶意篡改而导致审计不可用的情况发生，研究者提出基于区块链的数据库构建方案。利用区块链的去中心化、防篡改、可回溯的特性，能够有效解决分布式数据库审计模式中各结点日志文件的冗余情况、减轻同步日志文件过程的通信计算开销、使用户可以独立完成审计验证。

区块链数据库是依托于区块链技术构成的去中心化且不可篡改的数据存储系统，也可看成一个分布式账本。在区块链数据库中，整条区块链由网络中若干个计算机结点进行维护。区块链可看作链表类型的数据结构，即数据事务存储在区块块体部分。区块间通过区块头部进行链接。区块在链表中的顺序也表明事务被添加至数据库中的顺序。每个服务器结点都存储一份区块链和与之对应的数据库。各服务器结点上数据库系统的一致性可通过区块链的共识机制保证。同时，由于区块链系统支持拜占庭容错机制，因此整个数据库系统在不超过 1/3 比例的服务器结点出现问题时，区块链数据库也能够保证用户查询结果的正确性和完整性。

在区块链数据库中，区块主要负责存储对数据库系统处理的相关事务。根据数据库存储位置的不同，可将区块链数据库按存储方式分为链上、链上/链下两种方式。链上方式指数据库本体采用键值对的形式存储在区块块体中。链上/链下方式指区块块体仅存储数据库事务。数据库部署在系统各结点上。各结点数据库一致性由区块存储的数据库事务的一致性保证。由于区块链本身的特点，链上方式的存储开销和运行开销较大。

在区块链数据库中，ACID 特性可以被区块链的运行机制满足。

(1) 原子性。记录事务的区块在被提交至区块链时，该区块要么被接受，要么被拒绝，不存在中间状态。

(2) 一致性。区块提交被认可后，其他服务器结点需要更新区块链和数据库状态，以保持整个系统状态的一致。

(3) 隔离性。每次只有一个区块被提交，且区块链出现分叉时有对应的剪枝策略。

(4) 持久性。当区块被写入区块链后，其内容是不可篡改的。

基于区块链的数据库在结构上可理解为在分布式/云数据库的基础上加入区块链结构。数据库发生的所有对数据的操作都会以交易事务的形式记录在区块中。区块间可通过一致性协议共同维护区块中记录内容的一致性。基于区块链的数据库审计机制是将区块内记录数据库操作的事务信息抽取出来，再进行审计分析的过程，即区块链中交易事务代表用户对数据库的操作，而区块链的事务不可篡改性可以保证数据操作记录或数据库审计日志无法被审计管理员或数据库管理员篡改。因此，区块链数据库可利用区块链结点中存储的事务实现传统数据库中的审计功能。文献[7]提出了一种采用链上/链下方式的区块链数据库架构，即数据本体存储在链下数据库结点中，数据操作行为以交易事务的形式存储在区块链结点中。该架构由应用层、查询处理层、存储层、共识层和网络层构成。应用层通过应用程序接口、访问控制机制和类 SQL 的智能合约来响应用户查询和保护用户隐私；

查询处理层负责解析、优化和执行用户查询；存储层负责数据存储和索引的创建与维护；共识层通过相应的共识协议（例如实用拜占庭容错协议）保证区块链中交易事务的一致性；网络层负责为区块链系统和数据库结点提供基础网络设施。在该架构中，对数据库的操作以交易事务的形式存储在区块中，因此对区块进行遍历即可完成对数据库的审计。区块链的不可篡改性可以保证数据库审计的有效性。

虽然区块链数据库能够提供分布式环境下数据库的不可篡改性审计服务，但是在响应用户服务的同时，还存在存储和计算方面的性能问题。例如，每个结点存储负担过大，审计过程中追溯过程开销过大等问题。因此，现阶段对于区块链数据库的研究与应用主要集中在优化区块链数据库性能和安全性方面。基于区块链的审计过程以轻量级客户端结构为例。在轻量级客户端方案中，区块链结点被分为服务器结点和客户端结点。服务器结点存储完整的区块链副本和数据库副本，并负责相应客户端结点发送的服务请求。客户端结点存储区块链头部副本。用户可利用客户端存储的头部副本验证返回结果和数据的一致性。轻量级客户端方案在能够保证系统拥有拜占庭容错的前提下最大化地减轻整个区块链网络的存储开销和通信开销。基于轻量级客户端机制出现协同数据库框架。在该框架内，用户对数据库的操作被视作区块链的交易事务，按照时间顺序记录在区块当中，并利用数据表中额外增加的时间属性记录当前数据表操作事务对应的区块编号。同时，在区块链中引入验证数据签名结构，支持用户结点对服务器结点返回的结果进行正确性验证。该框架支持用户对数据表元组粒度的审计，以及历史版本的数据库内容恢复和攻击者追踪。

考虑区块链自身结构特点，在对区块内某一事务进行验证的过程需要逐个区块查找是否包含该事务，并对后续区块进行该事务的一致性验证。整个过程需要较大的计算和通信开销，存在审计效率较低的问题。为了解决此类问题，研究者针对区块链系统的结构和审计内容构建索引结构提高审计效率。具体地，将区块链数据库中每个用户对应的操作事务和对应区块以数据客体的角度构建有向无权图索引结构，有向无权图中的结点代表对应区块中包含的数据客体，边表示数据客体间的状态转移关系。通过对该有向无权图的遍历，可以跳过与对应数据客体无关的区块，从而实现对用户操作事务审计过程的优化。在此基础上，文献[7]在区块链数据库上构建了位图索引、R-tree 索引和基于直方图桶划分的层级索引结构，利用多索引结构减轻对区块链的目标区块定位过程的计算开销和通信开销。同时，在区块中引入语义约束，增强区块内记录事务的语义表述能力，并在其上构建类 SQL 语句，增强该方案的事务查询和处理能力。

8.7.4　对象代理数据库审计机制

审计功能是数据库系统中一项重要的安全功能组件。本小节将对 TOTEM 数据库中审计机制的设计架构展开讨论。

为了在现实应用中实现数据库日常操作行为记录、风险及攻击行为预警，保护底层数据，TOTEM 数据库需要满足以下审计功能需求，即对审计的内容与范围进行定义；针对符合审计内容的数据操作进行记录与判断；将异常行为及时通知给数据库(审计)管理员，并终止异常行为操作；数据库(审计)管理员的审计日志查看与分析。此外，为了满足相关法律法规(《中华人民共和国网络安全法》第二十一条)要求，还需要实现审计日志的存储与保护。

针对数据库审计机制内容与范围的需求，数据库(审计)管理员需要对系统的审计对象进行定义，审计对象包括审计范围、目标用户和审计任务。审计范围包括数据库名称、用户 ID、用户网络地址、用户的操作命令等内容，审计任务是指数据操作写入进审计日志的触发条件(例如所有对数据表执行插入和删除的操作)。通过对审计内容与范围的定义可以确定数据库审计功能的目标。

在确定审计范围后，TOTEM 数据库审计机制通过对数据库操作语句的记录，对用户在数据库中的登录、数据访问、数据操作等行为进行监控，并通过审计策略的制定来对上述行为的合法性进行判断。具体的，可通过引入不同的审计安全规则来实现用户行为审计，风险与危害行为判定(例如通过对不安全 SQL 语句特征描述来实现对 SQL 注入、禁止语句和违反策略语句等威胁行为的防护)。

TOTEM 数据库审计机制通过旁路监听对审计范围内的用户操作行为进行记录和合规性判断，当审计机制发现异常行为后可根据预定义威胁等级向数据库(审计)管理员提供审计预警和行为中断等操作。审计预警根据用户操作行为对数据库危害的风险等级设置对应的警告级别，同时通过日志、邮件等方式对该行为进行告警。

为了满足数据库(审计)管理员的审计日志查看与分析需求，TOTEM 数据库审计机制可通过报表、饼状图、折线图、柱形图等方式提供便于管理者使用的审计业务查看与分析功能，并实现数据库运行状况分析、性能状况分析、SQL 语句分析、用户会话分析等功能。

TOTEM 数据库审计机制需要对记录数据库操作行为的日志文件进行存储，并保证数据库系统中的日志文件和持久化存储的日志文件的完整性。针对日志文件，要严格限制未授权的用户访问、避免文件内容遭到篡改和破坏。日志文件防篡改可通过生成文件摘要和备份存储的方式实现，也可通过区块链技术实现。

在 TOTEM 现实应用中，数据库审计功能模块采用旁路部署的方式实现对数据库操作的审计。

8.8 小　结

　　本章首先对数据库安全的相关概念进行概述和梳理，讨论数据库安全和计算机系统安全的关系。然后，描述 TOTEM 中强制访问控制和基于角色的访问控制机制的实现方法，讨论云数据库环境下面临的安全挑战。最后，从云数据库可信存储、隐私保护和数据库审计角度对现有的研究方案进行概括与总结。值得注意的是，数据库的安全机制作为数据库系统的一项必要功能，在实现方法上有许多技术方案。这些安全机制往往以数据库性能为代价，因此在实现数据库安全加固的过程中，需要从数据库性能和安全两个角度进行平衡。

　　数据库安全性的本质是对存储在其中的数据提供安全保护。由于数据库系统在计算机系统中处于中间位置，下层的硬件环境、网络系统、操作系统的安全性，数据库本体的安全性，上层应用软件的安全性，甚至数据库管理人员的安全性都会对数据库安全性产生影响。由于传统的、外包式的数据管理模式难以应对来自内部的安全威胁，同时各国相关法律条款对外包式数据管理模式提出更多数据存储、处理等方面的约束，因此个人数据管理系统(personal data management system, PDMS)受到学术界和企业界的广泛关注。在 PDMS 中，个人数据的访问控制、数据操作、数据发布的管理决策均由数据拥有者制定。这使传统的、外包数据管理模式中的中心式数据库安全机制无法适用于 PDMS。因此，未来的数据库安全需要能够适用于新的数据管理模式的安全机制。目前，PDMS 中关于数据存储、传输、交互计算等领域都有较为成熟的研究方案与安全机制[8]，但在个人数据的访问控制和支持隐私保护的数据发布领域还存在诸多挑战。对于基于属性的加密机制，由于其访问策略的灵活性和细粒度性能够很好地满足 PDMS 中关于数据拥有者制定访问策略的需求，因此可以为 PDMS 提供可信化的访问控制策略。同时，利用数据加密的隐私数据脱敏方法和基于随机响应机制的本地化差分隐私策略也能够为 PDMS 提供支持隐私保护的数据发布和共享解决方案。

参 考 文 献

[1] Jajodia S. Database security and privacy. ACM Computing Survey, 1996, 28(1): 129-131.

[2] Chokhani S. Trusted products evaluation. Communications of the ACM, 1992, 35(7): 64-76.

[3] Jajodia S, Kogan B. Integrating an object-oriented data model with multilevel security. IEEE Symposium on Security and Privacy, 1990: 76-85.

[4] Ferretti L, Colajanni M, Marchetti M. Supporting security and consistency for cloud database. ACM Conference on Computer and Communications Security, 2012: 179-193.

[5] Ning J, Cao Z, Dong X, et al. Auditable σ-time outsourced attribute-based encryption for access

control in cloud computing. IEEE Transactions on Information Forensics and Security, 2018, 13(1): 94-105.

[6] Wang Q, Zhang Y, Lu X, et al. RescueDP: Real-time spatio-temporal crowd-sourced data publishing with differential privacy//IEEE International Conference on Computer Communications, 2016: 1-9.

[7] Zhu Y, Zhang Z, Jin C, et al. SEBDB: Semantics empowered blockchain database. IEEE International Conference on Data Engineering, 2019: 1820-1831.

[8] Anciaux N, Bonnet P, Bouganim L, et al. Personal data management systems: The security and functionality standpoint. Information Systems, 2018, 80(2): 13-35.